21世纪高等教育规划教材

电动汽车

祝占元　主编

黄河水利出版社
·郑州·

内 容 提 要

本书介绍了电动汽车在环境保护及能源结构调整中的优势和发展前景,系统分析了电动汽车的结构特点;重点剖析了电动汽车动力源系统及功率转换器和控制系统类型、结构、特性和工作原理;全面介绍了 EV、HEV、FEV 整车结构类型和特点;简要阐述了能量回收系统、能源管理系统和国产充电器类型。

本书是为高职高专汽车相关专业编写的专业教材,亦可作为相关技术人员的参考用书和供感兴趣人员阅读使用。

图书在版编目(CIP)数据

电动汽车/祝占元主编. —郑州:黄河水利出版社,2007.9 (2012.1 重印)

21 世纪高等教育规划教材

ISBN 978-7-80734-251-9

Ⅰ.电… Ⅱ.祝… Ⅲ.电动汽车-高等学校-教材 Ⅳ.U469.72

中国版本图书馆 CIP 数据核字(2007)第 126127 号

出 版 社:黄河水利出版社

地址:河南省郑州市顺河路黄委会综合楼 14 层　　邮政编码:450003

发行单位:黄河水利出版社

发行部电话:0371-66026940　　传真:0371-66022620

E-mail:hhslcbs@126.com

承印单位:黄河水利委员会印刷厂

开本:787 mm×1 092 mm　1/16

印张:13

字数:301 千字　　印数:3 101—5 100

版次:2007 年 9 月第 1 版　　印次:2007 年 9 月第 1 次印刷

2012 年 1 月第 2 次印刷

书号:ISBN 978-7-80734-251-9/U·24　　定价:22.00 元

郑州交通职业学院
教材编纂委员会

《电动汽车》编写人员

主　编　　祝占元

副主编　　谷　鹏　　魏冬至　　郑治国

主　审　　张春耀　　薛　川

前 言

各种汽车已成为人类生产和生活文化娱乐活动的重要工具和设施，随着世界汽车保有量的日益增加，汽车带来的环境污染、能源短缺、资源枯竭和安全等问题已给人类造成麻烦。为了保持国民经济的可持续发展，保护人类居住环境和保障能源供给，在寻求解决的途径和办法时，各国政府和汽车行业认识到电动汽车具有良好的环保性能和燃料的多样性能，发展电动汽车既可以保护环境，又可以缓解能源短缺和调整能源结构，保障能源安全。电动汽车的研发已成为汽车行业的热点。

我国把研发电动汽车列为“863”重大科研项目，动员全国人力、物力、财力，采用官、产、学、研四位一体的研发体制，目前已取得重大阶段性成果，示范线路的运营亦获得了宝贵的技术资料和经验，并具备了EV、HEV、FEV整车生产能力。电力助动车无论是产量、销量和保有量，都位于世界前列。为了迎接电动汽车走向市场而做好技术知识储备，我们在专业教学中开了“电动汽车”这门课，力图把电动汽车最新研究成果系统地介绍给学者。本书编写过程中认真落实“面向21世纪教育振兴行动计划”的有关精神，力求基本理论讲清，工作原理讲透，内容够用实用，叙述深入浅出，使读者易读、易懂、易用。本书概括了电动汽车在环境保护和能源结构调整中的优势、电动汽车结构类型、动力传输特点、动力源、驱动装置和控制系统原理和实用技术、各类电动汽车的优缺点比较、能源管理系统和能量回收系统。

本书由张春耀、薛川担任主审，祝占元担任主编，谷鹏、魏冬至、郑治国担任副主编。本书共分7章，分别由孙迎春(第1章)，张梅红(第2章)，张连清、黄晓云(第3章)，牛本宽(第4章)，魏冬至(第5章)，谷鹏(第6章)，王运超(第7章)等编写。曹尚杰、房颖、冯雪丽、朱方亮、祝鹏辉等参与了资料的收集、整理、绘图和校对等工作。

本书在编写过程中查阅了大量的书籍、文献、论文和资料，引用了其中的一些技术资料。在此，谨向这些书籍、文献、论文和资料的作者表示衷心的感谢。

由于作者水平所限，虽尽全力，但疏漏错误之处在所难免，敬请各位读者批评指正。

编　者

2007 年 3 月

目 录

第 1 章　概　论

1.1　电动汽车定义和类型

1.1.1　电动汽车是电动车辆的一种

所谓电动车辆是指用电能驱动电动机作为牵引或驱动行驶的车辆。车辆使用的电力可以用多种形式供给，如公用电网、专用电网和储电装置。储电装置有各种蓄电池、燃料电池、太阳能电池等。人们根据用途和条件已能生产使用的各种电动车辆，按常规可分为以下类型，如图 1-1 所示。

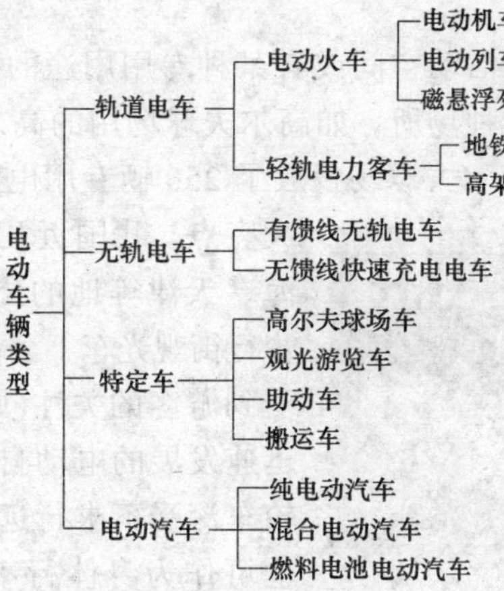

图 1-1　电动车辆类型

1.1.1.1　轨道电车

无轨与有轨原依城市公用交通专用的有铺设轨道的电动车和无轨道的电动车而言。这里有轨的含义为车辆车轮在专有的铁轨上行驶，如铁路与火车、地铁、城市高架轻轨铁路(称为轻轨交通)与客车。轨道电动车辆的特点是单相馈电制，电力网供给电力、功率、电压等级和车辆速度选配灵活，运行管理电子化、信息化、部分智能化，转向系统由路轨导引(见图 1-2)。

1.1.1.2　无轨电车

无轨电车即指原城市公用交通线路上运行的电动车辆。这种车辆名义上叫无轨，指的是道路上无轨，实际上也是受限制的。这是因为车辆所需的动力必须由专用直流动力网供给。其馈电方式是将正负双线架在路边的线路上，馈电杆高有 3 m 左右，所以车辆受电杆的限制，车辆也只能在一定的宽度范围内活动，和轨道车一样，无轨电车一般在行车途中要超越其他车辆也比较困难。我国生产的新型电车，将馈电线路改为沿站设充电点，电车采用到站充电，去掉馈电杆，这样就给车辆比较大的活动空间，使车辆免受“甩辫子”之苦(见图 1-3)。

图 1-2　轨道电车

图 1-3　无轨电车

1.1.1.3　特定车

特定车是指在特指的有限活动空间或有某种专用用途的一种小型电动车辆，性能参数要求不高，但非常适用于某种场所，如高尔夫球场用的高尔夫球场车。1998 年美国在举办亚特兰大奥运会时，在高尔夫球场投放了 250 辆专用电动车，成为该届奥运会的一大亮点。我国近几年在汕头、武汉、北京、上海、天津等地的公园、游览区、观光区投放的步行街观光车、公园休闲车等示范车在示范区受到游客的关注(见图 1-4)。再如我国这几年迅速发展的电动自行车、电动摩托车、电动三轮车深受不求行远但求灵活方便的人的欢迎，也可作为身体行动不便的弱势群体的行动辅助工具。

图 1-4　特定车

1.1.1.4　电动汽车

电动汽车是电动车的一种，也是汽车的一种，即使之全部或部分用电能驱动作为动力系统的汽车。电动汽车必须具有汽车应有的性能和属性，但动力线路与原内燃机动力线路不同，又具有电力车辆的基本特征。依内燃机汽车分类方法，电动汽车一般分为蓄电池电动汽车(Battery Powered Electric Vehicle，简称 EV)、混合动力电动汽车(Hybrid Electric Vehicle，简称 HEV)和燃料电池汽车(Fuel Cell Electric Vehicle，简称 FEV 或 FCEV)(见图 1-5、图 1-6)三类。其中蓄电池电动汽车亦叫二次电池电动汽车、纯电动汽车等。人们常把混合动力汽车作为丰田普瑞斯(prius)内燃机+蓄电池(或燃料电池)的代名词，一般人一提起混合动力汽车就认为是以内燃机为主以蓄电池为辅的汽车。按照 GB 定义“由两种和两种以上的储能器、能源或转换器作为驱动能源，其中至少有一种能提供电能的车辆称为混合动力电动汽车”来判定，混合动力汽车所含的类型要广泛得多。本书根据市场上拥有的车辆多少和使用维修的需要，只限于研究分析内燃机+电能的汽车范围。具体分类见图 1-7。

图 1-5　混合动力电动车

图 1-6　燃料电池电动车

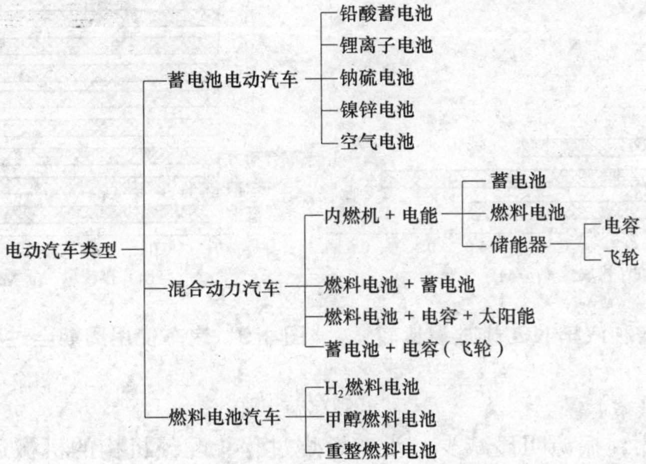

图 1-7　电动汽车的分类

1.1.2　电动汽车的优势

电动汽车包括上述三种类型，这里叙述电动汽车优势时，对于混合动力汽车仅限于以电力运行时具备电动车的优势。

1.1.2.1　可以实现零排放，对环境友好

以蓄电池、超级电容为动力的汽车没有排放物，可以实现零排放。以纯氢氧为燃料的汽车在运行中只生成水(H_2O)，不排放任何有害气体，能够实现有害气体零排放。以富氢气体为燃料的燃料电池，在富氢气体制取氢气的过程中，排出二氧化碳气体，但仅是内燃机排放量的 40%，燃料电池是以电化学原理发电，不经过内燃机燃烧过程的热能—机械能转换过程，几乎没有产生氮、硫氧化物的条件，所以对大气造成的危害甚少。混合动力汽车在城市公交、公共场所，以及对排放控制有特殊要求的地方，可以仅使用储存的电力，不发动内燃机，也能做到零排放。

上述说法仅就汽车载体而言，严格说来，从燃料的来源和净化提纯全过程综合评价，电动汽车就整体来说是绿色交通工具，少排放、零排放，对环境不造成或少造成不良影

响。表 1-1 列出了燃料制备过程中氮氧化合物排放值。图 1-8 为各种汽车排放量比较。

图 1-9 列出了电力与其他能源生产和使用的总的 CO_2 排放量比较，EV_1 表示合金储氢燃料电池电动车，EV_2 表示液氢燃料电池电动汽车，EV_3 为压缩氢气燃料电池汽车，EV_4 表示甲醇燃料电池汽车。

表 1-1　NO_x 排放量比较

燃料的种类	汽油	柴油	电力	甲醇	氢
NO_x 排放量(g/MJ)	0.113	0.056	0.047	0.019 ~ 0.022	0.022 ~ 0.042

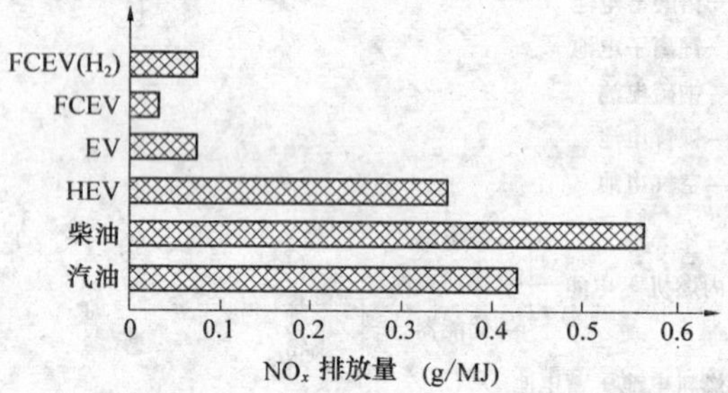

图 1-8　各种汽车 NO_x 排放量比较

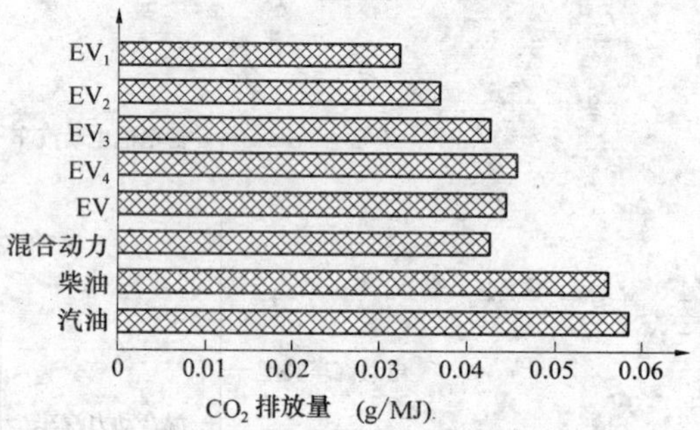

图 1-9　汽车使用周期全过程 CO_2 排放量比较

1.1.2.2　噪声低

与内燃机相比，振源明显减少。没有燃烧过程、配气机构的机械运动和活塞连杆机构的运动，只有与其相当的空压机、散热风扇、传动机构噪声，噪声级明显低于内燃机汽车。经试验表明 4.5MW、11MW 磷酸燃料电池噪声水平不高于 55dB，仅是内燃机汽车的 40%。表 1-2 为汽车噪声构成比较，电动车主要的噪声源是轮胎和电动机。

表 1-2　汽车噪声构成比较

噪声源	加速所占比例(%)		等速所占比例(%)	
	内燃机	电动机	内燃机	电动机
轮胎	22.9	65 ~ 70	80.4	85
发动机	34.4	20 ~ 25	19.6	15
牵引(传动)	2.8	1		
冷却系统	1.9	0		
进气系统	11.6	0		
排气系统	23.4			
其他	3	2 ~ 5		

图 1-10 为各种汽车噪声当量比较，以汽油机或柴油发动机加速时的噪声作为 1 个当量单位进行比较。

1.1.2.3 热效率高

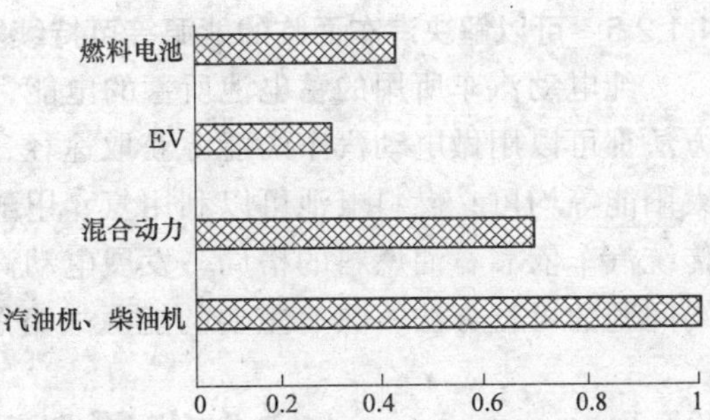

图 1-10 噪声比较

从理论上推理热电转化效率可达85%～90%。因为燃料电池是按电化学原理等温地直接将化学能转化为电能，它不通过热力过程，因此不受卡诺循环的限制，即不遵守卡诺定理。但是实际上，电池在工作时由于各种制约条件限制，在目前技术水平条件下，各类电池的实际能量转化效率均在40%～60%。若实现热电联供，燃料的总利用率在80%以上。表1-3是丰田汽车公司试验时测试的数据，电动汽车的综合效率均比汽油发动机高。

表 1-3 各类汽车综合效率比较

类 型	汽油	电力	混合动力(汽油机)	燃料电池(压缩比)
燃料生产效率(%)	88	26	88	58
汽车运用效率(%)	16	80	30	50
综合效率(%)	14.08	20.8	26.4	29

日本石谷久在燃料电池研究课题中对汽油、电力、甲醇、压缩天然气、柴油、压缩氢和液氢几种燃料和多种组合方式进行了比较。在内燃机中，柴油机的最好，压缩氢较差；在内燃机+电能的混合动力中，以柴油机混合动力车效率最高；在燃料电池汽车中以纯氢燃料电池电动车最节能（见图1-11）。

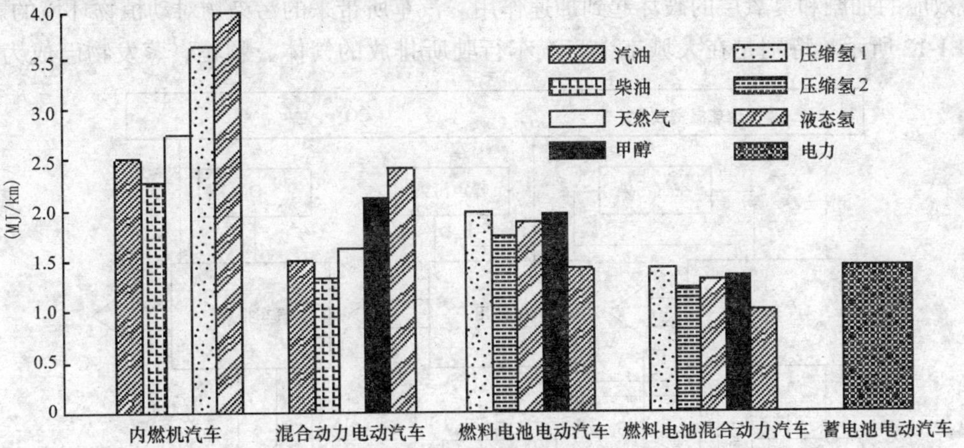

图 1-11 各种车辆单位里程能量消耗率比较

1.1.2.4 能量回馈机会多

根据电动汽车的能源组合机制，很容易利用电动机可逆发电的功能回收制动能或下坡时势能转化的电能，使汽车的续驶里程增加，稳定性提高。近几年开发的新型电动汽车都具有能量回收系统，这样设计的车子经实地测试可使汽车续驶里程增加10%～15%。

1.1.2.5 可以解决汽车面临的能源等可持续发展的问题

纯电动汽车所用的蓄电池所蓄的电能，可以由公用电网中得到，故所有获取电能的方法都可以用做电动汽车的能源获取途径，如水力发电、核电、热电、风电、地热电和太阳能等均可；燃料电池可以利用氢、甲醇等非化石燃料作能源，因此电动汽车改变了传统汽车依靠石油燃料的格局，发展电动汽车是解决人类可持续发展，化石能源面临枯竭问题的可行方法，具有重要的能源战略意义。

1.2 发展电动汽车势在必行

汽车已成为当今人类社会不可缺少的交通工具，是城市居民日常生活的一部分。汽车是关联度最高的产业之一，它可以拉动 3.27 倍的相关产业和解决 10%左右的社会总劳动力的就业问题。汽车与人们的紧密度越来越紧，它对人类社会进步产生着巨大的推动作用，世界上汽车保有量也与日俱增。但是汽车的飞速发展和数量的日益增多给人类带来了麻烦，尤其是影响人类可持续发展的环境污染问题和出现能源短缺问题。

1.2.1 以内燃机为动力的汽车环境危害成为当今主要环境危害之一

汽车在其生命全周期内对公共环境和人类健康甚至生命产生一系列危害。这些危害包括汽车在生产过程中、使用中和报废后的大气污染、水源污染、废弃物、环境噪声、电源污染等，其主要是大气污染，可分为直接危害和间接危害。所谓直接危害是指汽车排放的 CO、HC(碳氢化合物)和 NO_x 气体，空气中含有一定浓度时，对人的敏感器官和血、心等造成中毒或损伤；所谓间接危害指 CO_2、SO_2、氟卤烃等类积累起来会对酸雨的形成、温室效应的加剧和臭氧层的破坏起到加速作用。汽车所带来的污染物对动植物环境的影响，如图 1-12 所示。特别是在大城市中，汽车行驶所排放的气体、颗粒、蒸发物已成为城市

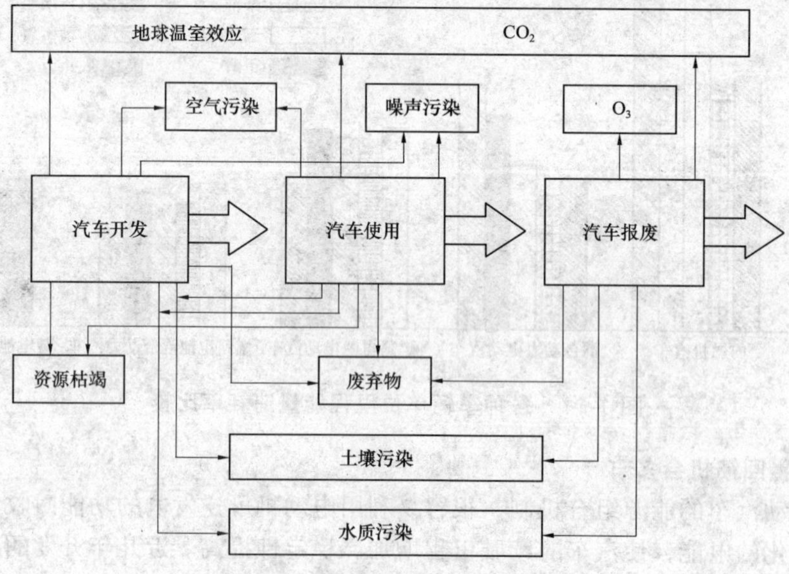

图 1-12 汽车生命周期与环境关系

空气污染的主要来源。比如，2004 年中国环保状况公告中披露被测的 342 个城市中，空气质量达到居住区标准的城市有 131 个，仅占 38.6%。又比如，北京 1995 年统计，汽车所排放出的 CO、NO_x 占总排放量的 76.5%和 68.4%。CO_2 排放量与燃料消耗率成正比，经科学家计算，地球大气层 CO_2 安全容纳指数为 8，可现在实际上已超过 7。其中交通部门消耗的燃料所产生的 CO_2 占总数的 20%，汽车占交通总数的 56%，如图 1-13 所示。

但是汽车的社会保有量还是有增无减，比如我国现有汽车保有量 3 600 万辆，至“十一五”末，保有量将超过 1 亿辆，预计到 2020 年我国汽车保有量将会达到 1.5 亿辆；如果按人均拥有量计算，以现有美国水平为参照点，则会达到 10 亿辆，按现在世界平均水平计算也会达到 2 亿辆。全世界预计 2020 年机动车社会保有量将会超过 10 亿辆。尽管降低汽车有害排放物的呼声日渐高昂，各国政府不同程度地采取措施，如美国已经出台了部分汽车零排放的法规，我国颁布了限制排放值和百公里油耗值，但需求数量上升的数字(15%)远远超过限值的下降速度(6%)，CO_2 和其他有害气体总量不但没有改观反而会上升。人类都迫不及待地寻求解决替代内燃机汽车的办法，这时才真正认识到电动车辆的价值，并重新投入巨大的人力、物力、财力研发电动汽车。

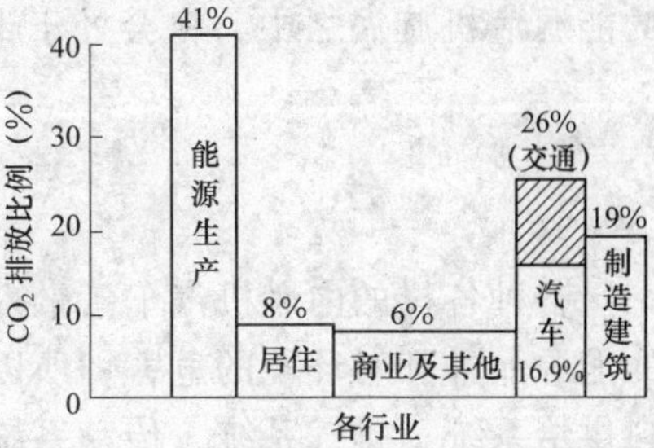

图 1-13　1998 年世界不同燃料燃烧 CO_2 排放比例

1.2.2　电动车能解决内燃机汽车不能解决的常规燃料枯竭问题

一次能源再丰富，毕竟是个有限数字，尽管每年都有新的油田、气田被发现，但这些能源是有限的，总有一天会消耗殆尽。反过来，随着世界人口增加和生活水平的提高，人类对能源需求更加旺盛，能源消耗总量逐年增加，尤其是汽车燃油消耗加快，也就意味着石油资源的枯竭速度在加剧(见图 1-14)。所以现在各大国都把发展电动汽车纳入正常规划之中。

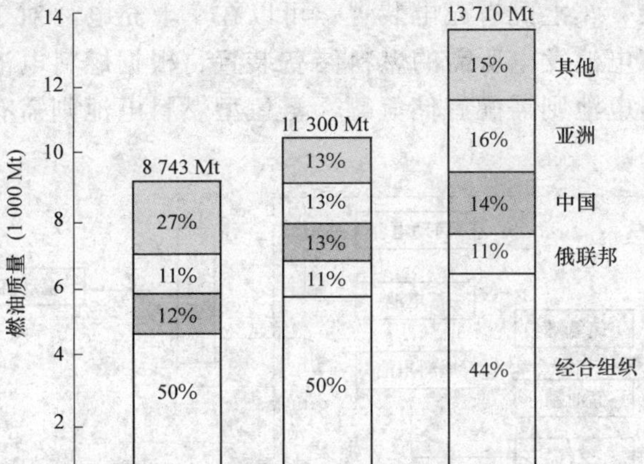

图 1-14　世界能源消耗量及预测

我国汽车保有量如果依美国或日本等发达国家发展速度预计，2005～2020 年是汽车高增长期，我国 2020 年燃料需求量增长为 1997 年的 1.996 倍，国内石油存储量和开采量有限，从 1993 年起需从国外进口石油，每年递增 1 000 万 t，2000 年进口石油 7 000 多万 t，2004 年进口 1.2 亿 t，预计 2010 年进口石油将达到 1.82 亿～2 亿 t，石油进口依存度高达 51.4%～52.6%，而美国则改变能源策略，根据布什计划，到 2020 年，每天减少石油用量 1 100 万桶，即相当于美国现在每天进口的石油数量，换句话说，美国已不必进口石油，石油进口依存度很小。我国现在每年石油进口总量仅为美国进口总量的 1/5，如果积极研发替代新能源、新型动力汽车，将会逐渐缓和或改变这种被动的局面，所以我国在“863”计划中把研发电动汽车作为一项新课题，研发电动汽车势在必行。如若没有这样的紧迫感，我们就会被卷入 2010 年世界能源短缺 8%、2040 年世界能源短缺 24% 的能源危机旋涡之中，将会处于十分被动的地位。

1.3　电动汽车构造特点

各种各样的内燃机汽车已融入人类的生活中，研发电动汽车的目的只是改变原汽车的能源品种和对环境的危害，所以电动汽车结构除了内燃机和与之有关的进气系统、燃料供给系统、排气系统、传动系统、启动系统、冷却系统外，汽车造型、车身、底盘系统，甚至驾驶员操作习惯亦保留下来。虽然电动汽车处于研发、示范、推广阶段，结构形式多样，但概括起来电动车一般形成了电源供给系统、驱动系统、控制系统和能源管理系统等四个子系统。

1.3.1　电源供给系统

电动汽车电源供给系统主要由储能装置、变换装置和电源馈电线路组成(见图 1-15)。根据电动汽车不同类型，储能装置不尽相同。对于纯电动汽车，储能装置主要有各种蓄电池所组成的电源组件，有的还配有超级电容或飞轮储能电池作辅助电源。蓄电池一般充满电后再安装，车上配有充电装置，可以在车上充电。对于以燃料电池为动力的电动汽车，要有供电池发电所需的燃料储备装置，根据燃料电池的类型，供给的燃料不同。如纯氢燃料电池则需配有储氢罐，富氢型燃料电池则需有富氢燃料供给和重整装置等。

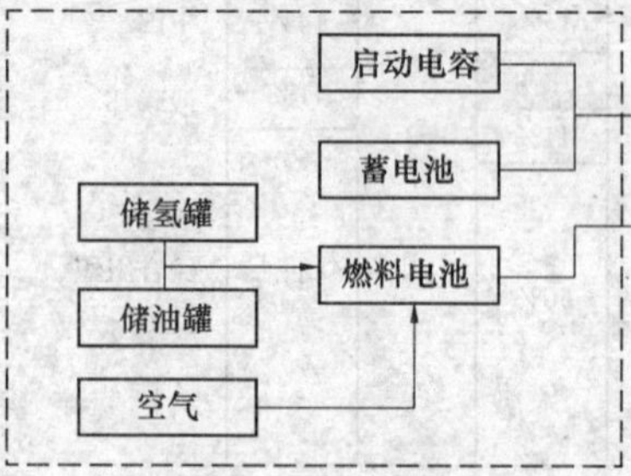

图 1-15　电动汽车电源供给系统

1.3.2 驱动系统

电动汽车主要是通过电动机把电能转化为机械能，电动汽车驱动系统的作用是在司机的控制下高效率地将蓄电池(燃料电池)或发动机的能量转化为车轮的动能，或者将车轮上的动能反馈到蓄电池中。由于电动机、电源种类的多样性，也构成了动力路线的多样性，不像内燃机动力路线那样比较一致。从现有世界电动汽车采用的动力路线概括分析，一般来说由储燃料(电能)装置、燃料电池发电站(蓄电池)、功率转换器、电动机/发电机、馈电线路、信号线路和电子控制器等组成。按照电动汽车选用的电源动力组合来分类，可分为纯电动汽车动力路线、燃料电池动力路线和混合动力汽车动力路线三类，每类又根据选用的电动机不同细分为多种。在驱动和能量回收过程中电能与电动机是经过功率转换器进行调节的。车轮通过不同方式用电动机直接驱动或通过机械传动间接驱动。机械部分主要包括机械传动装置和车轮(见图 1-16)。

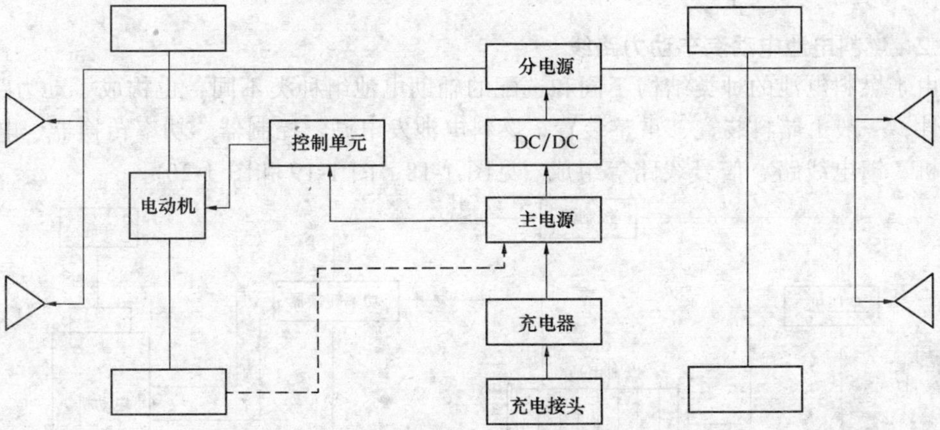

图 1-16 纯电动汽车动力路线类型

1.3.2.1 纯电动汽车动力路线

与内燃机汽车动力路线相比，纯电动汽车动力路线可分为常规型、无变速器型、无差速器型和电动轮型四种(见图 1-17)。常规型与内燃机汽车相比，在结构上只是用电动机代替了内燃机，无变速器型是去掉了内燃机、变速器和差速器，而电动轮型则是用全新的形式代替原动力路线。

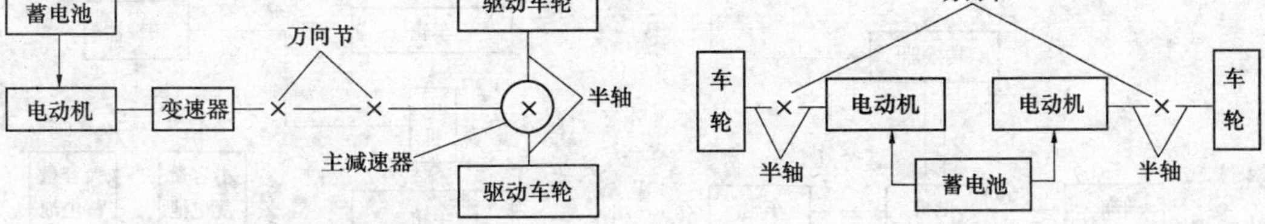

(a)常规型 (b)无变速器型

图 1-17 纯电动汽车动力路线类型

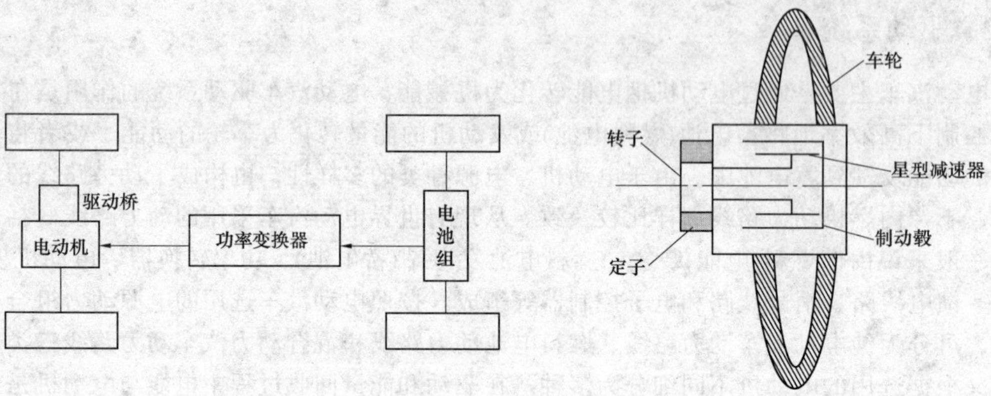

(c)无差速器型　　　　　　(d)电动轮型

续图 1-17

1.3.2.2 燃料电池电动汽车动力路线

由于燃料电池的种类结构不同和选配的辅助电池组种类不同，也构成了动力路线的多样性，一般由储料装置、重整装置，燃料电池发电站、控制器、功率转换器、电动机/发电机、馈电线路、信号线路等组成（见图 1-18、图 1-19 和图 1-20）。

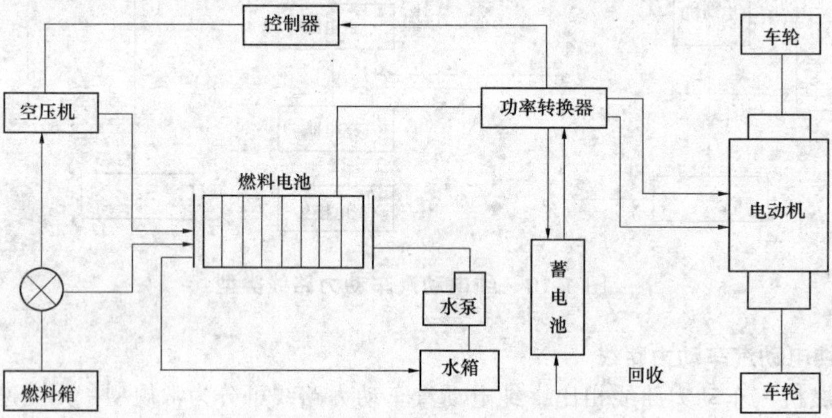

图 1-18　燃料电池动力系统示意图

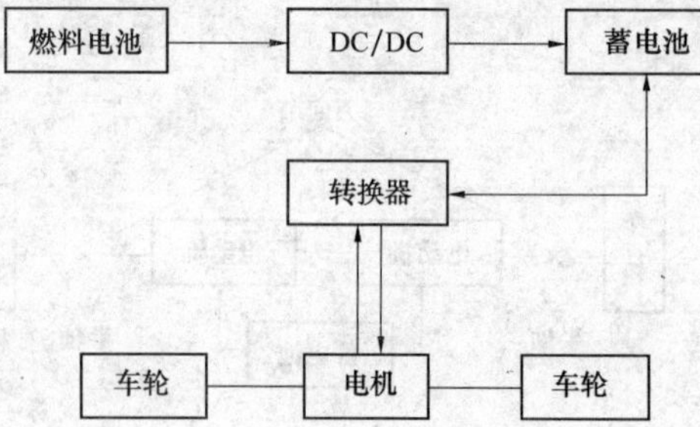

图 1-19　串并联式动力系统示意图

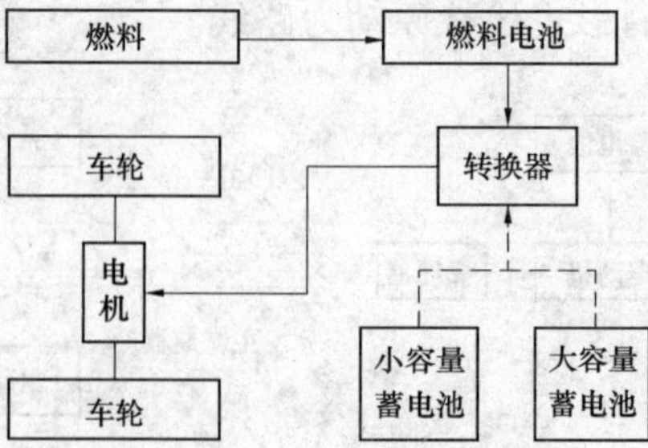

图 1-20　燃料电池汽车动力分类

1.3.2.3 混合动力电动汽车

本书讨论的混合动力电动汽车是指内燃机+电动力的组合形式，这种混合动力电动汽车在技术路线上暂时回避了燃料电池的昂贵成本和蓄电池的较短的续驶里程的不足，突出了内燃机经济运行时的优点，利用电池作为辅助动力来克服内燃机的缺点。动力路线有串联型、并联型和混联型三种方式，如图 1-21 所示。

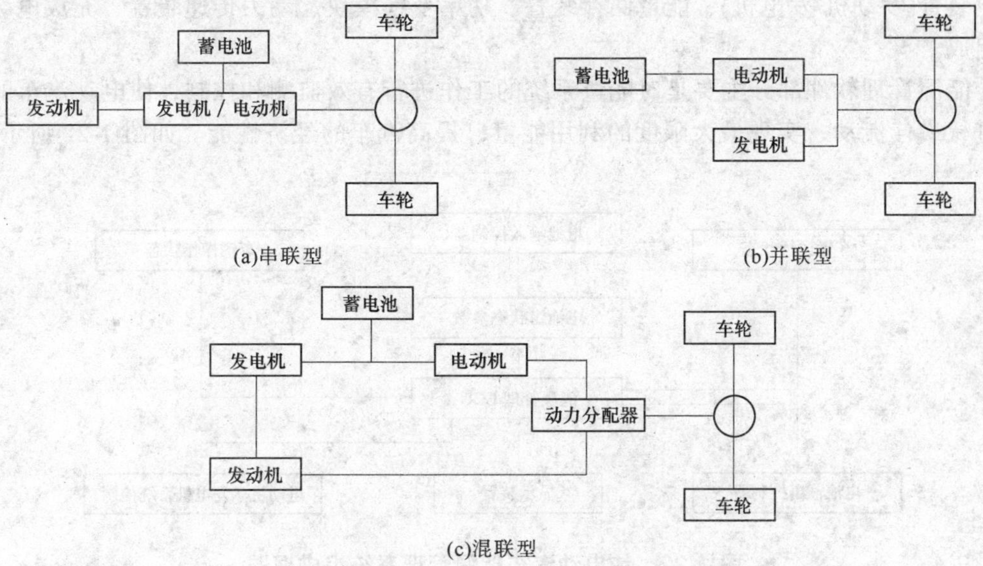

图 1-21　混合动力电动汽车动力线路示意图

串联型的特点是发动机带动发电机发电送给蓄电池再经蓄电池使电能驱动电动机来驱动汽车运动，蓄电池容量应大，但发动机可运行在额定负荷下。并联型可实现电动机或发动机单独驱动，又可联合驱动，通常以发动机为主动力，蓄电池作为辅助动力，本田 Civic、大众 Golf 属此类型。混联型则综合了串并联的优点。既有串联型的电力传动又有并联的机械传动，如丰田 Prius 的 THS 动力系统即为此种类型。

1.3.2.4 能量转换方式

电动汽车无论采用什么动力传递方式，都必须靠电动机将电能转换为机械能对汽车做功。适宜作车用的电动机主要有直流电动机、交流异步电动机、交流同步电动机、永磁型电机、开关磁阻电机和超导型电机等，可供不同类型、不同用途的汽车选用。

1.3.3 电动汽车管理系统

电动汽车与电子技术、计算机技术结合得更加紧密。电动汽车研发中注意自动化、智能化和整车的性能。目前电动汽车管理系统由能源管理系统、能量回收利用系统和能量供给系统等组成。

1.3.3.1 能源管理系统

对电动汽车动力系统能源持续稳定的工作能量进行协调、分配和控制的软硬件系统称为能源管理系统。其中硬件由传感器、ECU、执行元件等组成。能源管理系统的功用是在满足汽车基本技术性能和成本等要求的前提下，根据各部件的特性及汽车运行状况，实现能量在转换之间按最佳方式传递，使整车的能源利用效率最合理。

不同种类的电动汽车其能源规格、系统构成不同。如纯电动汽车能源转换装置由电动机/发电机、蓄电池、功率交换模块及动力传递装置组成；燃料电池汽车如果加上能量回收系统，则仅比纯电动汽车多了储能装置及变换模块；混合动力汽车较复杂，通常由发电装置(发动机/发电机)、能量储存装置、功率变换模块、动力传递装置、充放电装置等组成。

能源管理软件部分主要是对能量系统的工作进行有效监测和控制，使电动汽车的能量进行最佳流动，实现最大限度的利用能量，提高汽车的经济性能。如图 1-22 所示。

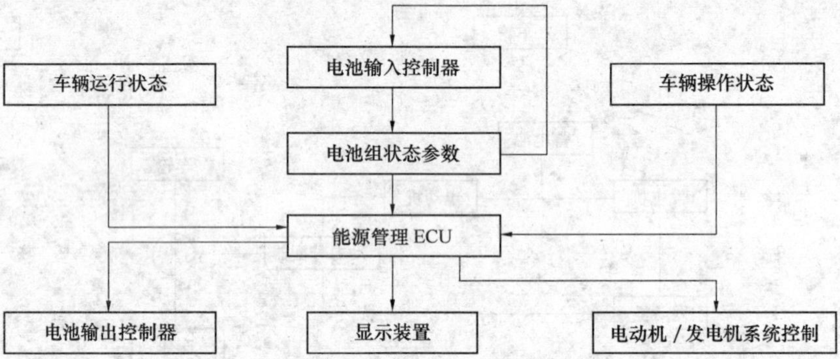

图 1-22　纯电动汽车能源管理系统组成框图

1.3.3.2　能量回收系统

由于汽车运行处于频繁的条件变化中，常常因下坡或减速让能量白白浪费，而电动汽车可以利用电机的可逆性(运行于发电状态)或专用转换装置把这些能量回收起来，变为电能储存在蓄电池里或其他储能器里重新使用。其中最可利用的就是汽车制动时的能量回收。这种把减速制动(刹车或下坡)时车辆的部分动能转化为电能，并储存于储能器的系统叫做制动能量回收系统。

电动汽车制动能量回收发电系统由电动机/发电机、逆变电动驱动系统、蓄电池或储能装置、充电系统、回收发电控制系统组成，如图 1-23 所示。

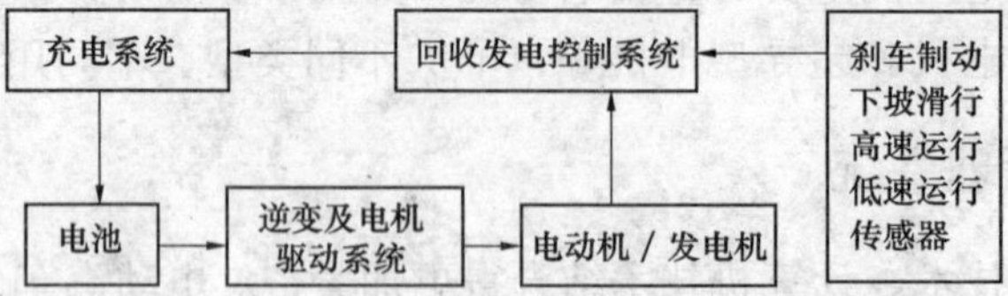

图 1-23　电动汽车回收能量原理框图

1.3.3.3　能量供给管理系统

广义电源供给管理包括车载能源使用最佳分配体系和供车用地面支持供给体系。车载能源使用最佳分配体系主要通过对车载能源的实时消耗量与库存量的分析判断，根据汽车运行工况合理使用和科学调配能源，提出补充能源的最佳方案。如果车用二次电池容量不足时，如何从能源库(站)及时得到补充，要得到电能，车上必须有充电设施，必须与地面能源库(站)设施相匹配，如何使充电时间最短，如何建立能源供给网络，保证汽车有满意的续驶里程和合理的能源成本。如燃料电池的能源供应，它应该科学管理，把运能、储能和供能作为开口系统规划研究，设计最佳的能源供应网络链，重点研究氢原料的选择(是纯氢、富氢或回收氢)、原料站点的设置规划和氢燃料的运输方式、储能站点的安全管理等，只有这些前期平台发展或设置完善，才有电动汽车的顺利推广和广泛选用。如我国上海市已选用从有关工业副产品中回收氢气，作为氢燃料电池的原料，根据当地条件，采用自己研制的储罐储能技术，使电动汽车使用安全、方便，对推广和普及电动汽车、环境保护起到了重要保证作用。

1.4 电动汽车发展情况

电动汽车的历史比内燃机汽车还早。电动汽车也曾在19世纪末20世纪初在美国有个黄金时代。1912年美国电动车保有量曾达到384辆，所占份额超过内燃机汽车。其保有量占总数的38%，仅次于蒸汽机汽车(40%)。只是后来由于内燃机的技术发展，特别是启动机成功应用在汽车上以后，电动车才被人忽视，投入不足，技术发展缓慢。电动车只在个别领域和行业得到长足发展，比如电力机车、动车组列车、地铁列车、磁悬浮列车和轻轨列车。20世纪60年代后，人们为环境问题、能源问题而重新对电动汽车进行认识。1976年日本成立了电动汽车协会，重新研发电动车。1990年美国三家汽车公司联合成立先进电池联合体。随后美国总统布什批准了2.26亿美元拨款资助此项研究。1990年美国通用汽车公司推出“Impact”(冲击)牌电动轿车，该车采用铅酸蓄电池与高新技术，引起世界注意，从此掀起了一个以高新技术为基础，得到各国政府支持的世界性的电动汽车研发热，并取得了可喜成果。电动汽车用电动机及其驱动系统、能源管理系统、质子交换膜纯氢燃料电池、电动汽车控制调速系统等关键技术取得了关键性的突破。整车技术已达到示范、试产阶段，部分车型已开始批量商业生产，投放市场。质子交换膜燃料电池的金属铂用量已从10 mg/cm^2下降到0.4 mg/cm^2；利用Nafion质子交换膜聚合物溶液浸渍Pt/C多孔气体扩散电极技术，使贵重金属Pt(铂)的用量下降到0.05 mg/cm^2。有的研究单位可将一燃料电池组的生产成本控制在500美元/kW；目前在制氢、氢的储存技术和质子交换膜氢燃料电池(PEMFC)方面还有待进一步解决技术问题和成本问题，电动汽车在各国已取得阶段性成果。

1.4.1 美国电动汽车开发计划

美国有两个计划，即PNGV计划和Freedom CAR计划。

PNGV计划是克林顿政府于1993年与克莱斯勒、福特和通用公司合作实施，旨在推动美国汽车技术革命，开发新一代汽车。该计划的目标是，计划2000年出概念车，2004年生产样车，1995年又确定了轻质材料混合动力、高性能发动机(C1D1)和燃料电池的主攻方向。

Freedom CAR 计划是布什政府 2002 年 9 月制定的，取代 PNGV 计划，该计划由能源部领导，汽车制造者协会协调。该计划设定了 5 个目标，即不受燃油的限制、没有排放污染、选购你喜欢的汽车，不受限制随时随地的驾驶，燃料便宜、添加方便。该计划到 2010 年实现的主要目标如下所述：

(1)确保未来可靠的燃料电池动力系统与传统的内燃机自动变速系统成本具有可比性。电动推进系统具有 15 年的寿命，在 18 s 内可产生不低于 55 kW 的驱动功率，持续功率不低于 30 kW。系统成本最低达到 12 美元/kW，燃料电池的最高效率应达到 60%，燃料电池系统比功率为 325 W/kg，功率密度为 220 W/L。2010 年成本达到 45 美元/kW。2015 年达到 30 美元/kW。燃料的生产效率应达到 70%，换算为汽油的价格为 1.5 美元/加仑。

(2)混合动力汽车总目标是，内燃机系统 30 美元/kW，最高循环效率 45%，达到或低于排放标准要求。燃料电池系统，包括怠速装置，最高效率 45%，达到或低于排放标准，成本达到 2010 年 45 美元/kW，2015 年 30 美元/kW。

(3)混合动力车电力目标是，电池系统具有 15 年以上寿命，功率 300 kW，18 s 内最大功率可达 25 kW，成本达到 20 美元/kW。

(4)氢的生产效率达到 70%时，价格与汽油的市场价格相当，约 1.25 美元/加仑。氢存储系统比能是 200 Wh/kg，能量密度是 1 100 Wh/L。成本 5 美元/kWh，内燃机系统使用氢燃料的经济性目标是 2010 年 45 美元/kW，2015 年 30 美元/kW，最高循环率达 45%，低于或达到排放标准。

(5)整车和子系统质量降低 50%，价格为大众可支付得起，增加可再生材料、可循环使用材料的应用。

1.4.2 日本电动汽车研发计划

日本先后制定了三个计划，第一个计划是 2001 年制定的低公害车开发普及行动计划，定义了低公害车为 PNG、纯电动汽车、混合动力电动汽车、甲醇汽车低油耗且低排放的认证车。其目标为：现处于实用阶段的低公害车，2010 年之前尽快普及 1 000 万辆。二是燃料电池车定为下一代低公害车，燃料电池在 2010 年内普及 50 000 辆。在日本 12 届燃料电池实用化战略研究会上，提出了在 2030 年燃料电池车 1 500 万辆，加氢站 8500 个，固定燃料电池 1 250 kW 建设目标。

日本第二个计划称为 JHFC 示范工程计划，即日本氢燃料电池示范工程。这个工程包括“燃料电池示范研究”、“燃料电池用氢供给设施示范研究”。具体是用 8 个汽车公司制造的燃料电池车(轿车、公共汽车)进行路试，得出试验数据评价燃料电池车性能；建造脱硫汽油、石脑油、LPG、甲醇、燃油、城市管道燃气重整气的氢气站、碱水电解氢气站，液氢氢气站和高压氢气站共 9 个氢气站。

第三个计划是专项研究计划，主要有锂电池技术、氢能利用开发技术、质子膜燃料电池技术、氢气安全利用基础技术开发。

1.4.3 欧盟计划

主要有欧盟燃料电池研究发展实施计划、欧盟燃料电池巴士示范计划和欧洲电动汽车城市运输系统计划等。其中欧洲电动汽车城市运输系统计划的内容是鹿特丹、斯德哥尔摩、厄尔兰根德、米兰、斯塔万格以及葛罗歇尔等6个城市共用63辆纯电动车和混合动力车进行此项评估工作。在拉罗谢尔市区市中心建立一个交通运输中心，用电动车(Berlingos)来进行集装包裹的集散运输。此运输中心由一个私人公司进行管理，其职能是协调所有的运输工作，管理物流，与所有的合作者进行协调工作。这个计划的目的不仅是推动电动汽车在物流领域的应用，而且要达到通过重组物流体系结构实现减少城市中心交通的目的。

1.4.4 我国电动汽车研发情况

我国科技部“十五”国家“863”计划电动汽车为重大专项计划，组织企业、高等院校和科研单位，以官、产、学、研四位一体的方式，联合攻关，投入8.8亿元人民币，实施电动汽车专项总体目标。在“十五”期间，促进我国符合市场经济发展要求的研发体系、机制和人才队伍的形成，以电动汽车的产业化技术水平为工作重点，力争在电动汽车关健导入技术、系统突破技术及整车技术上取得重大突破，集中有限资源抢占新一代电动汽车的制高点，促进我国汽车工业实现跨越式发展，在此总方针指引下，我国东风汽车公司、一汽集团公司、上海汽车工业集团和长安汽车公司相继投入人力、财力开展研发工作。

东风汽车公司研制成功的EQ7200HEV混合动力汽车，配置直流永磁无刷电动机和镍氢电池，最高车速160 km/h，0～100 km/h加速小于13 s，最低爬坡25%，排放不低于欧Ⅲ标准；EQ61100HEV公交车，采用开关磁阻电动机，最高车速大于80 km/s，0～50 km/h加速时间小于35 s，爬坡能力25%；神龙富康纯电动轿车采用交流永磁电动机和镍氢电池，有空调系统，车速达85 km/h，0～50 km/h加速小于10 s，爬坡能力大于20%，车价比同型车高30%。

天津一汽研制的“夏利纯电动汽车”，车速120 km/h，续驶里程(等速度)大于230 km，计划近几年实现产业化。

上海汽车工业集团研制成功的“灵日华一号”、“超越一号”燃料电池轿车，一次加氢可续驶150 km。奇瑞纯电动汽车QR，一次充电等速续驶里程达308 km。长安汽车公司研制的LGS HEV车速160 km/h，续驶里程大于500 km，爬坡能力25%。

由于国家重视和重点院校、大型企业的骨干示范作用，带动了全国范围内的研发热潮，如我国生产的电动自行车、三轮车、观光车等小功率的车辆，2005年全国产量为900万辆，其中1/3出口，实现产值200亿元。2006年全国产量为1 600万辆，产值达到320亿元，出口比例比2005年有所提高。2006年生产的新产品中动力源功率已发展到1.5 kW、3 kW和5 kW。车型由双轮发展到三轮、四轮。动力电池不再是单一的铅酸蓄电池，而发展到碱性电池、燃料电池。据有关部门估算，我国此类电动车辆在管理法规还不健全，某些地方还没有提倡推广的情况下，现有在用车已达到2 600万辆。此类车型在产量、国内保有量和销售量等方面，我国已是三个世界第一，并且开始吸引不少外资来我国投资办厂。

随着电动车的普及及认识的提高，城市政府主管部门在城市规划时已重新注意了电动公用交通工具的作用和意义。比如20世纪90年代时，我国城市原有的无轨电车曾遭到非议，有部分学者认为是“清洁的车辆、不适用的交通工具”，影响到不少城市政府决定拆除市区无轨电车线路，定为“电改汽”(电车改为汽车)工程，其理由或是视觉污染，影响城市形象，或是成本高，或是速度慢，不适应高速度的现代社会节奏等。一时间削砍无轨电车成一风景。可在“863”计划中，通过比较、审势，还是把城市公交系统做了科学规划，把电力作为交通能源列为优先发展的对象。比如全国有 26 个大城市计划把轻轨交通作为城市公交线路的主干道，把无轨电车作为城市公交车的主要形式之一。北京在城市公交规划中，把地铁、无轨电车作为市民出行的主要公交设施，把电动车辆作为北京城市的市政用车，电动公交车线路占有一定比例。预计 2008 年在用电动公交车超过 1 000 辆。

在研发电动汽车的关键技术方面，我国也取得了阶段性成果，尤其是燃料电池方面，中国已跨入世界第一阵列。如北京金能公司董事长郑重德是世界著名的全氟质子交换膜和燃料电池专家，其在“863”计划中领衔研制的 GEFC 全氟质子交换膜，有效面积有 10 cm^2、20 cm^2、50 cm^2 和 100 cm^2 多种，研制的 LM 双网络膜电极是世界率先研制成功的。这是世界上第一个制成镶嵌式燃料电池运用于手机、笔记本电脑和电动自行车上，也是世界上第一个研制成功便携自控式高比能 $NaBH_4$ 氢源。该公司计划近期把 $NaBH_4$ 便携燃料电池正式投放市场。北京飞驰绿能公司、北京世纪富源公司、上海神力公司和大连新源动力公司是我国研发燃料电池的重点企业。我国已解决了质子交换膜氢燃料电池 1 kW、2 kW、5 kW、25 kW 等多种电池组的生产工艺问题，并达到 100 W/kg、300 W/L 的性能指标。上海市利用本市工业生产回收氢气的优势，与外资合作建设了加氢站，上海每年可从合成氨工业中回收氢 14 亿 m^3，从氯碱工业中回收氢 0.37 亿 m^3，即上海每年可利用氢资源为 14.37 亿 m^3，相当于 50 万 t 汽油，可行走 50 亿 km。并曾研究成功常温低压储罐储氢技术，运行成本低，加上上海研制的“超越 3 号”燃料电池汽车，计划 2010 年生产 1 000 辆，成本为 35 万元/辆，为此配套的储氢罐容积 60 L，可储纯氢 2 kg，一次充氢可以运行 230 km。

清华大学研制的列管质子交换膜和英国伯明翰大学工业及机械工程学院讲师姜开春研发的燃烧棒独具特色。如姜开春研发的甲醇燃料电池燃烧棒，这个棒长度不过 1 cm，每次注射几滴打火机汽油后，产生的电能是传统电池的 700 倍，乐观地预测在 6 年内替代传统电池。有目睹者将其形容为“Enerage”甲醇电池，其成本可能由 200 元/m^2 降至 8 元/m^2，体积有手掌大小，仅重 430 g。一根燃烧棒就可使笔记本电脑连续工作 10 h，而每次换一根燃烧棒仅占用 3 ~ 4 s 时间。

综观我国电动汽车技术发展情况，引用我国“轻型电动车产业发展战略研究”课题调研组对本课题研究成果进行调研得出的结论，轻型电动车产业的发展可能孕育中国发动一次新的产业革命，并成为中国引领新一代能源革命的新支点，成为推动中国和谐社会和创新社会建设的重要生长点。用外国人的话说，“中国上海的燃料电池汽车技术与世界上任何国家没有差别，而且我们知道，这是他们自主开发的。”

复习思考题

1．什么是电动车辆？有哪些特征？

2．什么是电动汽车？目前分几类？

3．电动汽车主要有几部分组成？各部分作用是什么？

4．电动汽车能实现“少排放”、“零排放”吗？为什么？

5．利用周日休息时间做一次社会调查：①超市、商店门口停车场里，电动车占多少？②公园里、车站码头停车场里有电动车吗？占多少比例？性能参数如何？

6．我国发展电动汽车采取了哪些措施？你认为电动汽车前景如何？

作　业　题

一、填空题

1．现代电动汽车发展主要有______、______、______三种类型。

2．电动汽车除具有汽车属性外，结构上形成了______系统、______系统、______系统、______系统。

3．电动汽车电源供给系统主要由______、______、______组成。

二、判断题

1．电动汽车是指以电作为动力源的汽车。(　　)

2．混合动力电动汽车是指“有两种和两种以上的储能器，能源或转换器作为驱动能源，其中至少有一种能提供电能的车辆称为混合电动汽车”。燃料电池+蓄电池组合形式应称为混合电动汽车。(　　)

3．用太阳能电池作为动力源的汽车不属于电动汽车。(　　)

4．燃料电池电动汽车可以实现零排放。(　　)

5．电动汽车是以电为动力的，所以只要有电的地方都可以使用。(　　)

三、选择题

1．电动汽车实现电能转换为机械能的装置是(　　)。

A．发电机　　B．功率转换器　　C．控制系统　　D．电动机

2．内燃机发动机布置形式有前置、中置、后置，电动汽车电动机布置则(　　)。

A．必须前置　　B．必须后置　　C．自由度较大　　D．自由度较小

3．人们研发电动汽车是因为比内燃机汽车(　　)。

A．制造成本低　　B．续驶里程长

C．对环境友好　　D．适应各种使用条件

四、简答题

1．电动汽车为什么可以实现零排放或少排放？

2．为什么说研发电动汽车对节能具有战略意义和经济意义？

第 2 章　动力蓄电池及储能装置

2.1　电动汽车用动力电池

电动汽车的动力特性与普通汽车一样，三大阻力是气候、路况和负荷的时间函数，并且变化频率和幅度颇大。汽车又是移动的物体，既不能携带足量的能源，又不能及时补充动力。换句话说，电动汽车所需要的理想能源应该是：①有持续稳定的大电流放电，能够保证汽车保持一定的行驶速度；②有短暂大电流放电的能力，保证汽车在加速、上坡时有足够的动力；③能一次性提供足够的能源，保证汽车有一定的行驶里程。

通过几十年的努力，符合上述条件的新型电池不断地被研制出来，并且涵盖物理电池、生物电池和化学电池三大类。物理电池是指利用物理原理制成的电池，其特点是能在常温常压条件下进行能量转换，如太阳能电池、核能电池和温差电池；生物电池是利用生物酶、微生物或叶绿素做成的电池，如微生物电池、生物太阳能电池；化学电池是一种直接地把化学能转化为电能的电池。目前世界上研发的电动汽车电池最成功的就是化学电池。化学电池因选用材料、电池的工作性质和储能方式不同可分为三大类，而这三大类中又可具体细分为几类(详见图 2-1)。

电动汽车首先选用的是二次电池和燃料电池，这些电池的基本特征有以下几点。

2.1.1　化学电池的组成

化学电池一般由电极(正极、负极)、电解质、隔膜和容器(外壳)四部分组成(见图 2-2)。电极是电池的核心部分，一般有活性物质和导电骨架组成。所谓活性物质是指能够通过

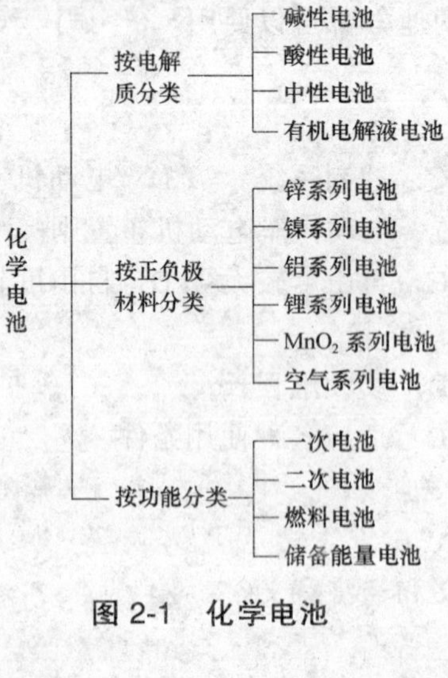

图 2-1　化学电池

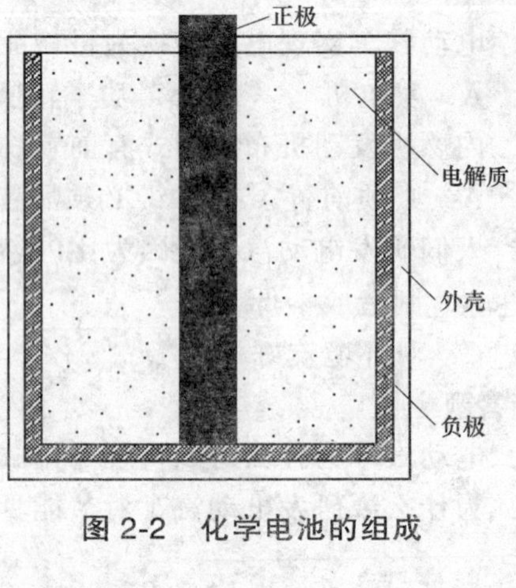

图 2-2　化学电池的组成

化学变化释放出电能的物质，导电骨架主要起传导电子和支撑活性物质的作用。如铅酸蓄电池负极板铅为活性物质，燃料电池质子交换膜上的氢为活性物质。单个电池或电池组上常标有“+”、“–”，这是指示电池的正极端和电池的负极端，便于使用者分辨和外电路接线方便，免于接错。我们知道按常规电流的方向是出“+”、入“–”，而电子的流动方向则是出“–”、入“+”，对于电池内电路，从回路的原理认识，电池内部的电解质应该是将电子送给外电路的负极，恰与外电路相反，那么对于电池内回路，则是发生还原反应，得到电子的电极应叫阴极；发生氧化反应，失去电子的电极应叫阳极。根据这个原则，则电池的负极对内应该是阳极，电池的正极对内应该是阴极。

电解质通常为固体或液体，液体电解质常称为电解液，一般是酸、碱、盐的水溶液；固体电解质一般为盐类，有固体电解质组成的电池称为“干电池”。当构成电池的开路电压大于 2.7 V 时，水易被电解为氢和氧，故液体电解质多选用非水溶剂的电解质。由于电池结构趋于小型化，阳极和阴极因距离近而容易内部短路，为避免此类现象发生，常在阴阳极之间加放绝缘的隔膜(板)，这种隔离阴阳极的材料，叫电池的隔离物。对于多数电池，这种隔离物还能够起到阻挡电池储存或使用过程中的活性物质微粒的迁移或枝晶生长穿透的作用。目前电池的隔离物多用板材、膜材和胶状物。如铅酸蓄电池用的微孔橡胶隔板或塑料隔板均为板材，或用多层浆纸无纺布、玻璃纤维等软性材料做隔离的称为膜材，或如干电池中的硅胶体、糊状物等作隔离材料的为胶状物。

电池的外壳是包容、保护电极、电解质和隔离物的保护层。一般要求壳体应有足够的强度和耐冲击性、耐腐蚀性，有足够的化学稳定性。

2.1.2 电池的性能指标

2.1.2.1 开路电压

电池处于断路状态时，电池两极之间的电位差被称做开路电压(见图 2-3)，可用高内阻电压表或万用表测量。电池的开路电压主要取决于构成电池的材料特性。同一系列电池的开路电压基本相同，仅因材料批次和环境变化有些差异，但相差不大。随着存储时间的长短，电池的开路电压会有所下降，这是电池的自放电引起的，每种电池都有自放电特点，正常情况下下降幅度不大。

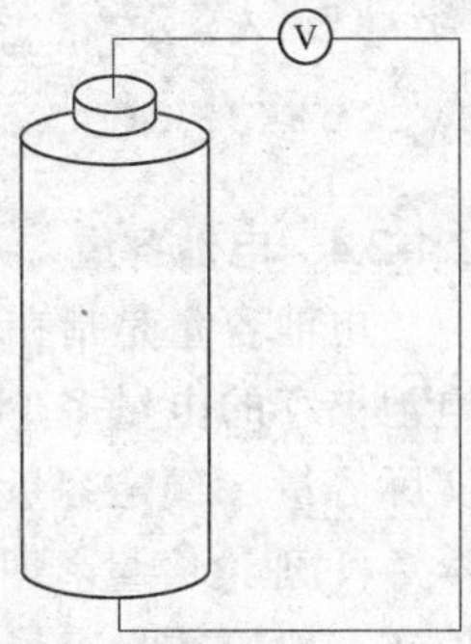

图 2-3 电池开路电压

2.1.2.2 电池的内阻

电池的内阻是指各组成部分的电子导电阻力、离子导电阻力及接触电阻之和，与电极结构及装配工艺有关，极化电阻是电极反应形成的，与电极反应的本质及电池材料有关。电池的内阻越小，电池工作输出电流时电池内部的压降就越小，电池将输出较高的工作电压和较大的电流，输出的能量就越大。

2.1.2.3 工作电压、终止电压、放电曲线

电池工作电压是指电池放电时电池两级之间的电位差，也叫放电电压或端电压。工作电压总低于开路电压，即 $U_0 \geqslant V_n$，或开路电压等于工作电压和电池内压降 $U_0=V_n+V_i$。电池的工作电压与放电制度有关，所谓放电制度是指电池放电时所规定的各种条件，主要包括放电方式、放电电阻、放电电流、放电时间、终止电压及放电环境温度等。

(1)终止电压。终止电压是指电池放电时电压下降到不宜再继续放电的最低工作电压。终止电压与电池类型及放电条件有关，一般在低温及大电流放电时，终止电压低些。因为大电流放电使电极极化快，活性物质不能得到充分利用，电池电压下降较快。小电流放电时，终止电压限定高些，因为小电流放电电极极化小，并且活性物质能充分利用。

(2)放电曲线。放电曲线是指在一定的放电条件下，连续放电时电池的工作电压 V_n 随时间 t 的变化曲线 $V_n=f(t)$(见图 2-4)。在曲线图上可以表征出电池放电过程变化情况，同时也可通过放电曲线计算出放电时间和放电容量。放电时率小者，其工作电压下降速度快，终止电压低，放电时间短，影响电池的实际使用效果。工作电压下降速度慢，往往能输出较多的能量。工作电压的变化速度有时称做放电曲线的平稳度。

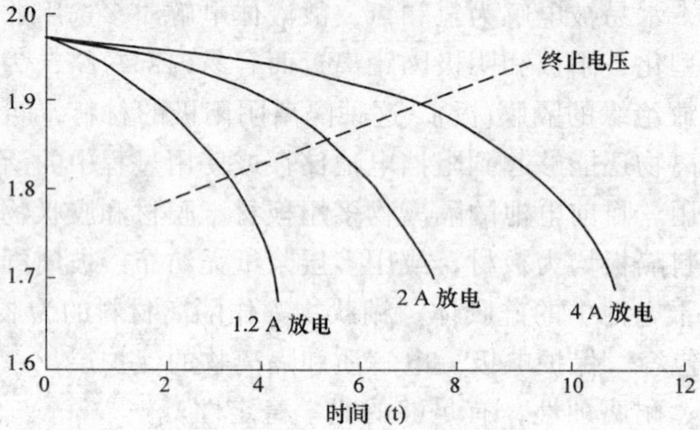

图 2-4　不同电流情况下的放电曲线

2.1.2.4　电池容量

电池容量是指在一定放电制度下，电池给出的电量或有效工作时间。电池容量表示电池储存的电量多少，一般用安培小时表示，简称安时(Ah)。电池容量可分为理论容量、实际容量、额定容量和标称容量。

(1)理论容量。理论容量是根据蓄电池活性物质特性，根据法拉第定律计算出的理论值，一般用质量容量 Ah/kg 或体积容量 Ah/L 表示。

(2)实际容量。实际容量是指在一定条件下蓄电池所能输出的电量，它等于放电电流和放电时间的乘积，即 $C=It$。

(3)额定容量。额定容量是指在一定标准规定的放电条件下，电池应该放出的最低限度的容量。额定容量一般作为商品质量的信誉承诺的保证，是电池性能应该达到的最低标准。

(4)标称容量。标称容量是指在一定标准所规定的条件下，厂家标出的电池应保证具有的存储电量。

2.1.2.5　能量

电池的能量是指在一定的放电条件下电池对外做功时所能输出的电能，单位为 Wh 或 kWh。它可分为标称能量、实际能量、比能量，能量密度也是衡量电池能量的一个重要标准。

(1)标称能量。标称能量是指在一定条件下电池所能输出的能量，电池的标称能量是电池的额定容量与额定电压的乘积。

(2)实际能量。实际能量是指在一定条件下电池所能输出的能量，电池的实际能量是电池的实际容量与平均工作电压的乘积。

(3)比能量。比能量是指单位质量的电池(或电池组)所能输出的能量，单位为 Wh/kg 或 kWh/kg，此能量越高，汽车一次充电后行驶里程越长。比能量的国际计量单位为比能(J/kg，1 Wh/kg=3 600 J/kg)。

(4)能量密度。能量密度是指单位体积的电池所能输出的能量，单位为 Wh/L 或 kWh/L，能量密度越高，汽车的自身质量越轻和车内空间越大，因而承载量增多，经济性越好。

2.1.2.6 功率

功率是指电池在单位时间内所输出的能量，单位为 W 或 kW。电池的功率决定汽车的加速性能和最高车速等。电池的比功率是指单位质量电池所拥有的功率，单位为 W/kg 或 kW/kg。电池的比功率越大，汽车的加速性能、爬坡性能越好，最高车速也越高。电池的功率密度是指单位体积电池所具有的电能功率，单位为 W/L 或 kW/L。功率密度越高，汽车的载重量和车内空间越大。

2.1.2.7 寿命

电池的寿命是用电池的使用时间或充电循环次数表示电池的耐用性。循环充电是指经历一次充电和一次放电过程，称一次循环或一个周期。在一定放电条件下电池容量下降到某一规定值之前，电池所能耐受的循环次数，称为充电电池的循环寿命。在充放电过程中，电池中的化学活性物质都要发生一次可逆性的化学反应，会使活性物质逐渐老化变质，活性度衰减，化学功能减弱，电池的充放电效率逐渐降低，最终报废。蓄电池的循环周期与充电放电形式、电池的环境温度和放电深度有关。所谓放电深度是指放电容量与额定容量的百分比。一般放电深度深影响电池的使用寿命，深度浅有利于延长电池的寿命。电动汽车用的电池，其使用环境多变、常变，电池组合的均衡性、安装方式的影响，都直接影响电池的寿命。

2.1.2.8 成本

电动汽车的普及使用与车用蓄电池的制造成本有密切关系。目前选用铅酸蓄电池作动力源的纯电动汽车，电池组成本一般占总成本的 25%～35%。目前研究开发的高比能量电池成本很高，平均占总成本的 50%以上，使电动汽车的价格偏高，还不能被市场乐意接受。电池成本已是电动汽车发展普及的关键。如燃料电池中的电极活性物质是金属铂(Pt)，起初只能做到 10 mg/cm^2，一个单元电池组(35 kW)则需铂金属 1 400 g，折合人民币 40 万元，随着技术的改进，现在可以达到 0.05 mg/cm^2 的水平，折合人民币 2 000 元，但尽管如此仍不能与内燃机汽车的发动机价格相比。蓄电池尤其是燃料电池的成本已成为发展电动汽车的瓶颈。

2.1.3 蓄电池的放电特性

蓄电池的放电电流、端电压、输出功率与汽车的续驶里程、车速有关，一般用开路

电压 U_0、放电端电压 V_i、电池内阻 R_i 和放电电流 I_b 组成的平衡方程式表示，$U_0=V_i+R_iI_b$。电池开路电压 U_0 与放电端电压 V_i 和电池内压降(电车内阻 R_i 与放电电流 I_b)相平衡。蓄电池放电时的放电功率 $P_i=I_b\times V_i=(U_0-R_iI_b)I_b$。若对 P_i 求导并使其等于零，即获得极值点 $I_b=\dfrac{U_0}{2R_i}$，代入上式得 $P_{i\max}=\dfrac{U_0^{\ 2}}{4R_i}$。

或将上式变成完全平方式 $P_i=\dfrac{U_0^{\ 2}}{4R_i^{\ 2}}-\left(I_b-\dfrac{U_0}{2R_i}\right)^2 R_i$ 得 $P_{i\max}=\dfrac{U_0^{\ 2}}{4R_i}$。

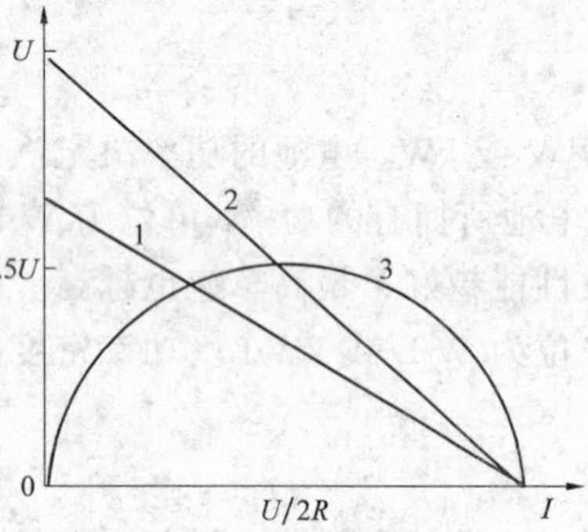

图 2–5 蓄电池放电特性

蓄电池的放电效率 $\eta=1-R_iI_b/U_0$，最大放电功率 $\dfrac{U_0^{\ 2}}{4R_i}$，最大放电电流 $I_{b\max}=U_0/2R_i$。设蓄电池内阻为常量时，可以将放电时的端电压、放电功率和放电效率、放电电流的变化过程关系放在一张曲线图上表示(见图 2-5)。图中 1、2、3 曲线分别表示效率 η、电压 U、功率 P。由图中曲线可知蓄电池的效率与放电电流的大小成反比，与蓄电池放电时的端电压成正比。这就提示人们应选择高效、电流小的工作机构(电动机)，即在功率一定和保证安全的情况下，应尽量使用开路电压高的蓄电池。

2.2 铅酸蓄电池

2.2.1 铅酸蓄电池的分类及特点

电动汽车用动力铅酸蓄电池有多种，常见的有干荷电式蓄电池、湿荷电式蓄电池、阀控式蓄电池、免维护蓄电池、胶体型蓄电池、水平板式蓄电池等。

动力铅酸蓄电池与一般启动用的蓄电池不同，既要求有瞬时大电流放电特点，又要求铅酸蓄电池有持续大电流放电的能力。动力铅酸蓄电池有以下几个特点。

(1)单格电压高，汽车用铅酸蓄电池单格额定电压可达 2.0 V，开路电压 2.1 V，工作电压 1.8 ~ 2.0 V。

(2)比功率和功率密度大，内阻小，长时间可输出大电流。

(3)性能可靠，冲放电可逆性好。

(4)循环次数多，寿命长。

(5)结构简单，价格低廉。

2.2.2 铅酸蓄电池的工作原理

2.2.2.1 铅酸蓄电池的放电

当前蓄电池的正负极板浸入电解液中时，正负极板间就会产生约 2.1 V 静止电动势，此时若接入负载，在电动势的作用下，电流就会从蓄电池的正极经外电路流向蓄电池的负极，这一过程称为放电，将蓄电池储存的化学能转化为电能输出。

正极化学反应式是

$$Pb^{4+}+2e+SO_4^{2-}\rightarrow PbSO_4$$

负极化学反应式是

$$Pb+SO_4^{2-}-2e\rightarrow PbSO_4$$

蓄电池放电终了的标志是：①单个电池电压下降到终止电压；②电解液密度下降到最小许可值。

2.2.2.2　铅酸蓄电池的充电

充电时蓄电池的正负极分别与直流电源的正负极相连，当充电电源的端电压高于蓄电池的电动势时，在电场的作用下，电流从蓄电池的正极流入，从负极流出，这一过程称为充电。蓄电池的充电过程是电能转换为化学能的过程。

正极化学反应式是

$$Pb^{2+}-2e\rightarrow Pb^{4+}$$

负极化学反应式是

$$Pb^{2+}+2e\rightarrow Pb$$

蓄电池充电终了的标志是：①电解液中有大量气泡冒出，出现沸腾状态；②电解液的密度和蓄电池的端电压上升到规定值，且在 2～3 h 内保持不变。

2.2.3　铅酸蓄电池的构造

2.2.3.1　普通型铅酸蓄电池

汽车用普通铅酸蓄电池(见图 2-6)一般由 3 或 6 个单格电池串联而成，每个单格电池的电压约为 2.0 V。现代汽车用普通型蓄电池主要由极板、隔板、电解液、外壳、联条、极桩等组成。

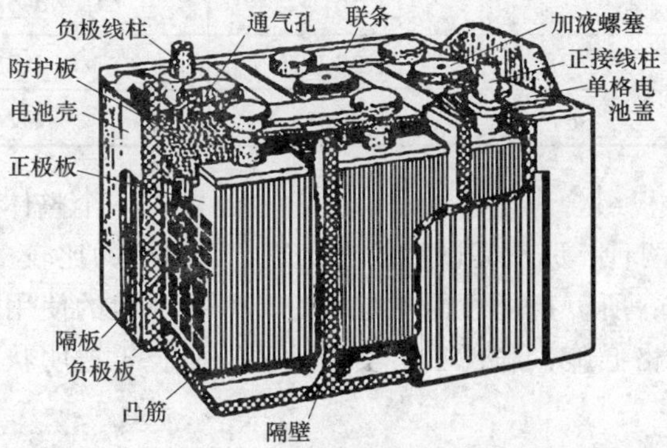

普通铅酸蓄电池的结构

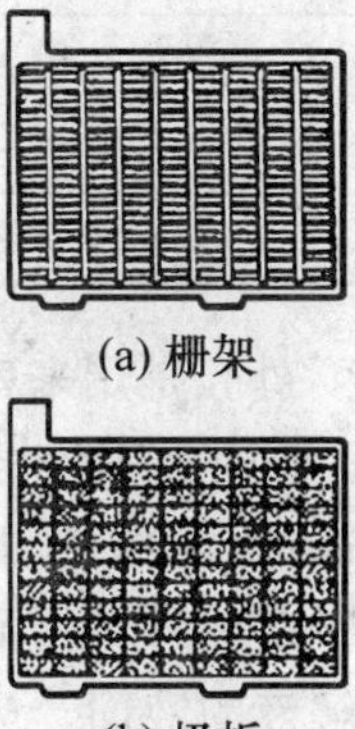
(a) 栅架
(b) 极板
普通极板的形状

图 2-6　铅酸蓄电池的构造

(1)极板。极板是蓄电池的核心部件，由栅架和活性物质组成。

极板栅架是由铅锑合金浇铸而成的，其中锑的作用是可以提高栅架的机械强度，但是锑含量不能过高，因为它会加重蓄电池的自放电，以及加速栅架腐蚀，缩短蓄电池的使用寿命。目前多采用低锑极板栅架或不含锑的栅架。极板上的活性物质，正极板上的是二氧化铅，呈深棕色。负极板上的是纯铅，呈青灰色。在每个蓄电池的单格中都有多片正负极板，这主要是为了增大蓄电池的容量。并且在每个单格中负极板要比正极板多一片，这样每个正极板两侧都有一片负极板，可以保证正极板两侧放电均匀。另外，由于正极板处的化学反应比较剧烈，反应前后活性物质体积变化较大，正极板夹在负极板中间，还可减少正极板的翘曲和活性物质的脱落。

(2)隔板。为了减小蓄电池的尺寸，蓄电池的正负极板应尽可能地靠近。为了防止正负极板彼此接触而短路，需要在正负极板间加装隔板。隔板材料应具有良好的多孔性，以便于电解液的渗透，还应具有良好的耐酸性和抗氧化性。隔板的材料有木质的、微孔橡胶、微孔塑料、玻璃丝、玻璃棉毡等。目前用的比较多的是微孔塑料，因为它做成的隔板孔径小、孔率高、成本低。安装时隔板带槽的一面应朝向正极板，且沟槽必须与外壳底部垂直。因为正极板在充放电过程中化学反应剧烈，沟槽只能使电解液上下流通，也能使气泡上下流通，还能使脱落的活性物质沿槽下沉。现在有的厂家把隔板做成信封式，套在正极板上，可以有效防止活性物质脱落。

(3)电解液。汽车用铅酸蓄电池的电解液使用专用的纯硫酸和蒸馏水按一定的比例配制而成。电解液的相对密度对蓄电池的性能和使用寿命影响很大。为了提高蓄电池的容量和降低电解液的冰点，电解液的密度大一些较好。但是电解液的相对密度过大，会使流动性变差，反而降低蓄电池的容量，缩短蓄电池的使用寿命。另外，电解液的密度也和地区及环境温度有关。不同气温下电解液的密度见表 2-1。

表 2-1 不同气温下电解液相对密度(15 ℃) (单位：g/cm^3)

使用地区最低气温(℃)	冬 季	夏 季
<–40	1.31	1.27
–30 ~ –40	1.29	1.26
–20 ~ –30	1.28	1.25
>0	1.27	1.24

(4)外壳。外壳是用来盛装极板组合和电解液的，使蓄电池构成一个整体，所以又叫容器或壳体。外壳常用的材料有两种，那就是硬橡胶和塑料。目前用的比较多的是塑料。因为硬橡胶这种材料的脆性较大，所以抗震性能不是很好，对蓄电池的使用性有一定的影响。而塑料这种材料，不仅价格低廉，脆性小，实用性强，而且半透明状的塑料还有利于观察电解液的液面。

(5)联条。联条的作用是将单个蓄电池串联起来，提高整个蓄电池的端电压。联条一般由铅锑合金浇铸而成，硬橡胶外壳蓄电池的联条位于电池上方，塑料外壳蓄电池则采用穿壁式联条。

(6)极桩。普通蓄电池首尾两极板组的横板上焊有极桩，极桩有圆锥形、“L”形和侧孔形三种。为了便于区分，一般正接线柱上或旁边标有“+”或“P”记号，负接线柱上标有“–”或“N”记号，有些蓄电池正接线柱上涂有红色油漆。

2.2.3.2　干荷电式蓄电池

干荷电式蓄电池是指极板组在干燥状态下仍能长期保存自身电荷，具有这种独特功能的蓄电池叫做干荷电式蓄电池。这种蓄电池的负极板的活性物质在铅中配有一定比例的抗氧化剂，如松香、羊毛脂、油酸、有机聚合物和脂肪酸等。经深化处理后，使活性物质形成较深层的海绵状结构，再经防氧化浸渍处理，即板表面附着了一层极薄的保护膜，提高了抗氧化性能，最后经惰性气体或真空干燥处理。经过这样处理后，负极板上的海绵状纯铅在空气中长期干存而不氧化，在反应中获得的大量负电荷不至于消失。以上就是干荷电式蓄电池具有长期保存其电荷功能的原因。

2.2.3.3　湿荷电式蓄电池

湿荷电式蓄电池与普通蓄电池所不同的是采用极板群组化成，化成后将极板浸入相对密度为 1.35 g/cm³(15 ℃)，内含 0.5%(质量比)硫酸钠的稀硫酸溶液中浸渍 10 min。硫酸钠在负极板活性物质表面起抗氧化作用，经离心沥酸后，不经干燥即进行组装密封。湿荷电式电池极板和隔板仍带有部分电解液，蓄电池内是湿润的，所以叫湿荷电式蓄电池。

2.2.3.4　免维护型蓄电池

免维护型蓄电池是指在使用寿命期限内，除要保持表面清洁外，不需其他维护的蓄电池。这与它自身的结构特点密切相关。

(1)免维护蓄电池采用低锑合金或铅钙合金做极板栅架。因为栅架含锑少或不含锑，提高了氢在蓄电池负极，氧在正极析出的低电位，从而有效地保存了蓄电池中的水分，也有效地减少了蓄电池的自放电，这使得蓄电池在使用过程中不需要补加蒸馏水。

(2)采用信封式隔板。这样就可以有效地避免正极板上活性物质的脱落，延长蓄电池的使用寿命。

(3)采用内装饰密度计。从密度计指示器指示的不同颜色，可以判断蓄电池的存电状态及液面高度。

(4)采用安全通气装置。这使得蓄电池可避免其内部硫酸气与外部的火花直接接触，防止爆炸。另外通气塞处还装有催化剂钯，可把氢气和氧气催化化合成水重新流回到蓄电池中，从而保持了水分。

(5)联条采用穿壁式连接。这种连接方式可以减小蓄电池的内阻，提高蓄电池的容量。

2.2.3.5　胶体型蓄电池

胶体型蓄电池是指其电解液是由稀的硫酸钠溶液和硅酸溶液混合而成的胶状物质，这样的蓄电池叫做胶体型蓄电池。

这种蓄电池因为其电解液的流动性不强，所以在储存、保管、运输及使用过程中都比较安全，但是这种蓄电池的容量与普通蓄电池相比有所降低。

2.2.4　铅酸蓄电池的容量

蓄电池的容量分为理论容量、实际容量、额定容量和储备容量四种。其中容量的定义前面我们已经介绍过，在此不一一赘述，下面重点分析一下影响蓄电池容量的因素。影响蓄电池容量的因素主要有构造方面和使用方面的因素。

(1)构造因素。①极板，极板对蓄电池容量的影响主要在其厚度、多孔性、面积、数量等。极板越薄，多孔性越好，电解液越容易渗透，活性物质利用率就越高，蓄电池输出容量也就越大，极板的面积越大，片数越多，活性物质的量也就越多，容量也越大；相反容量就越小。②隔板，隔板对蓄电池容量的影响主要在其厚度和多孔性。隔板的厚度越薄，多孔性越好，电解液越容易渗透，活性物质利用率就越高，蓄电池输出容量也就越大；相反蓄电池容量就越小。③同性极板中心距，缩短同性极板中心距可以有效减小蓄电池内阻。因此，在保证具有足够电解液量的前提下尽可能缩短中心距，可以增大蓄电池的容量。同性极板中心距既与极板隔板厚度有关也与安装技术有关。

(2)使用因素。①放电电流，蓄电池放电电流越大，其输出容量就越小。因为当放电电流过大时，放电过程中产生的硫酸铅速度过快，而硫酸铅又是一种微溶物，来不及溶于水，就大量地以沉淀的形式附着在极板表面，从而使极板孔隙过快被堵塞，极板内层的活性物质不能参与到放电，不仅减小了活性物质的利用率，也大大缩短了放电时间，所以蓄电池的容量会大大减小。②电解液的温度，电解液温度较高时，电解液中分子运动速度较快，使电解液的渗透能力增强，电解液内阻减小，电化学反应加强，电池容量有所上升。相反，电解液温度降低时，黏度增加，渗透能力减弱，同时电解液内阻增大，端电压随之迅速降低，容量减小。③电解液相对密度，适当增大电解液相对密度可以提高电解液的渗透力及蓄电池的电动势，并可以使其容量增大。但电解液的相对密度不能过高，因为这样会使电解液黏度增大，电解液的渗透能力下降，内阻增大，导致其端电压及容量减小。但电解液的相对密度过低时，电解液中的导电离子数量少，也会使蓄电池的实际容量减小。由此我们可以得到，电解液相对密度稍微低些有利于提高放电电流和容量，有利于延长蓄电池的使用寿命。所以在冬季不结冰的前提下，应尽可能降低电解液的相对密度。

2.2.5　铅酸蓄电池的充放电特性

2.2.5.1　放电特性

铅酸蓄电池的放电特性是指蓄电池在恒流放电过程中，其单格电压 U 和电解液相对密度 ρ(25℃)随放电时间 t 而变化的规律。

电解液相对密度随放电时间的延长按直线规律下降。因为在恒流放电单位时间内的硫酸消耗量是一个定值。铅酸蓄电池的放电程度和电解液相对密度减小值成正比。电解液相对密度每下降 0.04 g/cm³，蓄电池大约放掉 25%额定容量的电量。

放电过程中，端电压的变化规律可分为以下三个阶段。

(1)第一阶段。在放电开始时，单格电压由 2.14 V 迅速下将到 2.1 V 左右。这是因为放电前渗入极板活性物质孔隙内部的硫酸迅速反应变为水，而极板外部的硫酸还来不及向极板孔隙内渗透，极板内部电解液相对密度迅速下降，单格电压迅速下降。

(2)第二阶段。单格电压由 2.1 V 呈直线规律缓慢下降。这是因为该阶段单位时间极板孔隙内部消耗的硫酸量与空隙外部向极板空隙内部渗透补充的硫酸量相等，处于一种动态平衡状态的缘故。

(3)第三阶段。放电接近终了时，单格电压迅速下降到 1.75 V。其原因是，极板表面已形成大量硫酸铅，堵塞了孔隙，渗透能力下降；同时单位时间的渗透量小于极板内硫酸的消耗量，极板内的电解液相对密度迅速下降(对应的电压叫终止电压，对应的状态叫放电终了)。此时应停止放电，如果继续放电，单格电压在短时间内将急剧下降到零，致使蓄电池过度放电，导致蓄电池产生硫化故障，缩短其使用寿命。

蓄电池放电到终止电压时应停止放电，极板孔隙中的电解液与整个容器的电解液相互渗透，趋于平衡，电池的单格电压会有所回升。

蓄电池放电终了的特征是：①单格电池电压下降到放电终止电压(以 20 h 放电率放电时，终止电压为 1.75 V)；②电解液相对密度下降到最小值 1.10 ~ 1.12 g/cm³。

放电终止电压与放电电流大小有关，放电电流越大，连续放电时间越短，允许的放电终止电压就越低(见表 2-2)。

表 2-2　蓄电池终止电压与放电电流的关系

放电电流(A)	0.05 Q_{20}	0.1 Q_{20}	3 Q_{20}
连续放电时间	20 h	10 h	1 min
单格电池终止电压(V)	1.75	1.70	1.40

2.2.5.2　充电特性

铅酸蓄电池的充电特性是指在恒流充电过程中，铅酸蓄电池单格电压 U 和电解液相对密度 ρ (25℃)随充电时间 t 而变化的规律。

充电过程中，电解液相对密度基本按直线规律上升，这是因为采用恒流充电，充电机每单位时间向蓄电池输入的电量相等，每单位时间内电解液中生成硫酸的量也基本相等。

充电过程中，单格电压变化规律可以分为以下四个阶段。

(1)第一阶段。充电开始时，单格电压上升较快。这是因为极板孔隙内水的消耗速度很快，空隙外部的水还来不及渗入补充，极板内部电解液相对密度迅速上升所致。

(2)第二阶段。端电压上升较平稳，至单格电压 2.4 V。该阶段极板空隙内消耗的水与外部渗入的水基本相等，处于动态平衡状态。

(3)第三阶段。单格电压达 2.4 V 以后迅速上升至 2.7 V，该阶段电解液中水开始电解，正极板表面逸出氧气，负极板表面逸出氢气，电解液中冒出气泡，出现所谓的电解液“沸腾”现象。

(4)第四阶段。为过充电阶段，该阶段单格电压不再上升。为了保证蓄电池充分充电，一般需要过充电 2 ~ 3 h。

由于过充电时剧烈地放出气泡会导致活性物质脱落，造成蓄电池容量降低，使用寿命缩短，因此应尽量避免长时间过充电。过充电时，蓄电池逸出的氢气、氧气的混合气体易燃、易爆，因此在充电的蓄电池附近应避免明火。

蓄电池充电终了的特征是：①单格电压和电解液相对密度上升到最大值且 2 ~ 3 h 内不再上升；②电解液中产生大量气泡，呈现“沸腾”状态。

2.2.6 动力铅酸蓄电池快速充电

电动汽车用铅酸蓄电池与汽车上作为启动用的蓄电池的使用性能不同。为了区别常用的启动用蓄电池，有人把做牵引动力的铅酸蓄电池称为动力蓄电池，标号为X–DX–XX，其意义为X表示标称电压，DX中的D表示动力电池，X代表电池类型，如DM(为密封阀控制)、DW(为免维护式)、DS(为水平式)等。

与启动用蓄电池相比较，电动汽车用铅酸蓄电池应有更高的比能量和比功率，更高的循环次数和较好的快速充电性能。我国目前生产的牵引动力型铅酸蓄电池的性能指标一般可达到比能量30～40 Wh/kg，充电时间4～6 h，一次充电可行驶30～40 km。有不少厂家和单位努力改进技术，如电极中减少锑元素，电解液加入添加剂等，充放电性能都有提高，但铅酸蓄电池效率低的缺点没有明显改变。在缩短电池充电时间方面也开展了研究，比如采用脉冲快速充电方法，充电时间可以缩短一半。所谓脉冲快速充电就是以马斯充电三定律为依据将充电全过程分为四个不同的时段，即预充、脉冲快充、补充和浮充充电的一种方法。

马斯定律一 对任何给定的放电电流，蓄电池充电时的电流接受比α与电流放出的容量平方根成反比。

$$\alpha=\frac{K_1}{\sqrt{C}}$$

式中 α——电流接受比；

K_1——放电常数；

C——放电容量。

马斯定律二 对于任意给定的放电量，蓄电池充电电流接受比α与放电电流I_f的常用对数成正比。

$$\alpha=K_2\lg I_f$$

式中 K_2——放电电流常数。

马斯定律三 蓄电池以不同的放电率放电后，其最终的允许充电电流I_c是各个放电率下的允许充电电流之和。

$$I_c=\sum I_i$$

电池组的总电流接受率 $\alpha=\sum I_i/\sum C_i$

马斯三定律说明，在充电过程中，当充电电流接近蓄电池固有的充电曲线时，适时地对电流进行反向大电流瞬间放电，消除电池的极化现象，可以提高蓄电池的充电接受能力。从图2-7可以看出如果能使曲线不断右移，陡度不断增大，电流接受比高，充电时间缩短，充电效率提高。采用快速充电的一般方法是将充电全过程分为四个时段：预充电时段、脉冲快速充电时段、补充充电和浮充充电时段。快速脉冲充电主电路如图2-8所示。

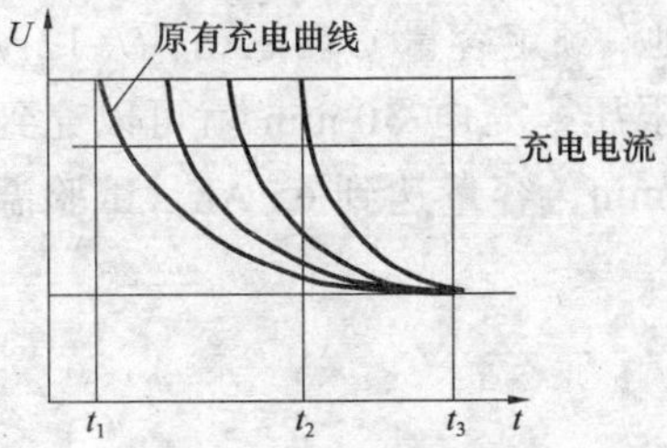

图 2-7　快速充电曲线图

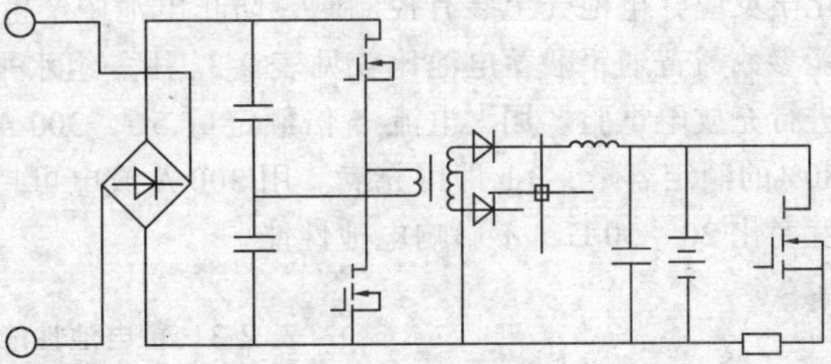

图 2-8　快速脉冲充电主电路

为了克服比能量低和续驶里程短的问题，不少研究者对铅酸蓄电池进行各种改造，例如利用双极式技术对原铅酸蓄电池进行改造，取得了一定效果。所谓双极式是将原蓄电池的隔板去掉，正负极板合一，一面涂正极板活性物质，另一面涂负极板活性物质，如图 2-9 所示。有关信息报道 ，英国一家公司用钛化合物 Ebonox 做电极制成的铅酸蓄电池比能量达到 60 Wh/kg，几乎接近镍氢、锂电池的比能量。如果在技术上突破的话，价格低廉的铅酸蓄电池会大力推动电动汽车的推广和普及。

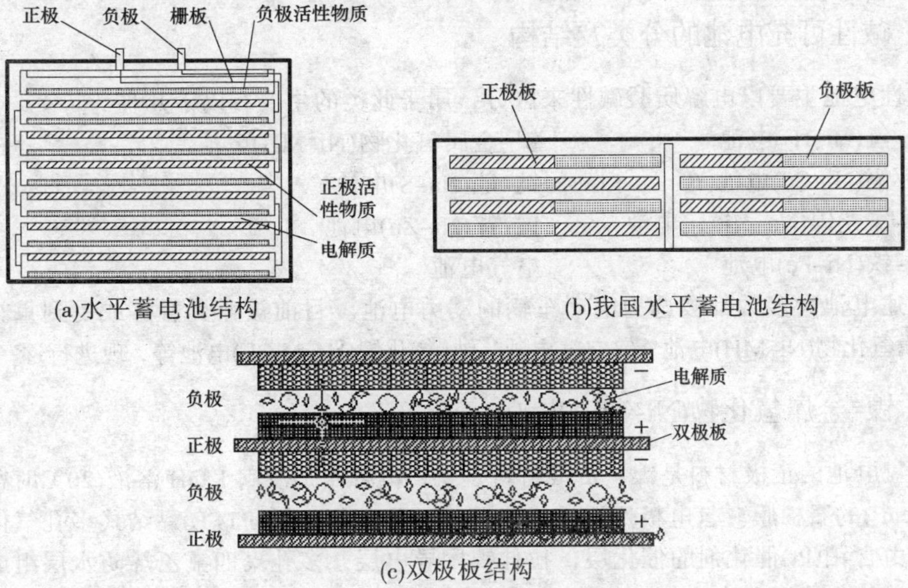

图 2-9　双极式电池示意图

我国《汽车工程》杂志 2006 年 9 月刊登了一篇电动客车动力系统研究的论文。文中介绍了一种“水平铅酸蓄电池”，与一般铅酸蓄电池不同的结构部分是电极板。极板是用轻型玻璃丝为基体与铅一起挤压成柔软的铅丝，再用这些丝编制成网络，铺在特制的化学物质上，构成双网极板，最后将这些双网极板组合，水平放置在电池壳里组成电池组，见图 2-9。图 2-9(c)为双极板结构示意图，极板一面涂正极活性物质，另一面涂负极活性物质，我国极板与国外的不同，是极板的一半为正极板，另一半为负极板，组成电池时互相错开，见中间图。水平放置的作用是保证极板上的活性物质最大限度地参与化学反应，电池壳上装有控制阀，防止电池中产生的气体膨胀，损坏电池。该电池的性能参数与普通铅酸蓄电池比较见表 2-3。用一组水平蓄电池，额定容量 C=85 Ah，U=12 V进行充放电试验。用大电流 5 倍额定量 5C，300 A 恒流限压，充电 30 min 就可以充到80%的额定容量，3 h 即可充满。用 300 A 放电可持续 12 min，容量达到 65 Ah。试验温度变化 20 ~ 30℃，不影响电池性能。

表 2-3　蓄电池性能比较

性能指标	普通蓄电池	水平蓄电池
容量效率 η_v(%)	65 ~ 90	99.75
能量效率 η(%)	55 ~ 75	81.4
比能量(Wh/kg)	33	41
比功率(W/kg)	300	380

2.3　碱性可充电池

2.3.1　碱性可充电池的分类及结构

碱性电池主要以电解质酸碱性来区分，属于此类的主要有以下几种。

镍–氢(Ni–H_2)电池　　镍–金属氢化物(Ni–MH)电池

镍–镉(Ni–Cd)电池　　钠–硫(Na–S)电池

钠–氯化镍(Na–NiCl_2)电池　　镍–锌(Ni–Zn)电池

镍–铁(Ni–Fe)电池　　空气电池

上述电池大多数都被选为电动车辆的动力电池。目前被业界看好或受到重视的有镍–金属氢化物(Ni–MH)电池、锌空气电池、钠–氯化镍(Na–NiCl_2)电池等，现进行逐一分析。

2.3.2　镍–金属氢化物(Ni–MH)电池

镍氢电池的正极材料是镍，负极材料是氢，电解质是浸满 KOH 溶液(20℃时密度为1.20 g/cm³)的石棉膜。氢电极用活性炭作载体，聚四氟乙烯(PTFE)黏结式多孔气体扩散电极，由含铂(Pt)催化剂的催化层，拉伸镍网导电层，多孔聚四氟乙烯防水层组成，镍电极是 $Ni(OH)_2$ 压制成型或烧结而成。

2.3.2.1　Ni–MH 电池原理

Ni–MH 电池正极活性物质是 $Ni(OH)_2$，负极是由储氢合金做成，用 MH 表示，活性物质是氢，电解质是 KOH 水溶液，化学反应如下

正极：$Ni(OH)+OH^- \rightarrow NiOOH+H_2O+e$

负极：$M+xH_2O+xe \rightarrow MH_x+xOH^-$

总反应：$xNi(OH)_2+M \rightarrow xNiOOH+MH_x$

在正极进行还原反应，负极进行氧化反应，即电池充电时氢由正极迁移到负极，放电时，氢由负极迁移到正极，电解液只是参与转移电荷，但不参与反应，所以电解液在

充放电中不受影响，不会增加也不会减少，没有质的变化。

电池负极的储氢材料有多种，按金属组分分为稀土类、钛系类、镁系类、锆系类等。按金属合金中多元素的配比多少分 AB_5 型(如 $LaNi_5$)、AB_2 型(如 $ZrMu_2$)、A_2B 型(如 Mg_2Ni, Ti_2Ni)、AB 型(如 TiNi)。我国用的较多的是以 $LaNi_5$ 为主的稀土类和钛系列类。

2.3.2.2 镍氢电池的特性

以松下电池公司生产的 MHB–100(12 V/100 Ah)电车用电池的充放电特性曲线(见图 2-10)来说明。图 2-10(a)为充电时的曲线，图 2-10(b)为放电时的曲线。由曲线看出充放电受充放电流和温度影响比较大。如若采用大恒流充电时，端电压高，电池的温度也高，以 20 A 放电时，比能量为 70 Wh/kg，以 100 A 放电时，反而比 20 A 时低 5%，温度却高 15℃，电池寿命可达 1 000 次循环，实际行驶 15 万 km。

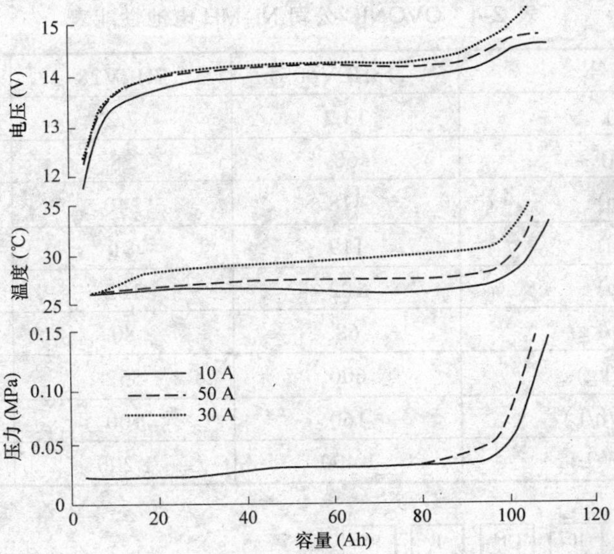

(a) 充电

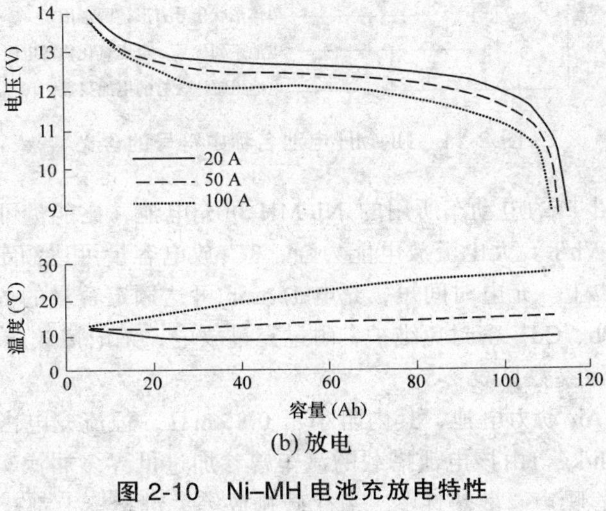

(b) 放电

图 2-10　Ni–MH 电池充放电特性

目前供电动汽车使用的 Ni–MH 电池组多为 12 V/100 Ah,单体电池间设有空气通道，以便电池散热和使温度均匀分布。电池外壳以塑料为主，装车使用 24 个单体串联，电压 288 V,携带能量 30 kWh。美国 OVONIC USABC 公司生产的电动汽车用电池 13HEBV60、7HEV28、12HEV20 的性能见表 2-4。这些电池曾装于 EV、S-10、克莱斯勒电动汽车上。

日本松下、三洋、丰田公司先后研制生产 Ni–MH 电池，用于电动汽车上。我国起步虽然晚，但研制的进展顺利，发展也很快，并且国家专门制定了国家标准 GB/T18322—2001，规定镍氢电池额定容量用 C_3 表示，意思是在 20℃ ± 5℃的条件下，以 3 h 放电率的放电电流($3C_3$)连续放电，到电池端电压下降到 10 V 时电池所放出的电量。规定电池组应有 10 个单体(cell)电池组成。单体电池采用方形和圆形两种，分别用“10QNF × × ×” 和 “10QNY × × ×”表示。电池名称中符号的含义见图 2-11。

表 2-4　OVONIC 公司 Ni–MH 电池性能表

电池组型号	13HEV60	7HEV28	12HEV20
电压(V)	13.2	7.2	12
容量(Ah)	60	28	20
长度(mm)	418	240	346
高度(mm)	119	81	91
宽度(mm)	102	102	74
比能量(Wh/kg)	68	80	48
比功率(W/kg)	600	552	550
能量密度(Wh/L)	160	100	110
功率密度(W/L)	1 400	1 200	1 300

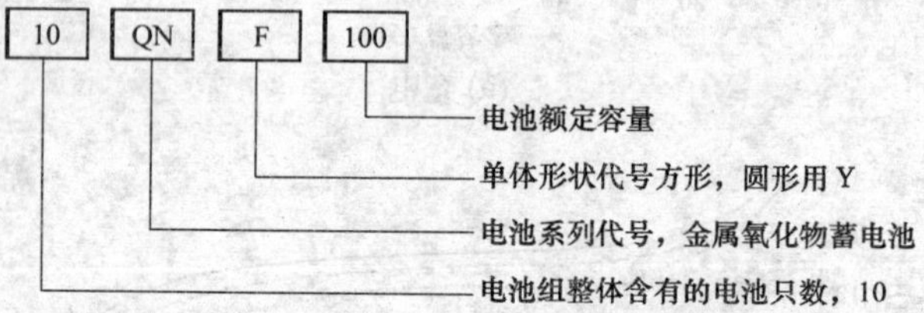

图 2-11　Ni–MH 电池名称中符号的含义

我国春兰公司生产的电动车所用的 Ni–MH 可充电池，比能量可达到 24.5 Wh/kg，容积能量密度 250 Wh/L。大电流放电能力强，$3C_3$ 放电容量可达额定容量的 90%以上，循环次数 1 000 次以上。充电时间短，充电 15 min 可达额定容量的 60%，1 h 内可充满，达到 100%。不含 Pb、Cd，密封免维护，耐过充过放电，无记忆效应，温度适应范围宽。生产的镍氢可充电池参数见表 2-5。

我国 MGL100 Ah 动力电池，其内阻小于 0.85 mΩ，恒流充电占总充电量的 96%，比能量大于 100 Wh/kg，由该电池搭载的汽车曾参加过世界多届汽车能源车挑战赛，在加速性、能源效率、噪声、散热性、二氧化碳排放等关键指标上都获得了 A 级，该车的技术参数如下。

表 2-5 春兰公司生产的部分电池技术参数

型 号	QNFG 8	QNFG 16	QNFG 27	QNFG 40	QNFG 60
电压(V)	1.2	1.2	1.2	1.2	1.2
重量(kg)	0.28	0.58	0.75	1.04	1.2
比功率(W/kg)	≥800	≥800	≥700	≥700	≥350
寿命(次)≥	1 000	100	1 000	1 000	800

车　型:中巴

重　量:2 030 kg

载　人:7 人

外尺寸:4 900 mm × 1 690 mm × 1 940 mm

爬破能力:0.2

加速性:10 s(0 ~ 50 km/h)

最高速度:120 km/h

电池组:312 V/100 Ah

充电时间: 4 h

耗电量:18 kWh/100 km

再比如该公司为 2008 奥运会公交电动大客车提供的 MJL 电池，运行了 20 000 km 无故障，该大巴主要参数如下:

轮廓尺寸: 11 580 mm × 2 490 mm × 3 200 mm

重　量:12 560 kg

载　人:36 人

爬坡能力:0.2

最高速度:85 km/h

加速性:15 s(0 ~ 50 km/h)

电机功率:100 kW

续驶里程:220 km

电池组: 388 V/400 Ah

充电时间: 4 h

耗电量:83 kWh/100 km(212 kWh/100 km)

2.3.3 钠–氯化镍(Na–$NiCl_2$)可充电池

该电池是南非 ZEBRA(零污染可充电池)动力系统公司发明的，简称 Zebra 电池，该电池的正极是 Ni、Fe、Ca、Cr、Mn、Cu 等金属的氯化物组成，其中 $NiCl_2$ 效果最好，故本教材只介绍钠–氯化镍电池。

2.3.3.1 钠–氯化镍电池工作原理

电池用 $NiCl_2$ 作正极，钠为负极上的活性物质，因为钠呈液态时，才能激活活性物质，所以在装配时，用放电态 Na_2O_2 装在导电的容器内做负极，一般是用只允许钠离子迁移的“β–Al_2O_3”固体电解质做成的陶瓷管将钠装在里面，中间用碳极作电极将电引出(见图 2-12)。

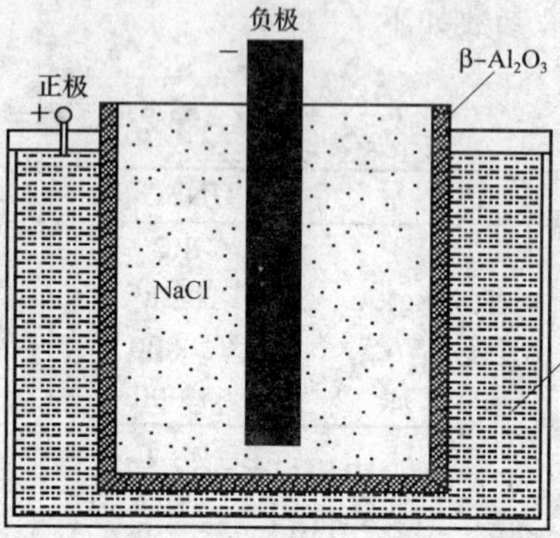

图 2-12 Na–NiCl₂结构示意图

氯化镍里加入 $NaAlCl_4$，添加剂作为正极处的第二电解质，在正负极之间传导钠离子，$NiCl_2$，$NaAlCl_4$ 制成多孔的固体物，电池的充放电化学反应方程式为：

$$2Na+NiCl_2 \rightleftharpoons 2NaCl+Ni$$

电池的工作温度与钠–硫(Na–S)电池一样，为 270～350℃，使用不甚方便，但它的制造成本相对较低，所用材料为易得到的常用材料，有一定的实用价值。

2.3.3.2 技术性能

电池具有能量密度高，转换效率高，开路电压(2.58 V)高，工作温度(270～350℃)宽，不自放电的特点，理论上可以达到 790 Wh/kg，目前可达到 100 Wh/kg。电池开路电压高，在 300℃时，可达到 2.58 V，使用寿命长，循环次数 1 000 次；电池峰值功率高，符合电动汽车的用能特点。没有自放电现象，耐过充过放电；电池采用全封闭结构，抗冲击，不会发生燃烧和爆炸；外型多为方形，电池组合容易，效率高，便于安装。表 2-6 列举了 E_{11}、E_{12} 两种规格的技术参数。

表 2-6 Zebra 电池技术性能

技术指标		E_{11}	E_{12}
比能量(Wh/kg)		86	81
能量密度(Wh/L)		149	
比功率(W/kg)		150	
功率密度(W/L)		256	
峰值功率(W/kg)	20%DOD 时		160
	60%DOD 时		155
	80%DOD 时		155
峰值功率(80%DOD/30s)			>58
标称电压(V)			289(270℃时)
容量(Ah)			104
能量(2C)kWh			30
循环次数(100%DOD)(次)		1 000	
寿命(年)		5～10	
正常充电时间(20%～100%SOC)(h)	固定充电器	6	<1
	车载充电器		7
快速充电时间(50%，min)		36	
工作环境温度(℃)		–40～70	
外形尺寸(L × W × H, mm)			793 × 993 × 280
体积(L)			220
质量(kg)			370

注: SOC 充电状态，DOD 放电深度。

2.3.4 空气电池

所谓空气电池是指用氧气作正极的活性物质，常用金属作负极的活性物质的一种电池。它的电解质为碱性(KOH)，因为做负极的金属材料可选性很多，所以空气电池的种类也很多，一般以选作负极材料的金属名为电池名的第一个字，后面加空气电池即为电池名，如用 Zn 做负极的空气电池即叫锌空气电池，用铝做负极材料的称为铝空气电池，因为锌材料易得，价格不高，一般锌空气电池产品较多。

2.3.4.1 锌空气电池的工作原理

锌空气电池以锌(Zn)为负极，以氧气为正极，以氢氧化钾(KOH)溶液为电解质。锌空气电池的化学反应与普通碱性电池类似，在特殊催化剂作用下，当电池放电时，锌摄取输送碳块内从空气中吸附到的氧气，锌和氧气发生化学反应生成氧化锌(ZnO)，其化学方程式如下(放电过程)。

负极：$Zn+2OH^{-}\rightarrow ZnO+H_2O+2e$

正极：$1/2O_2+H_2O+2e\rightarrow 2OH^{-}$

总反应: $Zn+1/2O_2\rightarrow ZnO$

锌空气电池的特点是，正负极之间发生的化学反应是不可逆的，不像其他形式的碱性电池，没有充电过程。反应过的物质要清除掉，所以锌金属的消耗量较大。锌空气电池的工作电压为 1.1 ~ 1.4 V。

2.3.4.2 锌空气电池的结构

图 2-13(b)为结构图，图 2-13(a)为空气极板放大图。图 2-13(a)图中由四层组成，一为隔离层；二为催化剂层，是表面改性的活性炭或炭黑材料；三为集电层，用导电良好的金属网和塑料制成；四层为空气扩散层，用纤维素作扩散纸。催化剂层和空气扩散层之间有用聚四氟乙烯树脂做的含水层，成品的锌空气电池由一组单体电池串联而成。图 2-13 是车载锌空气动力电池组，它还包括空气流通保障系统和电池组热管理系统，确

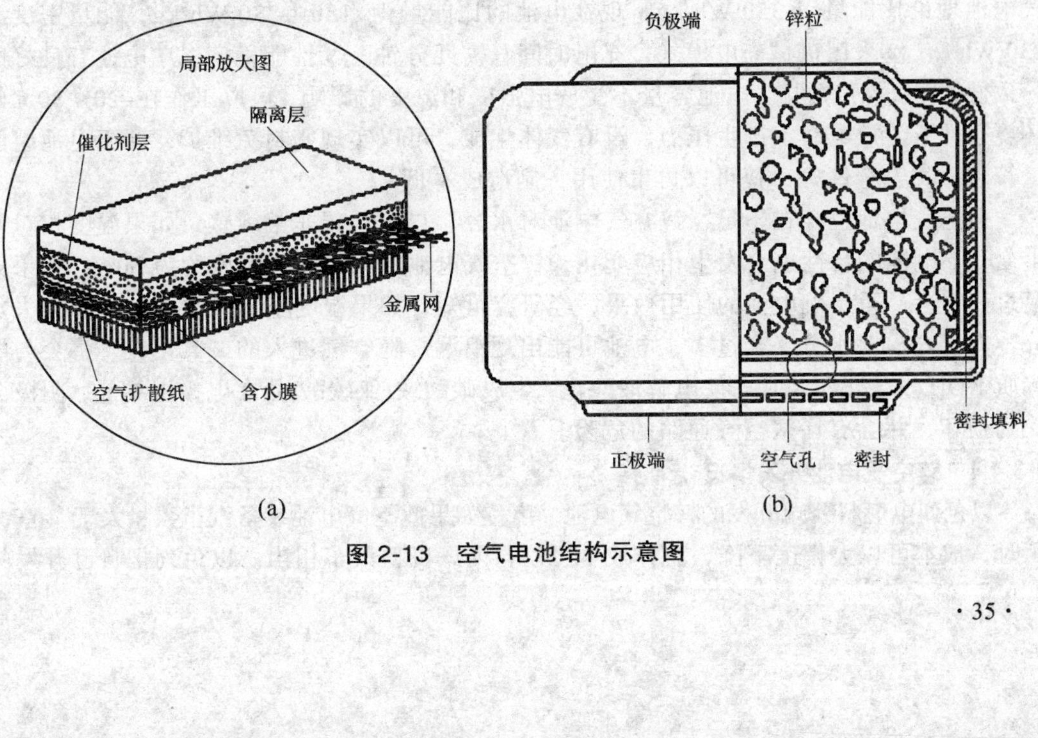

图 2-13 空气电池结构示意图

保动力电池组能够长期稳定运转。空气流通保障系统调节进入锌空气电池阴极的空气量。当不使用电池时可以自动切断空气。热管理系统主要是用来保证锌空气电池组能够可靠工作，锌空气电池的“充电”和其他电池概念不一样。这里的“充电”，就是把已经发生过化学反应生成氧化锌的锌粒清除出来，重新填入锌粒而已，方法简单易做，时间不长。车载锌空气动力电池组通常采用机械式充电模式，即用变换锌板或锌粒电解质的办法。更换下来的氧化锌在专门的工厂进行回收和处理，实现锌的再循环。这种特殊的“充电”一般换一次仅需数分钟时间，如更换一块 20 kWh 的电池块仅需 1 分钟 40 秒。因此，只要在公路沿线设置锌板或锌粒匣以及电解质容器匣的机械式整体更换站，其效果如同现在内燃机汽车的加油站，为车主提供很大的便利。

2.3.4.3 锌空气电池的放电特性及特点

(1)放电特性。如图 2-14 所示，放电曲线斜度平缓，说明大电流放电能力强，能够满足汽车急加速和连续爬坡的要求。电池在化学反应中只要阻断空气进入锌空气电池，即可使化学反应终止。这样可以极大地节约锌材料，长时间保持活性物质的活性，提高汽车的行驶里程。因为可以隔断空气，所以空气电池在理论上不存在自放电。

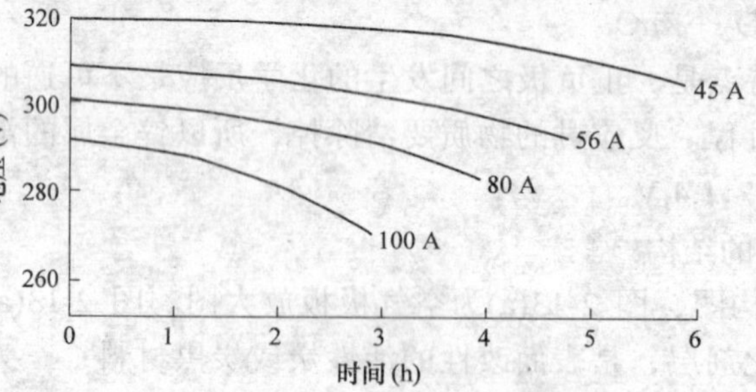

图 2-14 锌空气电池

(2)性能特点。经过实车路试试验，证明锌空气电池有以下特点：①比能量大，锌空气电池理论比能量 1 350 Wh/kg，现在电池的比能量为 180 ~ 230 Wh/kg；能量密度为 230 Wh/L。②采用机械充电模式，充电时间只需几分钟。③性能稳定，单电池有良好的一致性，可以深度放电，电池容量不受放电强度和温度的影响，可以工作在–20 ~ 80℃的环境条件下。放电时不产生压力，没有气体生成，可以实现密封免维护，便于电池组能量管理。④安全性好，锌可以再生使用，制造成本低。

但空气电池也存在不足，锌空气电池对水分、二氧化碳非常敏感，如果湿度相对发生变化，电池的特性也会发生相应变化，锌空气电池的临界相对湿度约为 60%，如果偏离过高就会严重影响电池的使用效果，经研究可知，如果湿度小于 60%，电池会失去水分，大于 60%时水分又会过多，电池可能出现泄漏。随空气进入的二氧化碳，将会与电解质 KOH 发生化学反应，使电解液酸化，生成碳酸或(亚碳酸)盐在电极上结晶，阴极会受到损坏，并会有堵塞空气通路的危险。

2.3.4.4 锌空气电池开发情况

以色列电燃料公司开发的锌空气电池，声称如果此空气电池装备汽车数量大于 10 000 辆时，成本可以大幅度下降，总体成本可以与内燃机型汽车相当。以色列把自己开发的锌空气电池安装在一辆邮政汽车上(载重 1 000 kg)进行试验，测试参数为：比能量为 207 Wh/kg，电池总重 350 kg，行驶 300 km，最高车速 120 km/h，0 ~ 80 km/h 加速时间需要 12 s，更换锌粒和电解质，即充电时间仅为 2 min。以色列拥有再生锌处理工厂，每小时可处理 10 kg 锌粒，满足 10 ~ 15 辆邮政车锌粒使用要求。

美国 Dreisback Electromotive 公司所开发的锌空气电池已安装在公共汽车和吨位为 9 t 的货车上使用，公共汽车可连续运行 10 h，货车续驶里程达到 113 km。DEMI 公司研制的锌空气电池比能量为 160 Wh/kg，充电后，1 h 可行驶 65 km。

瑞典斯德哥尔摩市的电动货车、电动客车和电动服务车，采用锌空气电池，比能量 180 Wh/kg，能量密度为 100 W/L，续驶里程 350 ~ 425 km，该市的服务设施也较完整，如已建的空气电池处理厂每小时可以处理 250 kg 锌粒，可为 150 辆车提供再生锌。

我国政府和大型汽车厂也非常重视对空气电池的开发研究。国家已制定了标准 GB/Z18353.2—2001。这个标准中对电动汽车额定容量定位 C_3，即在温度(20 ± 2)℃条件下，以 $I_3(I_3=C_3/3)$电流放电，达到放电终止电压(9 V)蓄电池所输出的电量。把电动道路车辆用锌空气电池分为机械再充式和电化学自充式锌空气电池，见表 2-7。

表 2-7　锌空气电池参数

型　号	标称电压(V)	额定容量(Ah)	外形尺寸(mm)			重量(kg)
			长	宽	高	
10 × KFJ60	12	60	272	116	122	≤5
10 × KFJ120	12	120	388	116	175	≤11
10 × KFJ160	12	160	490	128	280	≤18
10 × KFJ200	12	200	366	178	260	≤19

我国西安通锐新能源有限责任公司研制的城市公交用电动中巴用的锌空气电池，经测试，试验中巴时速为 80 km/h，一次“充电”可行驶 500 km，取得了良好的效果。

2.4　有机电解液电池

锂离子电池的电解质是有机酯类掺入锂盐组成的，因此称为有机电解液电池。这类电池是以锂或含锂的物质作为电池负极，有机酸类锂盐作为电解质组成的电池的总称，目前前途看好的是锂离子电池和锂聚合物电池。

2.4.1　锂离子电池

锂离子电池是指以锂离子嵌入化合物为正、负极的蓄电池。该电池的负极采用锂—碳化合物 Li_xC_6，正极采用 Li_xCO_2、Li_xNiO_2、$Li_xMn_2O_4$ 等 x 酸锂物质，电解质采用 Li_xPF_4、Li_xBF_4、Li_xClO_4。锂离子电池的化学反应是锂离子在充放电过程中可逆地在化合物晶格中进行嵌入和脱嵌反应。放电和充电过程对应的是锂离子在化合物中嵌入和脱嵌，电池反应相应的容量可通过嵌入正极活性物质中锂的量加以计算。

锂离子电池的负极材料是碳，具有高比容量(200 ~ 400 Ah/kg)、低电极电势(＜1.0 V)、高循环效率(＞95%)和较长的使用寿命。目前多采用石墨、乙炔黑、微珠碳、石油焦、碳纤维、裂解聚合物和裂解碳。锂在材料中形成的化合物理论表达式为 C_6Li，理论比容量为 372 Ah/kg。因为不断改进负极材料成分和工艺，目前比容量已达到 700～1 000 Ah/kg，大大提高了锂电池的比能量。

锂电池的正极材料主要采用钴酸锂 $LiCoO_2$ 或在其中添加 Al、In 等元素，但钴属于地球稀有金属，资料贵重，成本极高，所以电池制造成本较高，进入市场难度大，现在试用镍酸锂和锰酸锂替代钴酸锂，成本会进一步降低。

2.4.1.1 锂离子电池工作原理

如图 2-15 所示。当正极采用钴酸锂、负极采用碳时，锂离子在充放电过程中可逆地在晶格中嵌入、脱嵌。充电时，锂离子部分从正极中脱出，经过电解质嵌入到负极碳的层间去，形成层间化合物。放电时，则反向。充电时化学反应方程式如下。

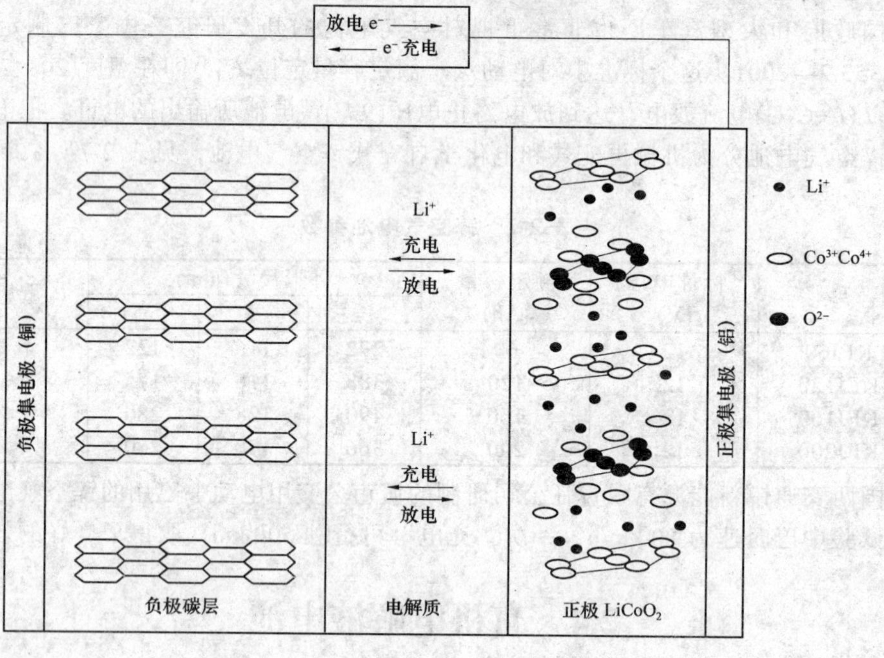

图 2-15　锂离子嵌入一脱嵌反应示意图

正极：$LiCoO_2 \rightarrow Li_{1-x}CoO_2 + xLi^+ + xe$

正极：$6C + xLi^+ + xe \rightarrow Li_xC_6$

总反应：$LiCoO_2 + 6C \rightleftharpoons Li_{1-x}CoO_2 + Li_xC_6$

2.4.1.2 锂离子电池的特点

锂离子电池的特点主要有：①密度高，密度是 Ni–MH 的 1.5～2 倍；②电压高，端电压可达 3.7 V，是 Ni–MH 电池端电压(1.2 V)的 3 倍；③无污染；④循环寿命长，大于 1 000 次；⑤负载能力大，可以大电流连续放电；⑥安全性好，使用了改良的负极材料，克服了充电过程中锂枝晶生长问题，大大提高了安全性。

我国有不少锂电池生产厂家，产品畅销国内外，还突破了不少关键技术。如清华青鸟公司研究成功的锂电池组管理模块，解决了电池组的过充电、过放电、过热的“三过”技术瓶颈。MGL 公司用锰酸锂替代钴酸锂作正极材料制成的电池在电动中巴上试验，运行了 20 000 km，经测试性能优良、安全可靠。为了鼓励厂家提高创新，我国还制定了有关标准，如 GB/Z18333.1—2001，对电动道路车辆用锂离子电池做了规定。额定容量用 C_3 表示，用 I 代表锂离子电池，C 代表氧化钴锂正极，N 代表氧化镍锂正极，M 代表氧化锰正极，P 代表方形单体电池，R 代表圆柱形单体电池。电池名称中符号含义如图 2-16 所示。

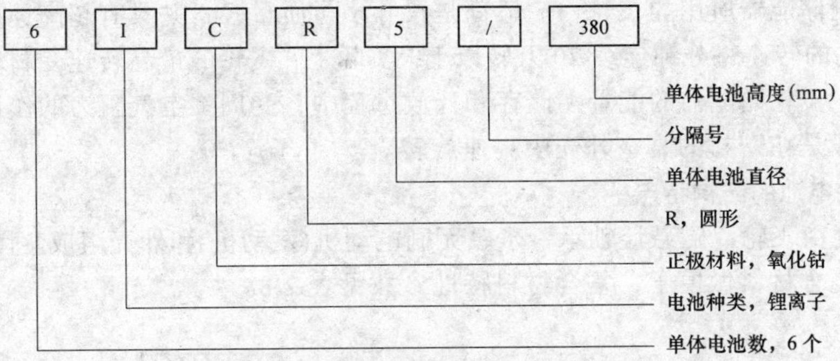

图 2-16　锂离子电池名称中的含义

2.4.2　锂聚合物电池

锂聚合物电池是在锂离子电池基础上开发的，基本原理构造大体一样，以美国 3 M 公司和加拿大 Hydro–Quebec 公司共同开发的固态免维护聚合物电池，电极用氧化钒(VO_x)及石墨制成，电解质用 $Li(CFSO_2)_2V$。电池结构由五层薄膜组成：第一层用金属箔做集电极；第二层为负极；第三层是电解质；第四层用铝箔作正极；第五层为绝缘层。五层叠起来总厚度为 0.1 mm，工作温度为 60 ~ 100 ℃。

锂聚合物电池单电池指标：工作电压 3.8 V，比能量 150 Wh/kg，功率密度 246 Wh/L，循环寿命大于 300 次，自放电小于 0.1%/月，工作温度–20 ~ 55 ℃，充电速度 1 h 达到 80%的容量，3 h 达到 100%的容量。

2.5　物理电池和超级电容

随着电动汽车的发展，电源的研究中还逐渐地认识了飞轮储能器和超级电容的作用。起初只作为电动汽车的辅助电源，后来逐渐试验作为独立动力源直接驱动车辆行驶，更加促进了飞轮电池和超级电容技术的发展。如 1999 年 5 月，英国在布里斯市制造一辆用高速飞轮储能器驱动的超轻有轨电动汽车，整车质量 2 700 kg，可乘坐 34 人，连续行驶 10 km，充电时仅需 90 s。

2.5.1　飞轮电池

2.5.1.1　飞轮电池的工作原理

所谓飞轮电池是指利用飞轮高速旋转储存能量并把储存的能量转换为电能储存起来的一种发电装置。这种装置没有任何化学活性物质，也不发生任何化学反应，而是经过物理变化而产生能量转化的一种方式。飞轮的运动力学方程为：

$$E=\frac{1}{2}J\omega^2$$

由上式知道，飞轮的能量(动能)与飞轮转动惯量 J 成正比，与转速 ω 的平方成正比。要提高飞轮的储存能量，或增长飞轮转动惯量或提高转速，一般常取提高转速的方法。

现代飞轮储能器所用的飞轮，一般都是尺寸小，质量轻，并具有超高速度旋转的小型飞轮，飞轮的转速每分钟连续 20 万转以上。实际上，飞轮的最高转速受材料能够承载的应力限制，飞轮储能器的能量在储存和释放过程中，受周围空气阻力的作用，因此飞轮储能器一般是在密封的真空外壳中高速旋转。

2.5.1.2 飞轮电池的结构特点

飞轮电池由飞轮、磁悬浮轴承、永磁无刷电动机(发动机)和外壳组成。图 2-17 飞轮使用超强的复合材料做模子，复合材料特性参数见表 2-8。

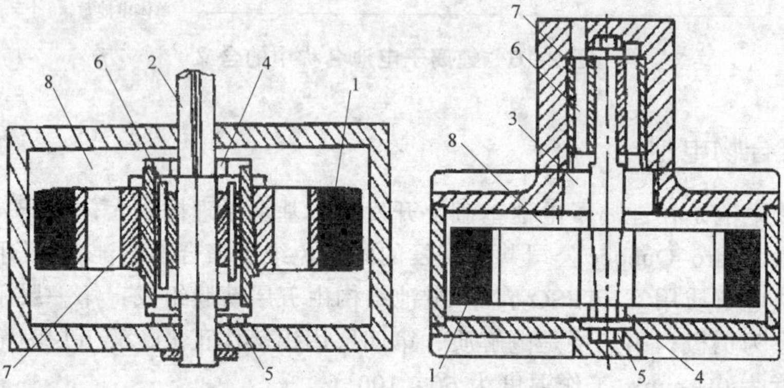

(a)用固定轴支撑旋转的结构形式　(b)用旋转轴支撑旋转的结构形式

1．飞轮转子；2．固定轴；3．旋转轴；4．流动轴承；
5．磁悬浮轴承；6．电动/发电机定子；7．电动/发电机转子；8．真空室

图 2-17　飞轮储能器的飞轮与永磁电动/发电机的装配形式

表 2-8　超高速飞轮转子复合材料性能参数

材料类型	抗张强度 σ (MPa)	密度 ρ(kg/m³)	σ/P(MPa/ Wh·kg^{-1})
E 型玻璃	1 379	1 900	202
环氧石墨	1 586	1 500	294
S 形玻璃	2 069	1 900	303
环氧 β 纤维	1 930	1 400	383

电动汽车用飞轮电池，转子采用永磁无刷式，电动机和发电机可逆。在高转速(20×10^4r/min)条件下转动时，飞轮周围的空气会形成强烈的涡流，造成巨大的空气阻力，损耗飞轮的能量。为了减少飞轮室内风力损耗，飞轮是在高度密封的环境中运转，真空容器的真空度很高，飞轮转子的磁悬浮轴承采用永磁材料，刚度大，对称性好，稳定性好，

可以实现高精度的动平衡制造。磁悬浮轴承是利用磁极的同性相斥和超导体的抗磁性，轴的旋转部分与轴承的静止部分脱离接触，呈悬浮状态，而没有任何磨损，也不需要润滑。转子由固定在飞轮内腔的永磁磁极和带绝缘的高硅钢片叠成的内转子和转轴组成，定子采用非铁磁材料的密封环，定子的绕组呈管状，由多股带绝缘的铜线编织而成，导体内可通气体或液体冷却。电机铁损和铜损小，无励磁功耗，所以电机的效率很高。

美国 Lawrence Livermore 国家实验室(LINL)开发出了用于电动汽车的 1 kWh 小型车载飞轮模块。开发的高速飞轮转速达 60 000 r/min，最大输出功率为 100 kW。美国飞轮公司研制的飞轮电池的比能量达到 10 ~ 50 Wh/kg。飞轮电池独立用做电动汽车上的主动力源，要解决飞轮出故障时安全问题和陀螺力矩的产生，会影响车辆操作性问题。在 Cinquecento Elettra 那里，已经开始对超高速飞轮的实用性能进行评估。超高速飞轮可用做固定储能系统(25 kWh 容量，130 kW 功率输出)的电动汽车充电。因为飞轮具有大功率输出的能力，减小了电力系统的峰值功率输出，便于实现对电池系统的快速充电，也避开了两个技术瓶颈。

2.5.2 超级电容器

超级电容器又叫电化学电容器、双电层电容器，它是一种新型的电容器。其特点是极限容量大，比常规普通电容器要大 3 ~ 4 个数量级，达到 1 000 法拉/克以上的大容量；具有更高的比功率和更长的循环寿命，其功率可达 1 kW/kg，循环寿命大于 1 万次。

超级电容器在充放电整个过程中，没有任何化学反应和机械运动，不存在对环境的影响，结构简单，质量轻，体积小，是一种理想的储能器。超级电容能实现快速充电，在极短的时间内就可以完成电容器的充电。由于电动汽车频繁启动和停车，蓄电池放电过程变化大。在汽车处于正常行驶状态时，电动汽车从蓄电池吸取的平均功率低，如果处于加速或爬坡状态时，峰值功率又相当高，一辆高性能的电动汽车的峰值功率与平均功率的比值为 16∶1。经试验，电动汽车在运行过程中，用于加速和爬坡时所消耗的能量占总能量的 2/3。为了解决电动汽车正常行驶和爬坡、加速时能量消耗的矛盾，把飞轮能源作为辅助电源，辅助能源系统的能量可以直接取自电源，也可利用车辆减速、下坡和制动时吸收可再生能源。大功率的超级电容在电动汽车的启动、加速和上坡行驶具有积极的意义。超级电容器作为电动汽车的辅助能源有显著优点，汽车在启动或爬坡时须快速提供大电流及大功率电流，在正常行驶时由主动力源快速充电，在刹车时快速储存发电机产生的大电流，可以大大减少大电流放电时需动用电池组的电力影响。对于燃料电池电动汽车的启动更是不可缺少，图 2-18 为混合动力电动汽车行驶中超级电容器充放电示意图。超级电容器在发动机启动的瞬间作为主要动力源，在全负荷加速时，作为辅助电源，在正常行驶或减速、制动时是储存能量库。

2.5.2.1 超级电容器的组成及原理

超级电容器是由正负极集电极、电极、卷芯、电解液和铝盒等组成，电极有活性炭、铝箔和隔离片组成，具体结构如图 2-19 所示。

现在超级电容器制造工艺先进，改进了电极技术，在用碳金属活性复合物或在碳纤维布料上涂导电聚合物以及在金属箔上包裹氧化物的电极技术；电解液使用水有机溶液

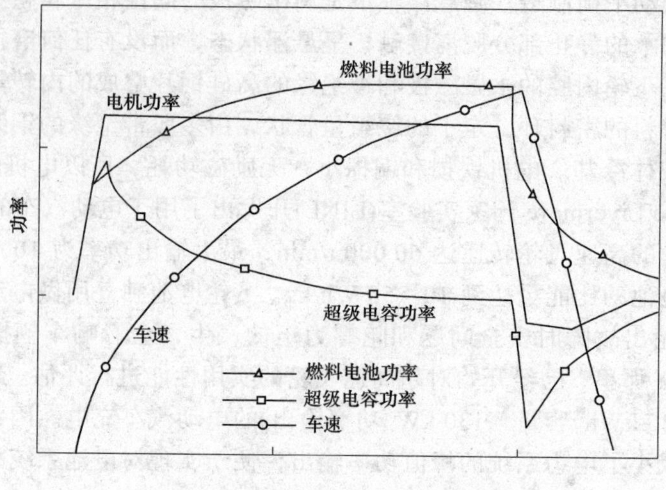

图 2-18　燃料电池电动汽车运行中超级电容器充放电

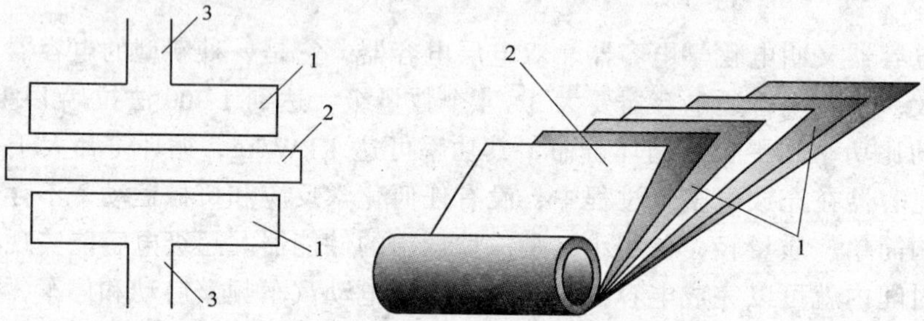

1. 电容板；2. 绝缘层；3. 导线

图 2-19　电容器的基本结构

或固态聚合物，如氰化甲烷、碳酸丙烯等。碳纳米管结晶度高、导电性好、比表面积大，微孔大小可通过合成工艺较易控制，比表面利用率可达到100%，具备理想的超级电容器电极材料的所有要求，不少企业和研究机构正以此为研究目标，进一步提高超级电容器的性能。

双层电容器的工作原理是基于电极与电解液界面之间形成双电层的空间电荷层，在这种双电层中积蓄电荷，达到实现储能的目的。与普通电容器储电机理不同，普通电容器是物理电层，而超级电容器是充电过程中电解液与电极层间构成的化学电层。

由电容器电容公式可知：

$$C=\varepsilon A/d$$

$$E=CU^2/2$$

式中　ε——有效电介质常数；

d——极板距离；

A——电极表面积；

C——电容器容量，F；

U——外加电压；

E——储存的能量。

由上式可知，C 与 ε、A 成正比，与 d 成反比，可用提高电介质性能、进一步减小 d 或扩大 A 的办法来提高 C。如图 2-20 所示，在电极之间装有电解液和绝缘层。电荷沿集电极和电解液成对排列，形成一个双层电容器，扩大了电容器的容量。目前用于电动汽车的电容器容量为 200 F、22 F、30 F 等多种产品，以 22 F 为例，它所储存的理论电量为

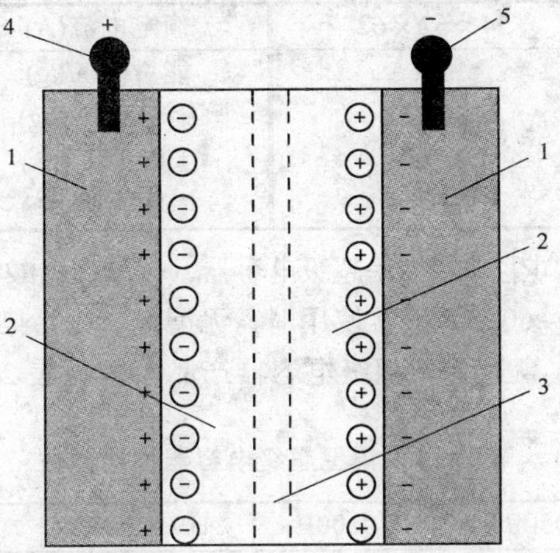

1．电容板；2．电解液；3．绝缘层；4．正电极；5．负电极

图 2-20　双层超级电容器的结构

$E=CU^2/2=22\times12\times12/2=1\ 584$(库仑)

若 U 提高到 100 V，则

$E=CU^2/2=22\times100\times100/2=110\ 000$(库仑)

2.5.2.2　超级电容器开发及应用情况

超级电容器已广泛应用于各方面，也可用在多种电动汽车上，如用在纯电动汽车上，可以大大缩短蓄电池充电时间，削弱蓄电池的峰值电压和深度放电率，提高铅酸蓄电池的循环次数，延长使用寿命；用于燃料电池电动汽车上，可以代替普通铅酸蓄电池，用于回收制动再生的能量。目前用于电动汽车上，起到辅助电源和回收能量双重作用。另外超级电容器也用在普通内燃机汽车上，作为启动电源；用在无轨电车上作为快充电源，扩大电车超车能力，取消有线馈电设备，减少视觉污染。上海市无轨电车线路沿线改用超级电容器快速充电进行试验，全长 5 km 设 11 个站点，7 个站设有充电装置，每次充电 30 ~ 60 s，满足了行车要求。

正因为超级电容器有以上诸多优点，所以许多国家把超级电容器的开发研制作为重大科研项目。如美国能源部提出开发比能量和比功率分别超过 15 Wh/kg 和 1 600 W/kg 的研制目标。松下公司开发的电动汽车能量储存器 Cup–Cap 用的电容器参数见表 2-9。MaxWell 科技公司生产的 PC7223 超级电容器比能量和比功率分别达到 2.48 Wh/kg 和 723 W/kg。如果将 28 个 PC7223 电容器串联使用的话，则可达到储能 150 kJ，同时可提高 1.12 Wh/kg 的比能量和 330 W/kg 的比功率的储能器(见表 2-10)。

表 2-9　松下公司开发的电动汽车用超级电容的性能参数

种 类	型号	工作温度(℃)	工作电压(V)	电容(F)
超级电容	Up–Cap	–25 ~ 60	2.3	2 000
	UP–Cap(bawk)	–25 ~ 60	12.0	2 000

表 2-10　PC7223 型超级电容器特性参数

L × W × H(mm)	54 × 62 × 62	额定电流(A)	400
质量(kg)	0.8	能量(Wh/kg)	2.48
体积(L)	0.623	比功率(W/kg)	732
额定电容(F)	2 700	工作温度(℃)	–20 ~ 60
酸标称电压(V)	2.3	串联内阻(Ω)	0.85

我国北京集星科技公司生产的集星超级电容器，容量比铅酸蓄电池高 10 倍，循环次数大于万次，工作温度–40 ~ 60℃，正常使用时，无漏电、无污染、充电快，生产的部分电容器技术参数见表 2-11。高达公司超级电容器产品参数见表 2-12。

表 2-11　集星超级电容器性能参数

型号	HV0050P	HV0100P	HV0200P	HV0300P	HV0400P
工作电压(V)	14				
尖峰电压(V)	15				
容量(F)	50	100	200	300	400
内阻(mΩ)	25.8	10.8	6.6	5.4	4.8
质量(kg)	2	2.5	4.0	5.6	5.6

2.5.3　燃料电池汽车辅助动力源比较

超级电容器、飞轮电池和蓄电池都可以在混合电动汽车上作为辅助电源使用，根据试验比较，超级电容器优势最大(见表 2-13)。

2.6　燃料电池

2.6.1　概述

2.6.1.1　燃料电池定义

燃料电池 FC(Fuel Cell)是一种不经过燃烧过程直接以电化学反应方式将燃料和氧化剂的化学能转变为电能的高效发电装置。它是继水力、火力、核能发电之后的又一发电技术，所以各国政府都将此项技术作为重点研发对象。迄今为止，美国、俄罗斯、加拿大、日本等国家已研制成功了从几瓦的小功率燃料电池到兆瓦级发电站、燃料电池样车和燃料电池概念车、示范车。我国在国家科技部组织下，也研制成功了燃料电池轿车和公共汽车概念车，部分示范公交车在北京、汕头、武汉等示范公交线上在线运营。

表 2-12　超级电容器系列产品

电　压 (V)	电容量 (F)	储　能 (kJ)	最大放电电流 (A)	外形尺寸(mm)	
				最大长度	宽×高
14	5	0.49	100	40	130×130
14	10	0.98	200	63	130×135
14	15	1.47	300	85	130×135
14	25	2.45	450	130	130×135
14	35	3.43	600	185	130×135
14	45	4.41	700	230	130×135
14	55	5.39	800	270	130×135
28	2.5	0.98	100	60	130×130
28	5	1.96	200	100	130×135
28	7.5	2.94	300	140	130×135
28	12.5	4.9	450	230	130×135
28	17.5	6.86	600	310	130×135
42	16	1.41	100	85	130×130
42	3.3	2.91	200	145	130×135
42	5	4.41	300	210	130×135
42	8.3	7.32	450	330	130×135
56	1.25	1.96	100	105	130×130
56	2.5	3.92	200	195	130×135
56	3.75	5.88	300	280	130×135
70	1	2.45	100	130	130×130
70	2	4.9	200	240	130×135
70	3	7.35	300	340	130×135
84	0.83	2.93	100	150	130×130
84	1.65	5.82	200	280	130×135
98	0.71	3.41	100	170	130×130
98	1.43	6.87	200	320	130×135
112	0.625	3.92	100	190	130×130
112	1.25	7.84	200	360	130×135
180	0.4	6.48	100	290	130×130
280	0.26	10.19	100	430	130×130

表 2-13　燃料电池汽车辅助动力源比较

型号	电　池			超级电容器	飞轮电池
	Lead–Acide	Ni–MH	Li–ion		
能量密度	△	○	★	×	—
功率密度	△	△	○	○	—
效率	△	△	△	★	—
寿命	△	○	○	★	—
充电时间	×	△	○	★	○

注：表中符号表示优差排队顺序★→○→△→×。

2.6.1.2 燃料电池的组成

单元燃料电池由阳极、阴极、电解质、隔膜和附件构成(见图 2-21)。燃料在阳极氧化，氧化剂在阴极还原。如果在阳极上连续供应气态燃料，而在阴极上连续供给氧气(或空气)，就可以在电极上连续发生电化学反应，并产生电动势，如果连接外电路负载，就会有电流产生。与其他电池相比较，发电机理不尽相同，它的燃料和氧化剂不是储存在电池内，而是储存在电池外部的储罐内。当它工作时需要不间断地向电池内输入燃料和氧化剂，并同时排出反应生成物。

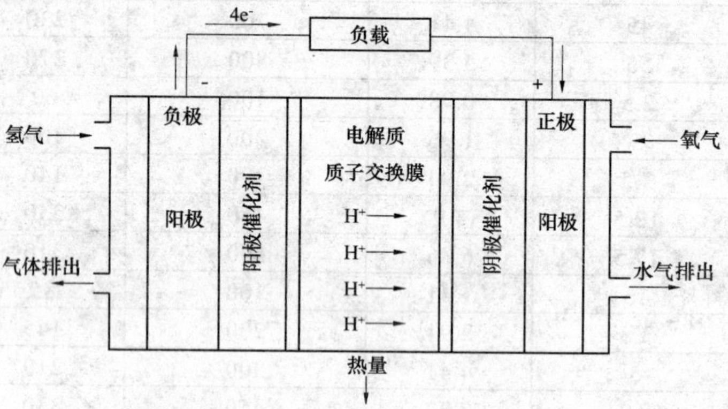

图 2-21 燃料电池结构示意图

燃料电池阳极的作用是为燃料和电解液提供公共界面，并对燃料的氧化反应产生催化作用，把反应中产生的电子传输到外电路或者先传输到集流板后再向外电路传输。燃料电池阴极的作用是为氧和电解液提供公共界面，对氧的还原反应产生做催化作用，从外电路向氧电极的反应部位传输电子。由于电极上发生的反应为多相界面反应，电极一般采用多孔材料并涂有贵重金属铂做催化剂。电解质的作用是输送燃料电极和氧电极在电极反应中所产生的离子，并能阻止电极间直接传递电子。隔膜的作用是传导离子，组织电子在电极间直接传递和分隔氧化剂与还原剂。隔膜必须是抗电解质腐蚀和绝缘的物质，并且有良好的湿润性。

燃料电池的输出电压是阴阳电极电势差。当外电路 $I=0$ 时，称为开路电压，$I\neq0$ 时，称为端电压。端电压低于开路电压的现象称为极化。电池输出电流时阳极电位的损失称为阳极极化，同理，阴极电位损失称为阴极极化。一个电池的极化包括阴极、阳极极化和欧姆极化三部分。极化形成的原因是由于电化学反应速度限制所引起的电位损失，称为活化极化，反应剂传质限制所引起的电位损失称为浓差极化，电池组件的内阻所引起的欧姆电位损失称为欧姆极化(见图 2-22)。

2.6.1.3 燃料电池分类

燃料电池种类繁多，常见的分类方法有三种。一是直接式，其燃料直接(如氢和甲醇)与氧化剂作用；二是间接式，其燃料不是直接用氢或甲醇，而是通过某种方法把某种富氢化合物转变成氢后再供给电池；三是再生式，把燃料电池反应生成的水通过某种方法分解为氢和氧，再使其重新进行反应。燃料电池的分类如图 2-23 所示。

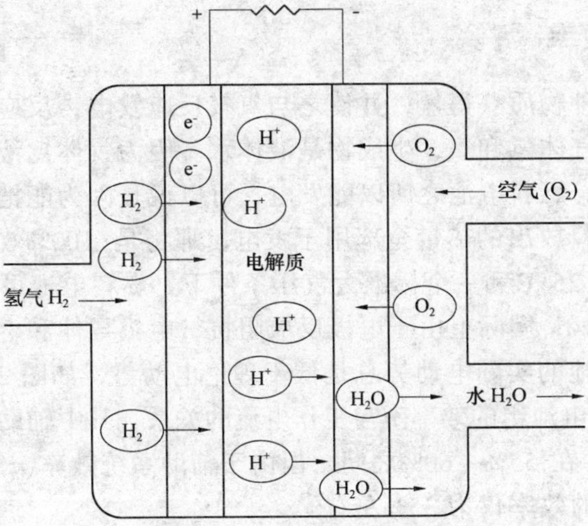

图 2-22　燃料电池工作原理

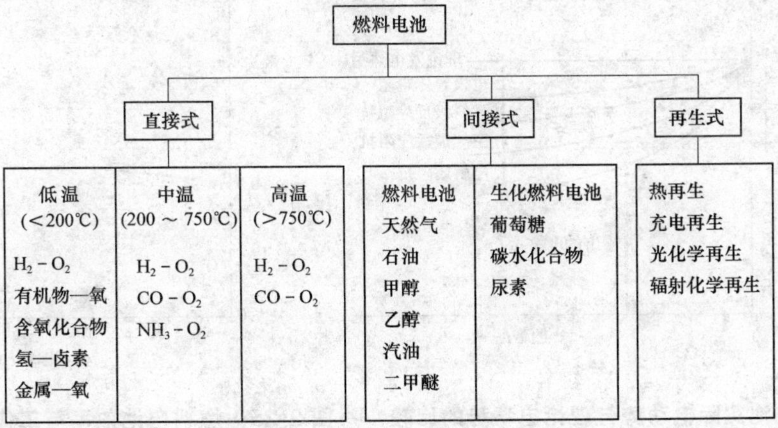

图 2-23　燃料电池分类

直接式燃料电池按工作温度的高低可分为高、中、低三类。工作温度在 750 ℃以上的为高温燃料电池，温度在 200 ~ 750 ℃的为中温燃料电池，低于 200 ℃的为低温燃料电池。也有按温度分为四类的，即 25 ~ 100 ℃、100 ~ 300 ℃、500 ~ 1 000 ℃、1 000 ℃以上。还有按电解质分类的，据此可以分为：①碱(性)水溶液型(AFC)，以 KOH 为电解质；②磷酸电解质(PAFC)，以磷酸为电解质；③熔融碳酸盐型(MCFC)，以熔融的锂—钾碳酸盐、锂—钠碳酸盐为电解质；④固体氧化型(SOFC)，以固体氧化物为氧离子导体；⑤质子交换膜(PEMFC)，以质子交换膜为电解质；⑥直接甲醇型(DMFC)，以磷酸载体离子交换膜作为电解质。

汽车用燃料电池的要求是能够在常温下工作，电流密度高，免维护性好，耐震性与耐冲击性好，能够从低负荷到高负荷进行高效率运转，可以放置在冰点以下，能够满足这些性能要求的燃料电池为 PEMFC，其次是 DMFC，本书将着重分析这两种燃料电池。

2.6.1.4 燃料电池效率

燃料电池利用各种物质获得氢，并使之与氧气反应发电，反应的结果是生成水和释放出热量，反应物是气体氢和氧，生成物是液体水。因为气体比液体具有的能量大，所以该反应是放热反应。燃料电池之所以能发电，可以说是因为能把排出的热量转变为电能。如果将化学反应释放出的热量全部用于发电，那将是 100%效率，但实际上总有能量损失。例如在温度 25 ℃和一个标准大气压条件下，燃料电池可以发电的理论热量占释放出的总热量的 83%，实际上由于电极反应阻抗，电极导体和电解质阻抗，发电效率不可能达到 83%，电池的实际电动势总是低于理论电动势，如图 2-24 所示。

图 2-25 为某燃料电池组的效率 η 与工作电流的关系，其中辅助电池组的系统效率 η_f 和燃料电池的效率 η_{fc} 在 55%～60%之间，但由于辅助系统效率 η_f 在电流强度不高时较低，因此燃料电池组的效率仅为 35%左右。

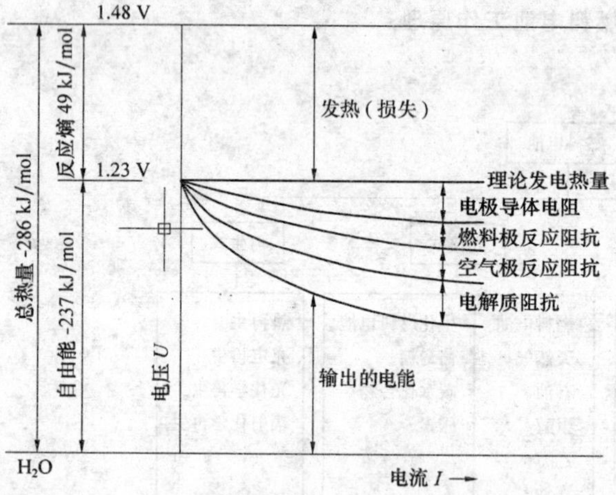

图 2-24 电池实际电动势与理论电动势的比较

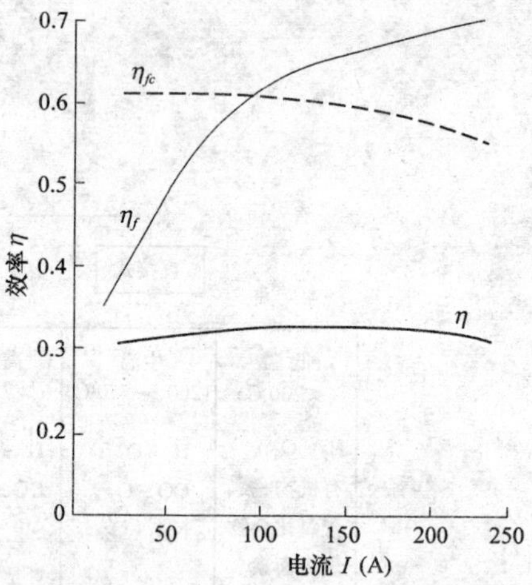

图 2-25 燃料电池效率与工作电流的关系

2.6.2 质子交换膜燃料电池

2.6.2.1 定义和功用

质子交换膜燃料电池(PEMFC)是指以质子交换膜做电解质和隔离材料的燃料电池。PEMFC 是最早被用于空间飞行试验的燃料电池，早期的 PEMFC 的发展一直受到昂贵的必需的结构材料和含量高的铂催化剂的困扰，研究困难。后来在加拿大 Ballard 公司的带动下，克莱斯勒、福特、通用、本田、丰田、尼桑、大众和富豪等汽车公司都投入了巨资进行此类燃料电池的研究。质子交换膜燃料电池工作温度低于 100℃，是电动汽车的理想动力电源。

2.6.2.2 质子交换膜燃料电池的组成

质子交换膜燃料电池由阳极、阴极、质子交换膜、冷却水板和附件组成。燃料是氢，氧化剂为氧。质子交换膜的作用是双重的，作为电解质，为氢离子提供通道；作为隔离膜，隔离两极反应气体。质子膜脱水将会使氢离子形成水合物比较困难，燃料电池的电阻增加；水分过多则会淹没电极。这两种情况将导致电池性能下降，因此优化膜的质子和传输性能及适当的水管理是保证电池性能的关键。

质子交换膜燃料电池的电解质改进过多次，起初是碳氢化合物，后改用氟代聚苯乙烯膜，现在广泛使用的膜是杜邦公司生产的 Nafion 系列质子交换膜，这种膜制造成本高，价格昂贵。我国在“863”计划中也开展了燃料电池的研究，并获得了突破性的关键技术。如清华大学研制的列管式电极、北京金能公司研制的 GBFC 含氟质子交换膜最薄的为 1 mil，生产有 1.5、2、2.5 几种规格，得到业界的认可，而且出口美国、日本等十多个国家。含氟质子交换膜各向同性，EW 值低，酸容量和含水率都高，功率密度大，拉伸强度大，线膨胀系数小。大连新源公司生产的燃料电池组储电能力达 40 kW，由 74 节组成，输出电压 40 ~ 55 V，输出电流 150 A，输出功率 7.3 kW，体积为 92 cm × 590 cm × 126 cm。PEMFC 采用气体扩散型电极，衬底是涂有憎水层的多孔性碳布。印度电化学能量研究中心采用喷涂浸渍法制作了性能良好的铂载量为 0.1 mg/cm^2 膜电极。美国 LANL 公司试验用的单个电池中，膜电极上铂载量下降到 0.05 mg/cm^2，大大降低了制造成本，为实用化创造了条件。

2.6.2.3 工作原理和特点

氢气通过管道或导气板达到阳极，在阳极催化剂作用下，氢分子解离为带正电的氢离子并释放出带负电的电子。氢离子以水合物 CH_3O^+ 的形式穿过电解质到达阴极，电子则通过外电路到达阳极，电子在外电路形成电流。氧气通过管道或导气板到阴极，在阴极催化剂的催化作用下，氧与氢离子及电子发生反应生成水(见图 2-26)。

阳极反应：$H_2 \rightarrow 2H^+ + 2e$

阴极反应：$1/2\ O_2 + 2H^+ + 2e \rightarrow H_2O$

总反应：$1/2\ O_2 + H_2 \rightarrow H_2O$

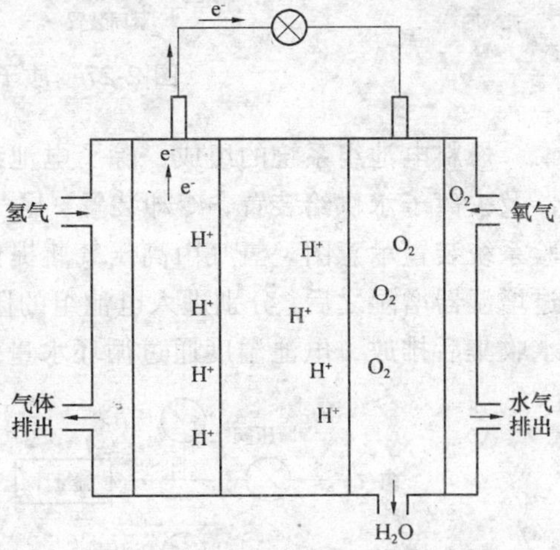

图 2-26　质子交换膜燃料电池工作原理

从化学能转化为电能的过程中可知，质子交接膜是关键，它直接影响电池的性能和寿命。质子交换膜应该满足下述条件：①具有传导氢离子的能力，电导率应达到 0.1 s/cm 的数量级；②膜结构与树脂组分应保持不变，具有良好的化学、电化学稳定性；③膜应具有低的反应气体渗透系数，确保电池有高的法拉第效率；④膜表面应具有一定的沾弹性，以便与阳极、阴极、膜沾压在一起组成三合一膜电极；⑤膜应具有一定的机械强度。

PEMFC 电池与其他燃料电池相比，有以下特点：①工作温度低，电池内化学反应温度不超过 100℃；②启动时间短，适宜做动力电池；③以单体为独立单元，可任意组合，获得所需要的电压；④电流密度高，寿命长，稳定，故障率低；⑤常温启动，低负荷运转，无需对电池进行精确差压控制。

由于 PEMFC 具备了这些电动汽车需要的特点，常被人们选作电动汽车主动力源。

由于单体电池电量有限，所以必须对单体电池加以组合，串联组成需要的能量电池组合。这个组合可任意排列，可以是十几伏，也可以是几百伏，电池组组成如图 2-27 所示。电池组两端配置有金属集电板，可向外输出电能。在集电极外侧有绝缘加固端板，并用螺栓与螺母将电池组固定成一个整体。当燃料电池工作发电时，产生的水沿着反应气体的通道自上而下流动排出，因此电极需要垂直放置。为了保持膜的最佳湿润程度，必须严格地控制温度，因此在每个单体电池上应设置一个冷却板。

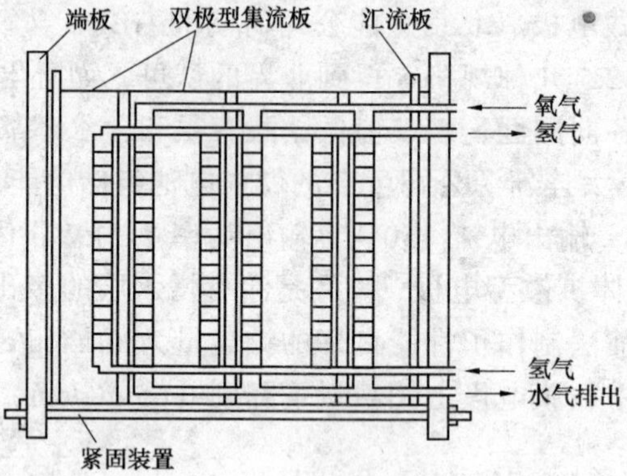

图 2-27　质子交换膜燃料电池组(堆)

燃料电池组系统的组成，除了电池组本身之外，还应具备氢、氧气供给装置，增湿器及去离子水供给装置，冷却装置，尾气及生成物水排放装置。图 2-28 是一个电池组试验系统装置示意图。氢气由高压气瓶提供，氧气由鼓风机提供，氢、氧气经减压，在通过增湿器增湿之后，分别进入电池组的阴极和阳极进行反应发电。反应物随着尾气排出，水收集后排放，电池温度通过循环水量来调节，电池负载为 5 kW 的灯泡组。

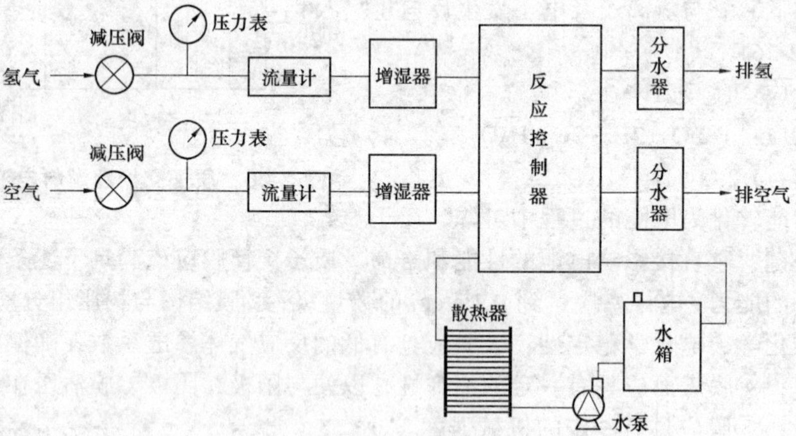

图 2-28　燃料电池组试验装置

电池组的性能取决于单个电池的性能，电池组的输出电压为组成电池组各单体电压之和，电池组的寿命取决于先损坏的单体电池的寿命。因此，单个电池性能的均匀性对电池组的影响很大，应设置检测装置在线检测各单体电池的输出电压，保证电池性能完好。

2.6.2.4 影响质子交换膜燃料电池性能的因素

电池性能受各种因素的影响，如工作压力、工作温度、反应气体条件、质子交换膜的质地厚度、燃料的利用率、空气利用率等。现具体分析一下这些因素的影响程度。

(1)电池电压的影响。图 2-29 揭示了电流密度 500 mA/cm^2 时，电压与工作压力的变化关系。工作压力增加，电压增加，但在低温条件下，增加得更快。

(2)温度的影响。图 2-30 是输出电压随温度变化的曲线。输出电压并不一定随着温度的上升而成线性变化，输出电压与空气极的催化剂活性程度、固体高分子膜的增湿状态等有关。电流密度小，输出电压高，温度影响不明显；反之，输出电压低。

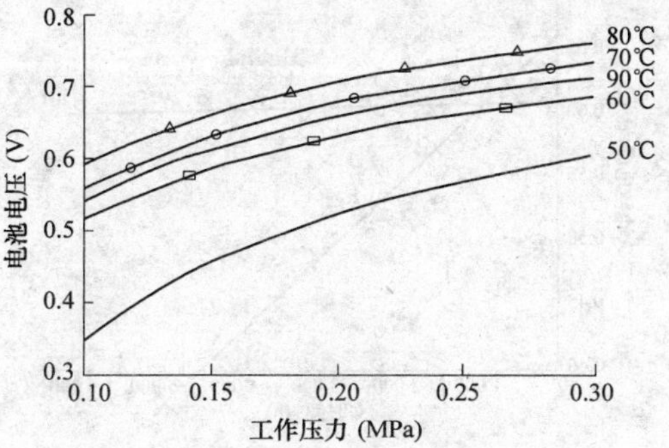

图 2-29 电压与工作压力变化关系

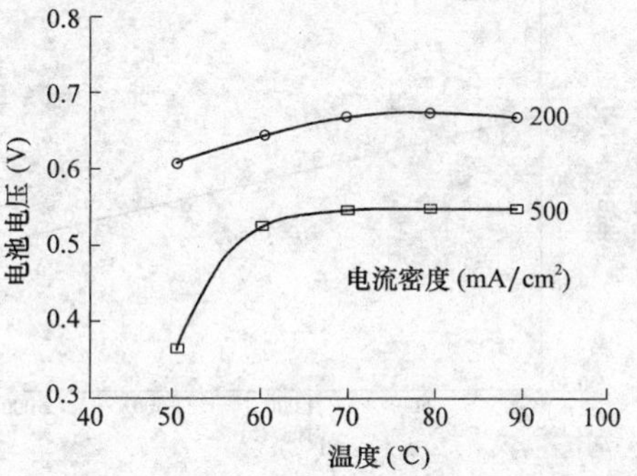

图 2-30 输出电压与温度变化关系

(3)质子交换膜的厚度影响。目前广泛使用的质子交换膜是 Nafion 膜和我国生产的全氟膜。Nafion 膜是一种由全氟磺酰、氟烯醚单体与四氟乙烯共聚获得的不溶性全氟磺酰氟树脂。Nafion 的制造过程分两步，首先用树脂热塑型成膜，再水解并用氢离子交换钠离子。杜邦公司生产的 Nafion 膜厚度如表 2-14 所示。膜的厚度不同，影响电池内阻不同。图 2-31 是质子膜厚度对电池性能的影响曲线。膜厚度越薄，输出电压越高。图中 Nafion117、Nafion113、Nafion101 膜厚度依次递减，而输出电压却依次递高。

表 2-14 Nafion 膜厚度

膜的型号	Nafion115	Nafion1135	Nafion112	NE1015
厚度(mm)	0.183	0.089	0.051	0.025

(4)电池反应气增湿的影响。因为氢离子以水合物 CH_3O^+的形式穿过电解质，膜的电导率与水分多少有正相关，水含量高，质子就容易穿过。图 2-32 是 Nafion115 膜的增湿曲线，与增湿的方式、材料、温度有关。如果反应气不增湿，电池性能会下降，当工作温度高于 70 ℃时，电池不能稳定工作。当增湿不足或过度增湿时，电池的电压也会降低(见图 2-33)。如果在增湿的条件下，每使用一小时，输出电压会下降 60 μV。所以在使用过程中，为了使电池能长期稳定地工作，应抑制由于增湿不足而引起质子膜劣化或因增湿过剩而导致催化剂层中的碳元素析出。

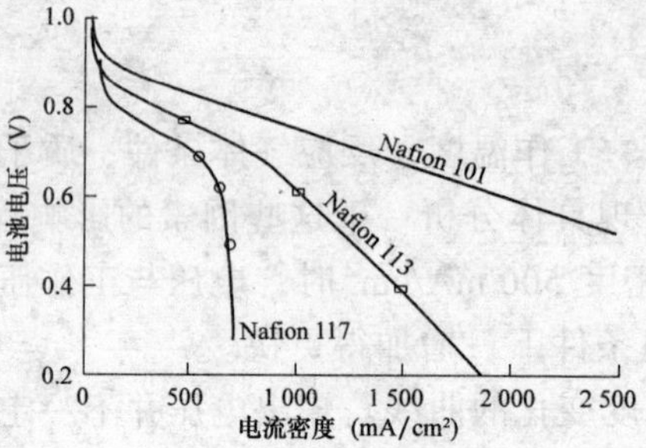

图 2-31　质子膜厚度对电池的影响

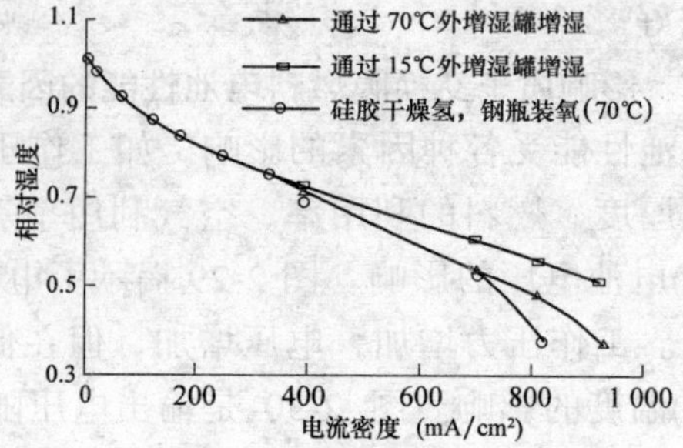

图 2-32　增湿对电池的影响

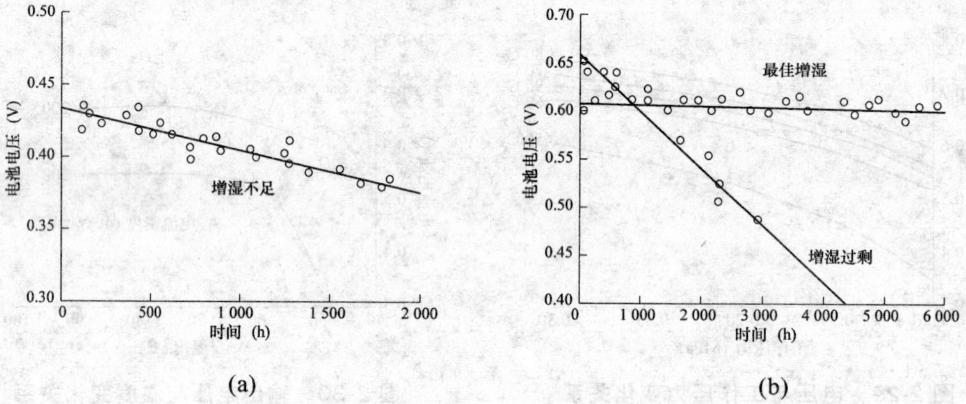

图 2-33　增湿对输出电压的影响

(5)氧化剂的影响。当氧化剂为纯氧，电流的密度为 1 650 mA/cm^2 时，输出电压为 0.5 V，输出功率为 0.82 W/cm^2，见图 2-34(a)；以空气为氧化剂时，在电流密度为 610 mA/cm^2 时，输出电压为 0.64 V，输出功率为 0.39 W/cm^2，见图 2-34(b)。图中曲线显示纯氧做氧化剂比空气做氧化剂效率高。

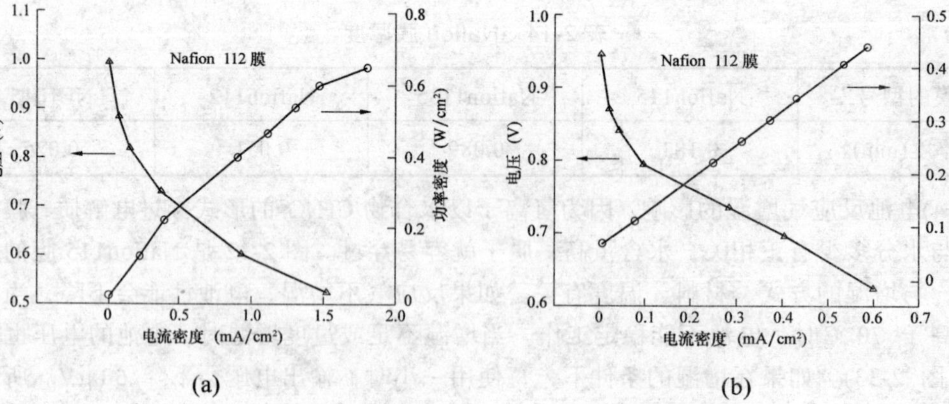

图 2-34　氧化剂对电池电压和功率密度的影响

2.6.3 直接甲醇燃料电池(DMFC)

直接型燃料电池指不使用重整(改质)器，直接取原料供给燃料极进行发电的燃料电池。虽然这种电池性能不如以纯氢为燃料的燃料电池，但它不需要改质器，其发电系统结构简单。直接甲醇燃料电池就是直接型燃料电池的一种，也属于质子交换膜燃料电池。

2.6.3.1 电池的组成

DMFC 是直接使甲醇参与电化学反应进行发电的系统。是以气态或液态甲醇为燃料，电解质为全氟磺酸型质子交换膜，阳极使用的催化剂为 Pt–Ru/C 型催化剂，以炭黑为载体，用 Nafion–Teflon 黏合剂将其粘在一起制成阳极。阴极是以炭黑为载体的 Pt–C 型材料(如图 2-35 所示)。

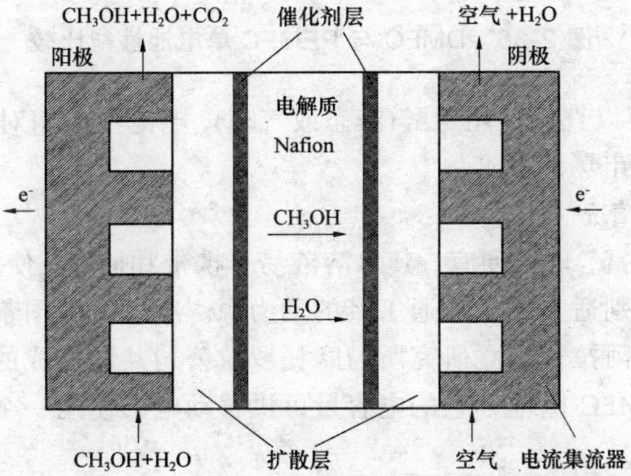

图 2-35 直接甲醇燃料电池组成示意图

2.6.3.2 工作原理

直接甲醇燃料电池的电极上发生的化学反应如下。

阳极(燃料极)：$CH_3OH+H_2O\rightarrow CO_2+6H^++6e$

阴极(空气极)：$6H^++6e+3/2O_2\rightarrow 3H_2O$

电池总反应：$CH_3OH+3/2O_2\rightarrow 3H_2O$

以标准氢电极为基准，燃料电极电位为+0.046 V，空气电极电位为+1.23 V，理论上电池产生的开路电压为 1.23 V–0.046 V=1.184 V。

2.6.3.3 性能

DMFC 电池与 PEMFC 电池相比，比能量、功率密度较低，DMFC 单位面积的输出功率仅为 PEMFC 的 10%～20%。其主要原因是甲醇阳极电化学氧化过程中，生成类 CO 的中间产物导致铂催化剂中毒，严重降低了甲醇的电化学氧化速度，所以要把阳极电压增加到数百毫伏级；再一个原因是甲醇通过浓度扩散和电迁移，由膜的阳极侧迁移到阴极侧(称为甲醇渗透)，在阴极电位与电催化剂 Pt/C 或 Pt 作用下发生电化学氧化反应，并与氧的电化学还原反应构成电池短路，在阴极产生混合电位，降低了 DMFC 的开路电压(见图 2-36)。

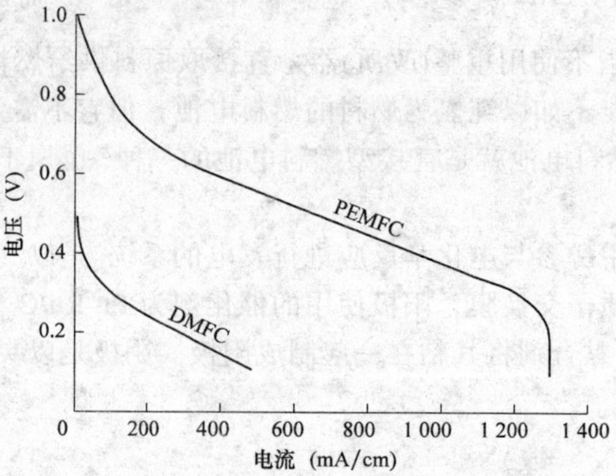

图 2-36 DMFC 与 PEMFC 单电池性能比较

但 DMFC 电池可以直接使用甲醇(液态或气态)，电池构造相对简单，使用灵活方便，安全，因此还是受到市场的欢迎。

2.6.3.4 DMFC 发展情况

由于甲醇来源丰富，价格便宜，其水溶液易于携带和储存，使用和储存都安全方便，体积小，重量轻，特别适宜用做交通工具的动力源。所以，各国都重视直接甲醇燃料电池的研发。如美国的阿拉蒙国立研究所与摩托罗拉公司共同完成的底边边长为 2.5 cm，厚度为 2.5 mm 的 DMFC 电池，它的电容量可供移动电话使用一个月以上，供笔记本电脑使用 20 h 以上。

我国山东大学清洁能源工程技术研究中心，用模拟生物酶燃料电池催化剂，直接将甲醇和水混合物送到 DMFC 阳极，发生电催化氧化反应，生成二氧化碳并释放出电子和质子，电子从阴极经外电路转移到阳极，形成直流电，其工作温度从室温到 135 ℃，甲醇用完后，只要补充甲醇水溶液即可，非常方便。

日本则武公司宣布，他们采用特殊的“有机无机混合电解质膜”制成的 DMFC 电池，电池功率密度可达到 160 mW/cm^2。

美国华裔吴以舜在 Lovolent Cermic 复合材料公司研制出复合材料质子交换膜，这种膜比 Nafion 膜便宜，其价格只是 Nafion 膜的百分之一，仅为 8 美元/m^2。他用 PtRuMg/C 复合材料作阴极材料，用 Pt/C 作阳极材料，可在低温条件下发生反应，电池结构简单，也不需重整器。

尽管 DMFC 发展很快，但要达到较高的性能，还需在材料工艺、电池方面投入大的力量。重点应解决高效甲醇阳极电催化剂，提高甲醇阳极的氧化反应速度，减少阳极的极化损失，使交换电流密度达到 1×10^{-5} A/cm^2。解决提高阻止甲醇及中间产物使催化剂中毒的技术，目前采用的 PtLa 等多元电催化剂，可使电池运行 1 000 h 压降降低小于 10 mV。还要研究防止甲醇从阳极到阴极的转移，因为 Nation 膜具有较高的甲醇渗透率，甲醇通过离子交换膜向阴极渗透，不但会降低甲醇的利用率，还会造成氧电极极化的大幅度增加，降低直接甲醇燃料电池的性能。

2.7 电池性能的检测方法

因为电池是电动汽车的动力源或辅助动力源，因此电动汽车制造或使用时，需要了解电池的多种性能以便评价和选用。国家制定了相关标准，只要按标准验证电池的性能即可保证电池发挥出应有的效率。如 GB/T18333—2001《电动车辆用铅酸蓄电池》中检验的性能指标主要为 3 h 放电率的额定容量、大电流放电效率、水损耗、–18℃低温放电性能、过放电性能、安全性、荷电保持能力、循环耐久能力、耐振动和储存性能等。对二次电池来说，因为电池的机理不同，其检测所用的设备和方式有一定区别，我们应该掌握对不同种电池的检测，使用不同的检测设备和仪器。

2.7.1 电池充放电性能测试

充电过程中的主要参数有充电接受能力(也叫充电效率)及充电的最高电压。电池充电测试的基本电路由电源、电流电压检测设备、控制设备及记录设备等组成。或者使用电池的性能测试仪，进行自动检测(见图 2-37)。

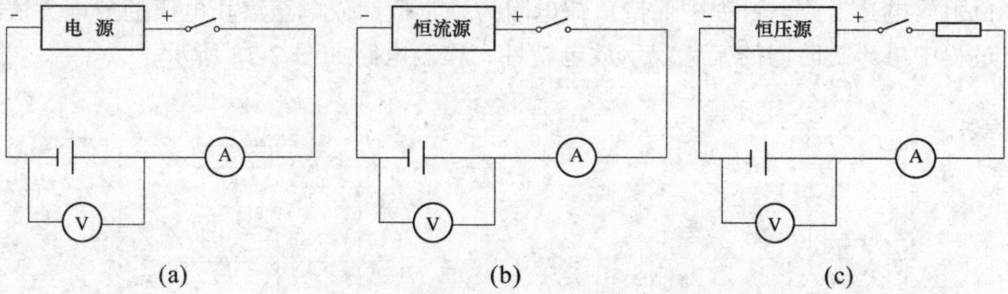

图 2-37 电池充电性能测试电路示意图

所谓充电效率是指在充电时充入电池的电能与所消耗总电能的百分比。充电电流大小、充电方法、充电时的温度直接影响充电效率。一般说来，充电初期效率高，充电效率接近 100%，充电后期由于电极极化的因素，充电效率低，电极上伴随着大量的气体析出。

充电的最高电压是充电过程的另一个重要指标。充电电压低，说明电池在充电时的极化小，充电效率高，使用寿命长。

电池的耐过充能力是说明电池在处于极端充电的条件下，也有较好的使用性能。例如，Ni–MH 电池，要求在 1*C* 充电率下，电池充电 90 min 应无泄漏，充电 6 h 内不发生爆裂。

放电制度主要是指放电时间、电流、环境温度及终止电压等。电池的放电方式主要有恒流放电或恒阻放电，还有恒压放电、定电压放电、连续放电和间歇放电等。常用的有恒流放电和恒阻放电法。

2.7.1.1 恒流放电法

恒流放电系统由恒流源、电流及电压检测记录装置组成。恒流源可以由电子稳流电路组成或用恒压源与大电阻构成(见图 2-37(b)、(c))。

放电过程可以采用人工、自动记录或通过数据采集用计算机来自动记录，也可以采用专门设备，如 BS–9300、DK–2010 等电池性能测试仪。常用放电电流、放电曲线和放电时间率来表示电池的放电性能。放电电流的大小直接影响到电池的放电性能。因此，在标注电池的放电性能时，应标明放电电流的大小。电池的工作电压是衡量电池的放电性能的一个重要指标。放电曲线反映了整个放电过程中工作电压的变化过程。工作电压是个变化量，常以中点电压(指额定放电时间中点时刻电池的工作电压)表示，如 Ni–MH 电池 1*C* 放电时其中点电压即指放电 30 min 后所测电压表示是电池的工作电压(一般为 1.24 ~ 1.25 V)。放电时间率是指电池放电至标称电压值的放电时间占总放电时间的比值。如 Ni–Cd 电池以 1*C* 放电至 1.0 V 的放电时间为 60 min，其标称电压为 1.2 V，电池放电至 1.2 V 的时间为 48 min，那么计算放电至 1.2 V 的时间与总放电时间的比率为 48/60=80%，习惯上把放电时间率称为电池的电压特性。良好的电压特性可以保证电池输出功率高，并可以使用电设备长时间处于工作电压范围内(电压稳定)，有利于实际应用中电池容量的发挥。

2.7.1.2 恒阻放电法

恒阻放电是指放电过程中保持负荷电阻为一定值，放电至终止电压的放电方法，用放电过程中电压随时间的变化表示放电特性，检测电路如图 2-38 所示。

(a)连续、间歇放电　　(b)交替连续放电

图 2-38　恒阻放电电路图

恒阻放电有连续放电、间歇放电和交替放电三种方式。每隔一定时间测量一次电池电压，直至电压第一次低于规定终止电压时为止。放电时间以电池开始放电至电压降至终止电压时的累计时间计算。若最后两次测得的电压值，一次高于终止电压，另一次低于终止电压值时，则放电时间可用线性差值法取得。也可采用连续记录仪或数据采集卡，用计算机自动采集数据，以获得非常准确的放电时间和自动绘制出的放电曲线图。

2.7.2 电池容量测定

电池容量是指活性物质参加电池成流反应时所有的电量。其容量可分为理论容量、实际容量、额定容量等。电池理论容量是指电池活性物质全部参加成流反应时的电量，用法拉第定律计算，是个理想值。额定容量是指设计和制造电池时，规定或保证电池在一定的放电条件下应该放出的最低限度的电量，又称标称容量。而实际电容量是指在一定放电条件下，电池放出的实际电量。因放电条件不同，实际容量也会不同。因此，实际容量决定于容量较小的那个电极，一般在实际生产活动中使负极容量过剩(即负极面积大)，限定整个电池容量的是正极电容量。

电池容量的测定方法与电池放电性能测定方法基本相同，有恒流放电法、恒阻放电法、恒压放电法、定电压放电法、定电流放电法、连续放电法和间歇放电法等。恒流放电法的基本表达式是：$C = It$，需要特别强调的是放电容量与放电电流有密切关系，与放电温度、充电制度、搁置时间等都有较大关系。如在相同的充电制度下，电池的自放电性能对电池容量有影响。搁置 10 min 与搁置 1 h 再测试电池容量，其结果也会有差别。恒阻放电法中，放电电流不是定值。放电开始电流较大，然后逐渐减小。放电电阻越大，放电电流越小，放电曲线平缓，电容量也大。容量基本表达式 $C=Ut/R$，式中 U 为平均放电电压，即电池刚放电时的初始工作电压与终止电压的平均值，R 为放电电阻，t 为放电时间。

2.7.3 电池循环次数测试

在一定的充放电制度下，电池容量降至某一定值之前，电池所能承受的循环次数，称为循环寿命。这是蓄电池的又一主要性能指标。我国电动道路车辆用蓄电池标准规定，锂离子蓄电池循环寿命不得小于 300 次，铅酸蓄电池循环寿命不得小于 400 次。其实影响蓄电池循环寿命的因素很多，如电极材料、电解液、隔离膜及制造工艺和使用中的环境温度等。过高或过低的充电电压、放电深度等，将大大缩短电池的使用寿命，如图 2-39 和图 2-40 所示。

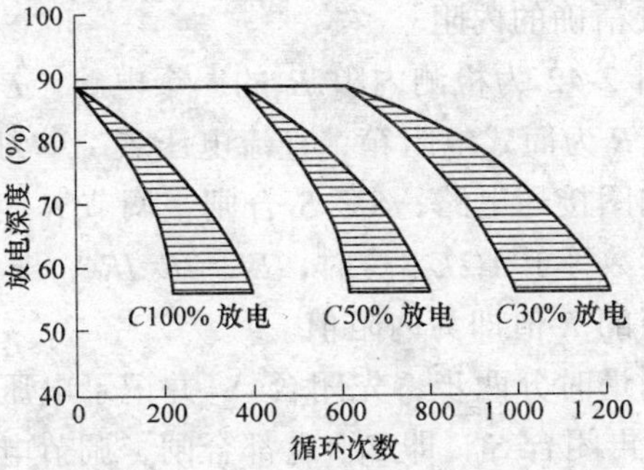

图 2-39 放电深度对循环次数影响

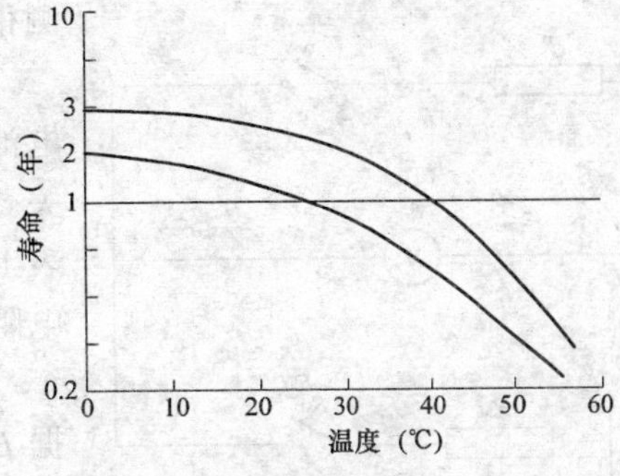

图 2-40 环境温度对电池寿命的影响

对于不同类型的电池循环寿命的测试规定是不同的。Ni–H 电池按 GB/T15100—1994 标准，Ni–Cd 电池按 GB/T10013—1996、铅酸蓄电池按 GB5008.1—1991 进行。也可以采用快速检测方法，如以 Ni–MH 电池为例，一单体 Ni–MH 电池，标称容量为 1 200 mAh，现对其快速循环寿命测试。其循环条件为 1 200 mA 充电 75 min，充电结束条件为电压降 10 mV，搁置 10 min 后，再以 1 200 mA 放电至 1.0 V，搁置 10 min，这样反复循环，直至容量衰减至其标称容量的 80%为止，同时记录其中值电压第 30 min 的放电值，测试结果如图 2-41 所示。

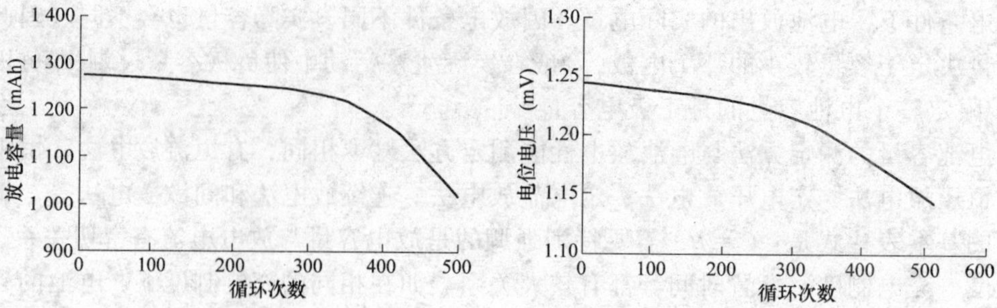

(a)电池容量循环次数　　(b)中值电压循环次数的变化

图 2-41　Ni–MH 电池循环的性能

2.7.4　电池内阻的测定

电流通过电池时所受到的阻力称为电池内阻。同类电池，一般说来，内阻小则电池的电压特性好，电池内阻是电极的电化学反应时所表现的极化电阻和欧姆电阻的总和。欧姆电阻是电极材料、电解液、隔离膜电阻几个部分零件的接触电阻之和。

电池内阻大小随电池类型不同而不同。如 Ni–MH 电池内阻一般为 15 ~ 50 mΩ，铅酸蓄电池的内阻为 10 mΩ，Ni–Cd 电池为 30 ~ 100 mΩ。电池内阻与普通电阻元件不同，它是有源元件，必须用方波电流法、交流电桥法、交流阻抗法、直流伏安法、短路电流法或脉冲电流法等特殊方法测量。实际上，在工程检测中多用专门内阻仪检测，常见的内阻检测仪原理一般采用交流法。它把电池等效于一个有源电阻，给被测电池通以恒定交流电流(一般为 1 000 Hz、50 mA)，然后对其电压采样、整流滤波等一系列处理，从而测得较精确的内阻。

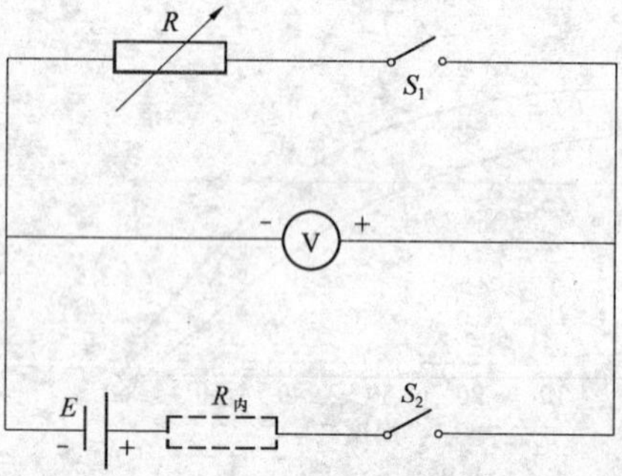

图 2-42　内阻 $R_{内}$测量电路

图 2-42 为检测内阻 $R_{内}$的一个电路。E 为待测电池，R 为简式电阻箱，直流电压表、单刀单掷开关。如图接通电路，S_1、S_2合闸，调节 R 使其电压表上读数等于 1/2E。这时，$E/2=IR=IR_{内}$，即 $R=R_{内}$，电阻箱的 R 值即为内阻值。

测量时分两步，先闭合 S_2 并记录电压表上数据 E，再闭合 S_1，即 S_1、S_2都合闸，调节电阻箱的阻值使电压表上的读数为 $E/2$，此时电阻箱的电阻值 R 即为所测的电池的内阻。

2.7.5　自放电及储存性能测试

在静止开路状态时，电能容量下降的现象称为自放电。电池的储存性能是指电池开路时，在一定的温度、湿度条件下，储存时能量下降率的大小。不同类型的蓄电池其自放电程度也不同。如空气电池的自放电很小，Ni–MH 电池的自放电较大，Ni–Cd 电池、锂离子电池相对较小。在储存过程中，容量下降主要由于化学电源两个电极之间的自放电引起的，自放电产生的原因有电极的腐蚀、活性物质的溶解、电极上发生的歧化反应(同一物质的分子中同一价态的同一元素间发生的氧化还原反应)、活性物质的钝化、电池组成材料的分解变质等。

自放电速率用单位时间内容量降低的百分数表示。用方程式表示：

$$R_z = \frac{C_0 - C_n}{C_0 T} \times 100\%$$

式中 R_z——自放电速率；

C_0——储存前容量；

C_n——储存 T 时间后容量；

T——储存时间。

在实际使用中常用保持率 R_b 来表示，$R_b = C_0/C_n \times 100\%$。电池保持率也称电池容量剩余百分比、荷电保持能力等。

进行自放电测试时，首先应测定电池的实际容量，然后将电池充足电，在开路状态下搁置一定时间(一般为 28 天)后，以恒流放电法测量电池容量 C_n。测定电池实际容量 C_n 时所用的充放电条件应与测量电池实际容量 C_0 时所用的条件一致。图 2-43 为 Ni–MH 电池在不同温度下的容量保持率 R_b 与时间的关系曲线，温度越高，R_b 越小。

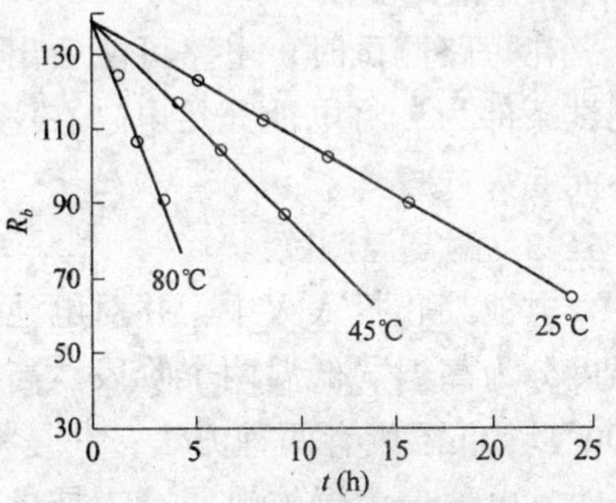

图 2-43 Ni–MH 电池不同温度下的容量保持率

图 2-44 是电池在不同温度下的储存特性曲线，如在 10 ℃下，自放电率为每月 2.9%。图 2-45 为剩余容量与开路电压的关系曲线，二者近似线性关系，可以通过开路电压近似估算电池存放一段时间后的电池的剩余容量(容量保持率)。如开路电压为 12.5 V 时，剩余容量为 60%，开路电压 12 V 时，剩余容量为 20%。

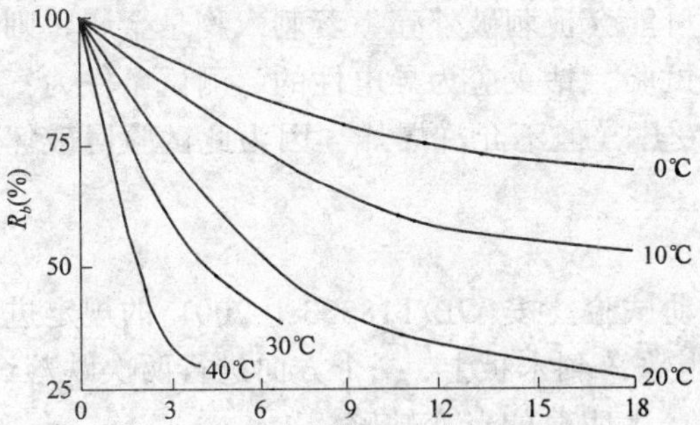

图 2-44 容量保持率与保存时间的关系

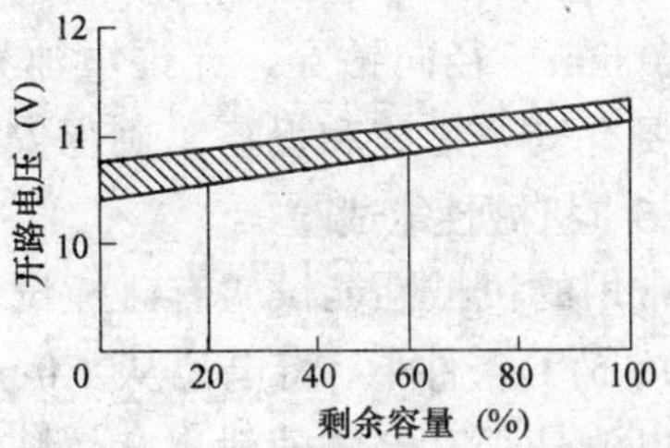

图 2-45 剩余容量与开路电压的关系

2.7.6 安全性测试

根据国家技术安全法规定，电池的安全性能指标有耐过充、过放能力，短路，耐高温，钻孔试验，机械性能，抗腐蚀性能测试。

2.7.6.1 耐过充、过放能力的测试

过充、过放情况下，密封的电池内气体过度的积累，内压升高，如超出设计极限，会发生爆裂，危及人身安全，这是不允许的。在电池设计中，一般采用负极过量的方式来避免气体在电池内部过度积累，在正极中加入反极物质，实行反极保护。

测试电池的过充、过放能力，一般按 GB/Z18333–2001 中推荐的方法进行。如连续充电试验。即在(20 ± 5)℃条件下，采用恒压充电，控制起始电流小于或等于 I_1(A)电流，当某一电池最早到达充电终止电压(最高达 4.2 V)时，电池组应能自动停止充电，连续操作 5 次，充电保护装置均应动作。再如采用过放电和过充电蓄电池法。第一步在(20 ± 5)℃条件下，先以 I_3(A)电流放电，当某一电池达到放电终止电压(2.52 V)时，就使用生产厂提供的或推荐的专用充电器，在(20 ± 5)℃条件下充电到充电终止电压(4.2 V)。第二步在(20 ± 5)℃条件下，以 I_3(A)电流放电，直至某个电池电压为零，然后电池在(20 ± 5)℃条件下，用 I_3(A)电流充电直至某个电池电压达到 0.5 V。标准规定经过以上两种试验后电池不能出现漏液、放气、爆炸、起火和产生明显的形变等异常现象。

2.7.6.2 短路测试

在短路测试时，电路可能会出现喷、泄等情况。通常应有较好的防护措施。常见的测试条件为：将电池充足电，在室温下将电池两极短接 1 h，允许有泄漏发生，但电池不能起火或爆炸。

2.7.6.3 耐高温测试

电池禁止投入火中，并对电池规定有适当的储存或使用温度条件。一般耐高温测试温度分为高温、低温两个阶段。高温区测试即投入火中进行测试，低温区温度为 100 ~ 200 ℃。低温区有两种方法：一是将要测试的电池充满电后投入沸水中(100 ℃)，保持两小时，电池应无爆炸泄漏；二是将充满电的电池放入 150 ℃的恒温箱中保持 10 min，电池应无爆炸泄漏。

2.7.6.4 钻孔试验

在受到外界尖锐物体的冲击时，电池可能会被刺破外壳，若刺入物是金属，则正负极会短路，带来一定的危险。应进行钻孔试验，钻头应为导电性的，测试条件为：钻头为ϕ1.0 mm，径向钻穿，允许电池有漏液发热，但不允许爆炸。因为此试验属破坏性试验，要有安全措施和设备，确保安全。

2.7.6.5 机械性能试验

常用的机械性能试验有碰撞试验和振动试验。按 GB/T18333.1–2001 的规定进行。在(20 ± 5)℃条件下，将电池从 1.0 m 高度上跌落到木板上，一个方向进行两次跌落试验。观察电池是否有电解液泄出、爆炸，并不产生明显的形变缺陷。

我国电动道路车辆蓄电池规定的耐振动性能试验分三步进行：①用生产厂家提供的专用充电器，按规定的充电方法将电池完全充电；②将充满电的电池安装在振动试验台上，使电池以 I_3(A)电流放电；③使蓄电池以 30 ~ 35 Hz 频率上下方向振动，振动的蓄电池最大加速度为 30 m/s^2，时间为 2 h，并观察电池放电电压异常变化、泄漏等情况。

2.7.6.6 抗腐蚀性能测试

抗腐蚀测试一般有电化学测试法，即盐雾试验法。测试时，将电池暴露于测试箱中，

并向测试箱中喷入经雾化的试验溶液，细雾在自重作用下均匀地沉降在试样的表面，试验溶液为5%的食盐溶液，其中总固体含量不超过20 μg/g，pH值为6.5～7.2。试验时盐雾箱内温度应保持恒定。电池在盐雾箱内的时间为48 h，试验后，电池容量应有明显的降低，外壳金属部分不应有多处锈迹，不得有锈孔和明显点蚀，不准有泄漏、爆炸。

2.8 超级电容器性能检测方法

超级电容器性能检测方法有多种，本书重点介绍容量、内阻、自放电监测方法。

2.8.1 容量检测方法

容量检测可以采用恒流放电、恒电阻放电方法。

2.8.1.1 恒流放电方法

测量电路如图2-46所示。测量方法依以下步骤进行。

(1)恒流/恒压源的直流电压设定为额定电压。

(2)设定表2-15中规定的恒电流放电装置的恒定电流值。

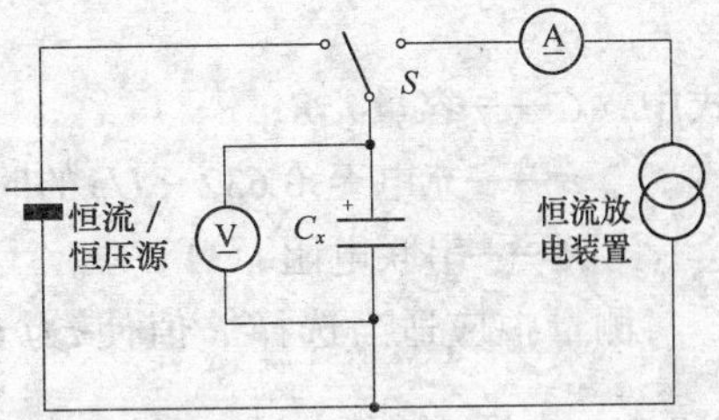

图2-46 恒流放电方法电路

表2-15 放电条件

分类	分类1	分类2	分类3	分类4
应用	后备记忆	能量存储	功率	瞬时功率
充电时间	30 min	30 min	30 min	30 min
I(mA)	$1\times C$	$0.4\times CU_R$	$4\times CU_R$	$40\times CU_R$
U_1(V)	充电电压的80%值($0.8\times U_R$)			
U_2(V)	充电电压的40%值($0.4\times U_R$)			

注：C—额定容量(F)；U_R—额定电压(V)。放电电流I应按以下规定选取：①如果ΔU_3超过初始特性中充电电压的5%($0.05\times U_R$)，电流值减小至1/2、1/5或1/10；②放电电流值10 A或以下的有效数字个数为一位，计算值的第二位应四舍五入；③放电电流值超过10 A的有效数字个数为两位，计算值的第三位应四舍五入。

(3)将开关S切换到直流电源，除非分立标准中另有规定，在恒流/恒压源达到额定电压后恒压充电30 min。

(4)在充电30 min结束后，将开关S变换到恒流放电装置，以恒定电流进行放电。

(5)测量电容器两端电压从U_1到U_2的时间t_1和t_2，如图2-47所示，根据下列等式计算电容量值。

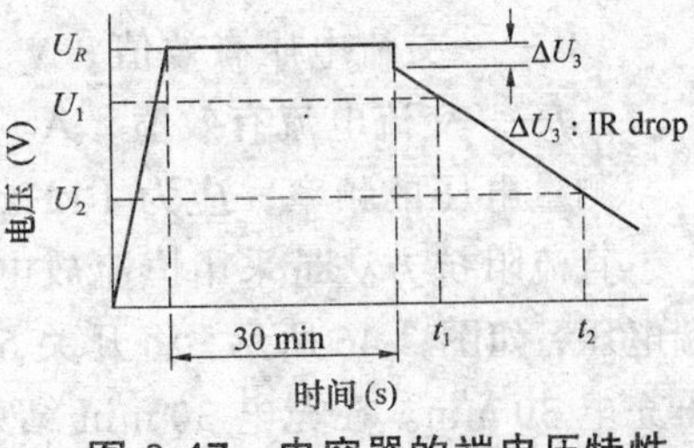

图2-47 电容器的端电压特性

$$C=\frac{I\times(t_2-t_1)}{U_1-U_2}$$

式中 C——容量，F；

I——放电电流，A；

U_1——测量初始电压，V；

U_2——测量终止电压，V；

t_1——放电初始到电压达到 U_1 的时间，s；

t_2——放电初始到电压达到 U_2 的时间，s。

2.8.1.2 恒电阻充电方法

测量电路如图 2-48 所示，根据图中所示测量电路进行测量。

进行测量前，将电容器两端短路 30 min 以上进行充分放电；当施加直流电压 U_R 时，测量时间常数(τ)，通过下列等式计算电容量值。

$$C=\frac{\tau}{R}$$

式中 C——容量，F；

τ——充电至 $0.632\times U_R$ 的时间，s；

R——串联电阻，Ω。

测量中应适当选择 R 值使 τ 为 60 ~ 120 s，以便计算精确。

2.8.2 内阻检测方法

超级电容器内阻测量用交流阻抗方法或直流电阻方法。

交流法测量电路如图 2-49 所示，依所示测量电路进行测试。

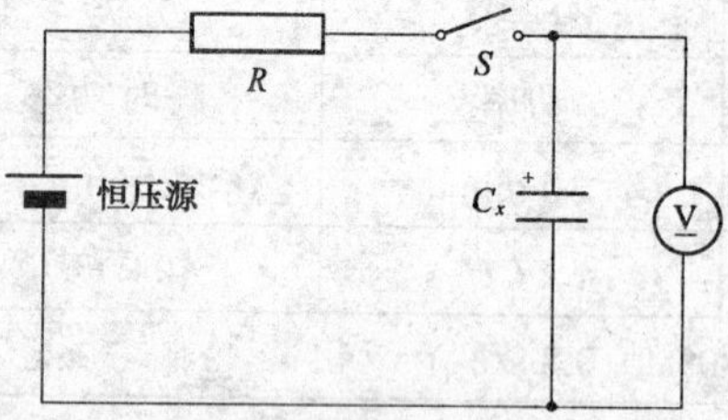

图 2-48 恒电阻充电方法电路

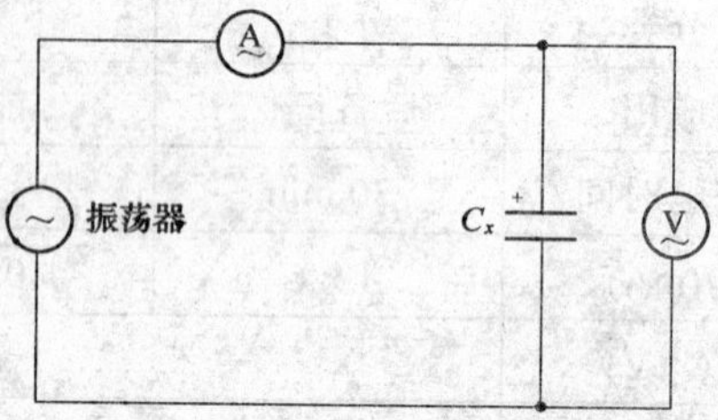

图 2-49 交流阻抗方法电路

电容器的内阻 R_a 应通过下式计算。

$$R_a=\frac{U}{I}$$

式中 R_a——交流内阻，Ω；

U——交流电压有效值，V；

I——交流电流有效值，A。

测量电压的频率，应为 1 kHz；交流电流应为 1 ~ 10 mA。

直流阻抗方法是采用恒流放电方法测量，采用额定电压。用电压记录仪测量电容器端电压，如图 2-46 所示，将开关 S 切换至直流源，当恒流恒压源达到额定电压后施加电压充电 30 min。在充电 30 min 结束后，切换开关 S 至恒流放电装置，以表 2-16 中规定的恒定电流进行放电。用电压记录仪记录电容器端电压随时间变化。由电压记录仪得到的电压与时间成直线部分绘制辅助线，从辅助线与放电开始交点读取电压降ΔU_3，如图 2-50 所示，根据下式计算内阻 R_d。

$$R_d = \frac{\Delta U_3}{I}$$

式中 R_d——直流内阻，Ω；

ΔU_3——电压降，V；

I——放电电流，A。

表 2-16 放电电流

分类	分类 1	分类 2	分类 3	分类 4
I(mA)	$10 \times C$	$4 \times CU_R$	$40 \times CU_R$	$400 \times CU_R$

注：C—额定电容量(F)；U_R—额定电压(V)。放电电流 I 应按以下规定选取：①如果ΔU_3 超过初始特性中充电电压的 20%($0.2 \times U_R$)，电流值减小至 1/2、1/5 或 1/10；②放电电流值 10 A 或以下的有效数字个数为一位，计算值的第二位应四舍五入；③放电电流值超过 10 A 的有效数字个数为两位，计算值的第三位应四舍五入。

电压降不表示从放电开始点的连续降落电压ΔU_4，而是从曲线的直线部分作辅助线延长至与放电开始点交叉得到的ΔU_4。

2.8.3 自放电检测

超级电容器也存在自放电现象。按照图 2-51 所示进行检测。测量开始前，电容器应进行充分放电。放电过程持续 1 h 到 24 h。在电容器两端直接施加额定电压 U_R，不使用保护电阻。充电时间为 8 h，包括电压达到施加电压 95%的最大 30 min 充电时间。将电容器两端从电压源断开。电容器应置于标准条件下 16 h 或 24 h。直流电压表的内阻应大于 1 MΩ。

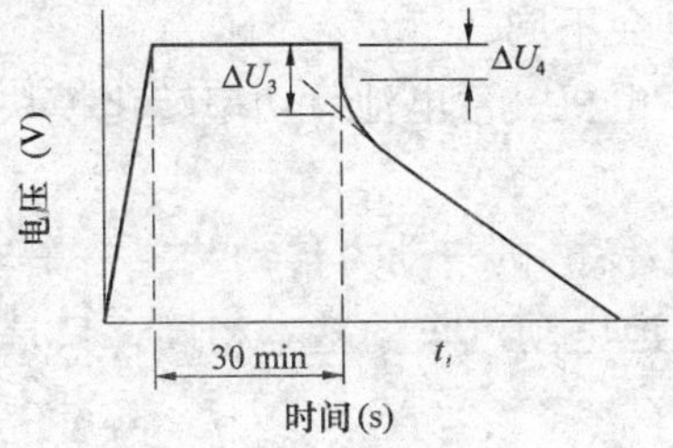

图 2-50 电容器端电压特性

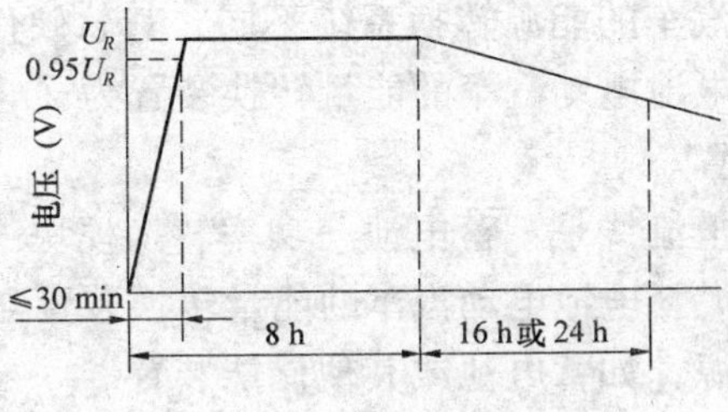

图 2-51 自放电测量原理

2.9 能源管理

以内燃机为动力的汽车能源管理，只需加燃油即可。电动汽车供能较为复杂。对轨道电动车、轨道电车、能源由社会电网或专用电网供给。对纯电动车，无回收电能功能的，能源由社会电网对蓄电池进行充电；有回收系统的，则另加回收转化系统。对燃料电池电动汽车，没回收电能装置的，只提供一种电能——燃料电池，有回收系统的，设两个系统。对混合动力，有回收系统的，除供燃油充电系统外，还需加第三个能量回收转换装置。将制动、下坡等能量回收存储在电池里。这里主要讨论纯电动汽车、混合电动车、燃料电池电动汽车的能源系统管理。

2.9.1 能源管理系统的作用

所谓能源管理系统是指对电动汽车动力系统能源转化装置的工作能量进行协调、分配和控制的软硬件系统(见图 2-52)。

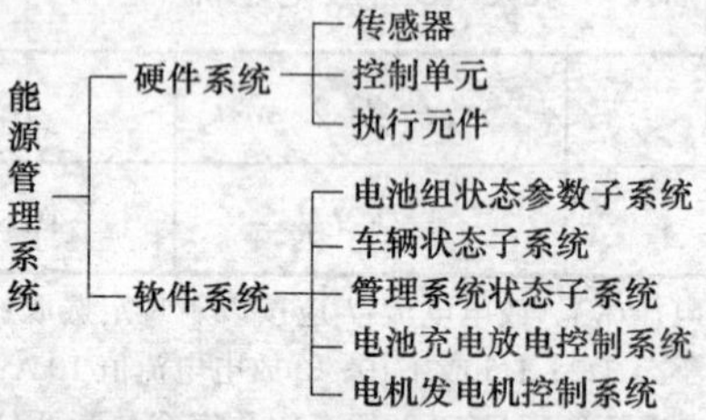

图 2-52 能源管理系统框图

硬件系统主要由各种传感器、ECU、执行元件等组成。软件系统的功能主要是对传感器的信号进行分析处理，对能源转换装置的工作能量进行优化分析，并向执行元件发出指令。电动汽车能源管理系统的作用就是在满足汽车基本技术性能和成本要求的前提下，使各部件的特性和汽车运行工况达到最佳匹配，实现能量在能源转换装置之间的动力流线最优化，整车能源的利用率最大化。能源转换装置是指发电机、发动机、电动机、储能飞轮、储能超级电容、功率变换模块、动力传递装置、燃料电池、蓄电池等。

为使电动汽车有良好的机械性能、电驱动性能及合理的能量分配等，能量管理系统必须对能量系统的工作进行有效监测和控制，以便最大限度地节约能量。由于不同种类的电动汽车的能源转换系统不同，其软硬件配置也会不同。

蓄电池电动汽车的能量转换装置为：电动机/发电机、蓄电池、功率转化模块、动力传动装置。

能量流线是：蓄电池→功率转换模块→电动机/发电机→动力传动装置→车轮。

纯燃料电池电动汽车的能量转换装置与纯蓄电池电动汽车的基本相同。只是增加了辅助电源，如蓄电池或其他储能装置。

混合电动汽车的能源转换装置为：发电装置(发电机、发动机、燃料电池)、能量储存装置(蓄电池、超级电容)功率转换模块、动力传递装置、充放电装置等。能量流线是：

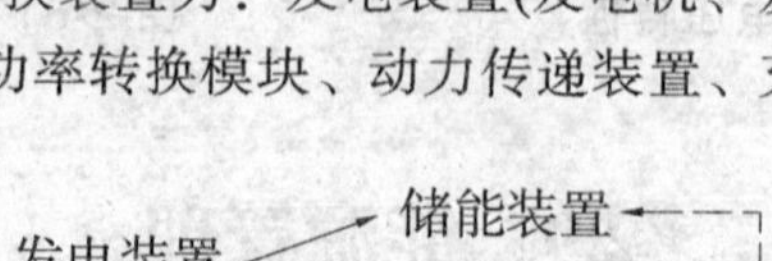

2.9.2 纯电动汽车的能源管理系统组成

纯电动汽车能源管理系统组成框图如图 2-53 所示。

能源管理系统具有检测的状态参数进行实时显示的功能。ECU 对检测的状态参数按预定的算法进行逻辑运算，并向电池、电动机等发出合适的控制和显示指令等。实现电池能量的优化管理和控制。

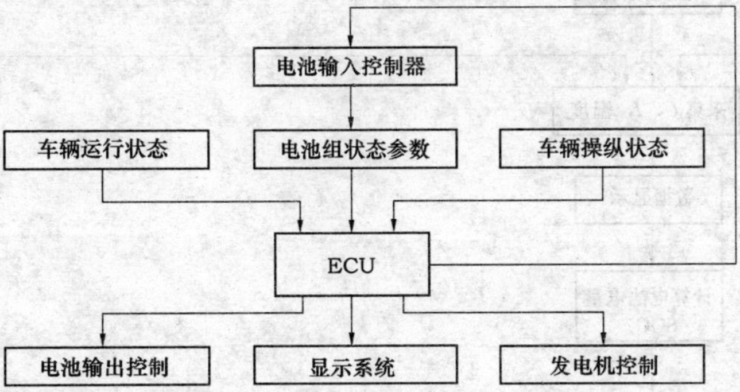

图 2-53　纯电动汽车能源管理系统组成框图

电池荷(充)电状态指示器是管理系统一个重要子系统。蓄电池中储存有多少电能，还能行驶多少里程，是电动汽车行驶中必须了解的重要参数，其功能与作用和内燃机油表一样。

电池管理系统也是一个重要的系统。为了增加电动汽车的续驶里程，必须对电池进行管理，主要任务是保持电动汽车蓄电池的性能良好，并优化各蓄电池性能、保存、显示测试数据等，具体任务见表 2-17。

2.9.3 混合动力电动汽车的能源管理系统

混合动力电动汽车的能源管理系统复杂，且由于系统组成不同呈现出的差异很大。现仅举内燃机+储能装置系统来说明混合动力电动汽车能源管理原理。

表 2-17　蓄电池管理系统的主要任务

任务	使用的测试仪	执行装置
防止过充电	电压、电流、温度测试仪	充电器
防止过放电	电压、电流、温度测试仪	电动机控制
温度控制与平衡	温度测试仪	加热、制冷装置温度平衡单元
能源系统信息显示	电压、电源、温度、充电状态、剩余容量测试仪	显示器
电池状态测试及显示	电压、电流及温度测试仪	显示器 PC 总线分析软件

该系统从外界获得能量的方式：燃料化学能→电能→蓄电池；制动能、下坡势能→蓄电池。系统消耗的能量除了驱动车轮之外，还有电机本身的机损、铁损、铜损等。能源管理的目的是控制发动机在最佳工作效率和最少废气排放条件下工作，并尽量减少系统本身能耗，实现最高的能量转换效率。其控制策略主要有“恒温器型”(见图 2-48)、“功率跟踪型”(见图 2-54)等。

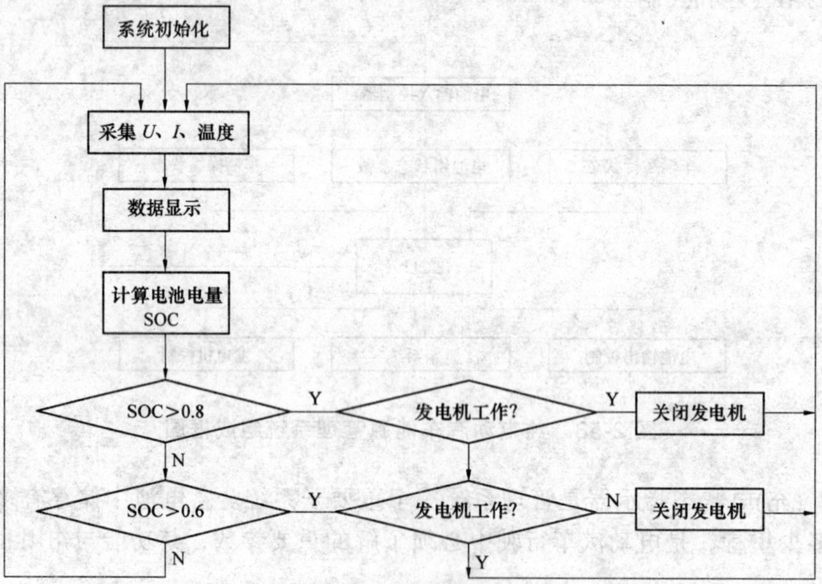

图 2-54　恒温器型控制策略系统控制流程图

复习思考题

1．什么是动力电池？有什么特点？

2．电池的性能指标有哪些？

3．试述电池的开路电压、端电压、标称电压。

4．电池的容量如何表示？

5．什么是比能量、比功率？有什么意义？

6．什么是能量密度、功率密度？有什么意义？

7．电池的耐用性指标是如何表示的？

8．试述电池的充放电特性。

9．铅酸蓄电池最大的不足是充电时间长、续驶里程短，对此你认为应该采取什么措施？

10．碱性电池有什么特点？

11．试述镍-氢电池的结构、工作原理。

12．镍氢电池的自放电现象是什么引起的？

13．试述镍氢电池的充放电特性。

14．试述 Na–$NiCl_2$电池的工作原理及特点。

15．什么是空气电池？有什么特点？

16．试述锌空气电池的结构、工作原理和优缺点。

17．锂离子电池的正负极是什么材料组成的？

18．试述锂离子电池的工作原理。

19．锂离子电池有什么优缺点？缺点可以克服吗？你有什么好方法？

20．什么是物理电池？它与化学电池有什么不同？

21．试述飞轮电池的储能原理及在电动汽车上的应用前景。

22．试述超级电容机理及在电动汽车上的应用前景。

23．试述燃料电池与其他电池的异同。

24．燃料电池种类繁多，如何分类？

25．试述燃料电池的基本结构。

26．你认为哪些燃料电池可以作为电动汽车的理想动力源？

27．试述 PEMFC 电池的结构特点和工作原理。

28．质子交换膜有什么作用？为什么它对电池性能影响较大？

29．什么是直接甲醇燃料电池？

30．试述甲醇燃料电池结构和工作原理。

31．你能动手测试电池的电容量吗？试写出操作工艺。

32．电池电阻是电池的一个重要性能参数，现有镍–氢电池一枚，请设计检测流程。

33．什么是电动汽车的能源管理系统？

34．设计能源管理程序时往往采用什么策略？

作 业 题

一、填空题

1．蓄电池电容量测量方法一般有______放电法、______放电法、______放电法、______放电法、______放电法和______放电法。

2．燃料电池的极化包括______极化、______极化、______极化三部分。

3．化学电池按电解质分类，可分为______性、______性、______性和______电解液等四种。

4．电动车用的理想动力源应该有______大电流放电、______特大电流放电和______的容量。

5．铅酸蓄电池放电终止电压与放电电流______有关。放电电流越______，连续放电时间就越______，允许______电压就______。

6．电池内阻是______导电阻力、______导电阻力、______电阻之和。

二、术语解释

1．质子交换膜

2．DMFC

3．二次电池
4．可充电池
5．PEMFC
6．蓄电池比容量
7．超级电容
8．蓄电池电压特性

三、判断题

1．化学电池都有自放电现象，锌空气电池也不例外。(　　)
2．电池的内阻越小，电池放电时电压降就小，输出功率就高。(　　)
3．可充电池的比能量大，意味着一次充电后，汽车的行驶里程长。(　　)
4．用太阳能电池作为动力源的汽车不属于电动汽车。(　　)
5．锌空气电池充电过程的化学反应复杂。(　　)
6．锂离子电池中的电荷移动是靠锂离子在正负极进行嵌入脱嵌反应来完成。(　　)
7．直接甲醇燃料电池负极活性物质也是氢。(　　)
8．一般电容器的两极是以物理层形成的，超级电容器的电极是以化学层形成的。(　　)
9．一般蓄电池正极接线端对电池内电路说为阴极。(　　)
10．铅酸蓄电池小电流放电时，终止电压低。(　　)
11．锌空气电池的充电过程是物理过程。(　　)
12．燃料电池像内燃发动机那样是把燃料的化学能转变为机械能。(　　)
13．直接甲醇燃料电池可以直接供给液态甲醇。(　　)
14．铅酸蓄电池大电流放电时，终止电压高。(　　)
15．蓄电池中，一般都将蓄电池的负极表面积设计的比正极表面积大。(　　)
16．蓄电池的理想最大放电功率是 $P_{\max}=\dfrac{U^2}{4R}$。(　　)

四、选择题

1．锌空气电池充电过程是(　　)。
A．电化学过程　　B．化学反应过程　　C．物理过程
2．质子交换膜燃料电池(PEMFC)作为电动汽车发展动力源的主要原因是(　　)。
A．发电效率高　　B．工作温度高　　C．零排放
3．单体铅酸蓄电池的额定电压是(　　)。
A．2 V　　B．1.2 V　　C．3.8 V
4．蓄电池能量密度的单位是(　　)。
A．Wh/kg　　B．Wh/L　　C．W/L
5．直接甲醇燃料电池的优点是(　　)。
A．不用重整(改质)器　　B．直接加甲醇水溶液　　C．工作温度小于 100 ℃
6．质子交换膜燃料电池的催化剂主要是(　　)成分。
A．Pt　　B．Ru　　C．La
7．我国动力铅酸蓄电池的型式标号中，表示水平蓄电池的字母为(　　)。

A．DM　　B．DW　　C．DS

8．快速充电法的最大优点是(　　)。

A．充电时间短　　B．电池性能得到全部或部分修复　　C．节能

9．衡量电动汽车行驶里程长短的蓄电池性能指标是(　　)。

A．比能量　　B．比功率　　C．比容量

10．蓄电池的耐久性能指标是(　　)。

A．充放电次数　　B．使用年限　　C．极板厚度

11．铅酸蓄电池容量计算公式是(　　)。

A．$C=\dfrac{Q}{U}$　　B．$C=I\times t$　　C．$C=I\times V\times T$

12．表示超级电容器的储电能力的单位是(　　)。

A．安时　　B．法拉(F)　　C．亨利(H)

13．单体 Ni–MH 电池的额定电压是(　　)。

A．2 V　　B．1.2 V　　C．3.8 V

14．单体锂离子电池的额定电压是(　　)。

A．2 V　　B．1.2 V　　C．3.8 V

15．碱性蓄电池的特点是(　　)。

A．比容量大　　B．能量密度高　　C．充放电次数多

16．衡量电动汽车行驶里程长短的蓄电池性能指标是(　　)。

A．比能量　　B．比功率　　C．比容量

五、简答题

1．试分析蓄电池开路电压与终止电压的区别。

2．什么是蓄电池的标称能量？

3．安时(Ah)是什么？

4．什么是空气电池？举例说明。

5．什么是物理电池？举例说明。

6．试述超级电容电池的工作原理。

六、计算题

北京鸿马斯特电动汽车，驱动电机额定功率为 3 kW，额定电压为 48 V，额定车速为 55 km/h，配一组容量为 200 Ah 的免维护铅酸蓄电池，额定电压为 48 V，终止电压为 37 V。汽车标准载重量为 300 kg，最大载重量为 350 kg，整备质量为 790 kg。试核算充足电后，汽车行驶里程和最大车速(汽车综合阻力系数为 0.03)。

七、技能题

有一车主送来一组动力铅酸蓄电池，额定电压为 48 V，标定容量为 10 Ah，车主反映电瓶性能下降，充电不足，要求修一下。经理就派小王去处理。小王是郑州交通学院汽电系汽电专业毕业生，在汽车维修厂任汽车维修工程师。小王根据车主反映的情况，先测了电池的开路电压，发现有一单格电压为 1.6 V，其余为 1.72 V，再进一步检查后，做了一下技术处理。你评估一下小王的处理合理吗？并完成各题。

1．小王将单格为 1.6 V 电池剔出，另行处理。(　　)

2．其余电池串联充电，把充电标准电压定为______V。

3．对电池组采用______、______、______三段充电法充电。

4．第一阶段充电电压≤(　　)V。(A．55.66 V　B．54.05 V　C．56 V)

5．第二阶段充电电压≤(　　)V。(A．55.66 V　B．54.05 V　C．56 V)

6．当充电电流(　　)300 mA 时，就可以断定充电工作可结束。

第 3 章　电动汽车的驱动装置

3.1　电动汽车用电动机分类和要求

3.1.1　电动机分类

电动汽车由电动机驱动，电动机是电动汽车的关键部件。要使电动汽车具有良好的使用性能，驱动电机应具有较宽的调速范围及较高的转速、足够大的启动扭矩，还要具有体积小、质量轻、效率高且有动态制动性强和能量回馈的性能。目前在电动汽车上已应用的和有应用前景的电动机有直流电动机、交流电动机、永磁无刷电动机和开关磁阻电动机，还有不少研究机构正在研究超导电机在汽车上的应用。图 3-1 为电动汽车用电动机的分类总结，表 3-1 为现代电动汽车电动机的性能比较。从这些资料中可以知道各类电动机的优缺点，根据电动汽车的不同用途和制造成本可灵活选用。

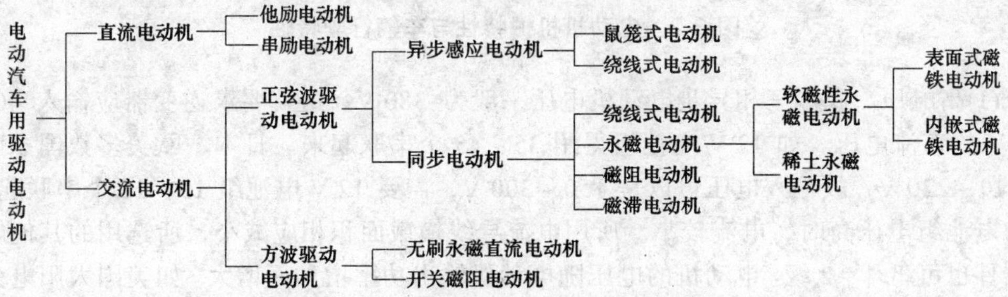

图 3-1　现代电动汽车用电动机分类

表 3-1　现代电动汽车用电动机性能比较

性能	直流电动机	交流电动机	永磁同步电动机	开关磁阻电动机
功率密度	差	一般	好	一般
力矩转速性能	一般	好	好	好
转速范围(r/min)	4 000 ~ 6 000	9 000 ~ 15 000	4 000 ~ 10 000	>15 000
最大功率(kW)	85 ~ 89	94 ~ 95	95 ~ 97	<90
功率 10%负荷率(%)	80 ~ 87	79 ~ 85	90 ~ 92	78 ~ 86
可操作性	差	好	好	好
结构坚固性	差	好	一般	好
体积、质量	大、重	一般、一般	小、轻	小、轻
单位轴功率成本比(以直流电动机为 1)	1	0.8 ~ 1.1	1 ~ 1.5	0.6 ~ 1
控制器成本(以直流电动机为 1)	1	3.5	2.5	4.5

3.1.2 电动汽车对电动机的基本要求

电动汽车的运行非常复杂。对电动机的要求不同于对一般工业用的电动机的要求。汽车的运行工况要求电动机要工作在恒转矩、恒功率和位能负载工作区，多数情况下属反抗性负载，少部分情况下(上坡、下坡)属位能负载。由汽车动力学知道，汽车的行驶阻力 F_z 与滚动阻力 F_f、坡道阻力 F_i、空气阻力 F_w、加速阻力 F_g 等有关。车轮的驱动力 F_d 应大于等于行驶阻力，$F_d \geqslant F_z$。车轮驱动力由电动机的输出转矩 T 提供，$F_d' = T / r_0$。只有 $F_d' \geqslant F_d \geqslant F_z$ 时才能使汽车行驶，换句话说，电动机的驱动转矩必须与车辆行驶特性相匹配时，才能满足汽车行驶要求，如图 3-2 所示。一般说来，电动汽车用驱动电机应满足以下要求。

(a)车辆行驶特性　　(b)电动机机械特性

图 3-2　电动机机械特性与车辆行驶特性

(1)高电压。我国三相异步电动机电压一般为 380 V。这就要求逆变器应输入 400 ~ 540 V 的直流电压。如 12 V 电池组得用 35 ~ 45 个串联起来。日本、欧美多数国家电压为 110 ~ 220 V，故输入电压可以是 150 ~ 300 V，需要 12 V 电池组 13 ~ 18 个串联起来。动力电池组电压高时，电流较小。所用电流导线横截面积相应减小，所选用的其他电路元器件也可低 1 ~ 2 级。电动机的电压随电动机输出功率增加而增大。如美国太阳电公司生产的车用驱动电动机，额定功率是 30 ~ 40 kW 的电动机，要求输入额定电压 144 ~ 180 V；功率在 50 ~ 70 kW 级的电动机，要求工作电压为 216 ~ 312 V。日本丰田的 THS 系统所采用的永磁同步交流电动机功率—转速(P—n)和转矩—转速(T—n)曲线，如图 3-3 所示。

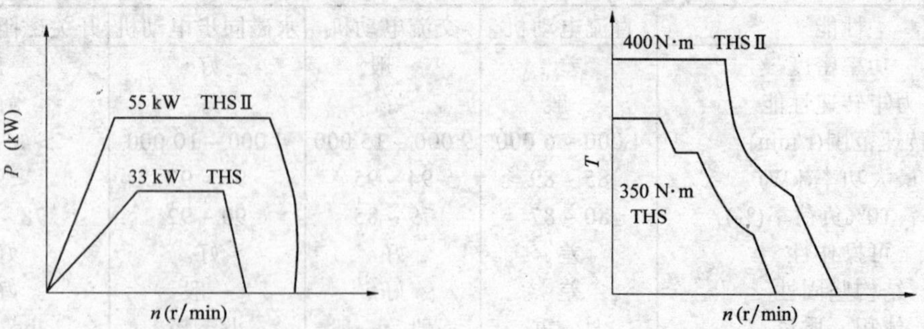

(a)功率—转速曲线　　(b)转矩—转速曲线

图 3-3　永磁同步交流电动机功率—转速和转矩—转速曲线图

电功率由 THS 的 33 kW 提高到 THSⅡ50 kW，电压相应由 274 V 提高到 400 V。电流由 120 A 降到 100A，电力线缆由 4 号线改为 6 号线。由此可见,传输的功率增加,但传输的导线反而变小。

(2)高转速。根据 EV、FCEV 和 HEV 的速度、动力性要求，一般配用 8 000 ~ 12 000 r/min 的高速电动机。低速电动机额定转矩高，转子可通过大电流，一般用于有限区域的车辆上。中速电动机适宜普通电动车上。高速电动机体小质轻，多用于高档车上。

(3)质量轻，体积小。电动机可通过采用铝合金外壳等途径降低电动机的质量。各种控制装置和冷却系统的材料等应尽可能选用轻质材料。电动汽车用的驱动电机要求有高的比功率和较宽的转速，高转矩范围内有较高的效率，以达到降低车重，延长行驶里程的目的。

(4)电动机应具有较大的启动转矩和较大范围的调速特性，以满足启动、加速、行驶、减速、制动等所需的功率和转矩。电动机应具有自动调速功能，以减轻驾驶员的操纵强度，提高驾驶的舒适性，与内燃机驱动的汽车一样有加速踏板，使驾驶者有心理感觉响应。

(5)电动汽车驱动电机应具有 4 ~ 5 倍的过载能力，以满足短时加速行驶与最大爬坡的要求，而工业驱动电动机只要求有 1.5 ~ 2.5 倍的过载能力。

(6)高可控性。电动机应具有高可控性、稳态精度、动态性能，以满足电动机协调运行。

(7)可逆性。电动机应具有高效率、低损耗，并在车辆减速、制动时能够回收能量。

(8)安全性。电动汽车的各种动力电池组和电动机的工作电压高达几百伏，应具有电气系统安全和控制系统安全的保护设备与司乘人员的安全保障措施。有可靠的实时安全监控系统，防患于未然。

(9)能够在恶劣条件下运行，电动机应具有高的可靠性、耐温、耐潮性、抗冲击性、低噪声、高效率，保证长期工作。

(10)要求结构简单，便于批量生产，维修简便或免维护，成本低廉等。

3.2 直流电动机

直流电动机是电动车辆应用最早且最广泛的电动机。因为它调速性能好，启动转矩大，而且可以直接利用蓄电池的直流电。

3.2.1 直流电动机的结构

直流电动机是 1883 年英国人发明的，后来经过不断的发展，形成如今成熟的一种将电能转化成机械能的装置，在日常生活和工程技术等领域获得广泛的应用。

直流电动机由定子、转子、端盖、电刷和刷架等组成，它利用通电导体在磁场中受力的电磁原理制成。电动车辆上使用的直流电动机为牵引型电动机，其工作特点是工作转矩大，可以长时间工作而不发热，图 3-4 为电动车辆驱动用直流电动机的结构图。

定子由磁场铁芯(主磁极)、磁场绕组(线圈)、电动机的外壳等组成，主磁极的作用是产生气隙磁场。磁场磁极通常制成马鞍形，如图 3-5 所示。磁场绕组绕制在磁极上，通电后形成 N 极或 S 极。

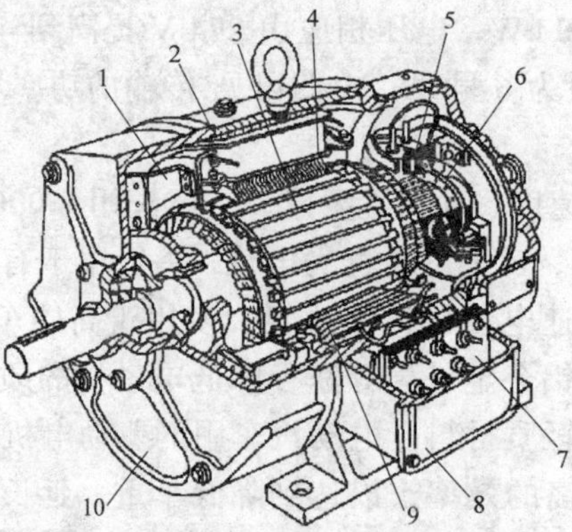

1.风扇；2.机座；3.电枢；4.主磁极；
5.刷架；6.换向器；7.接线板；8.出线盒；
9.换向器；10.端盖

图 3-4 直流电机的结构图

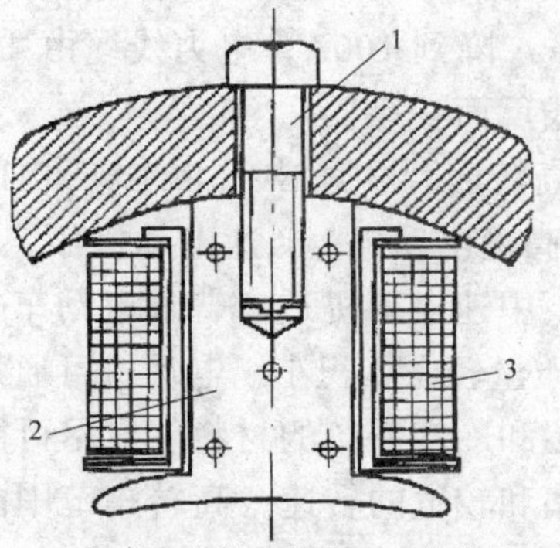

1.固定主磁极的螺钉；2.主磁极铁芯；
3.励磁绕组

图 3-5 直流电机的主磁极

转子也叫电枢，由绕组(线圈)、电枢铁芯、换向器、电枢轴等组成，它的作用是通电后在磁场中受力产生电磁转矩。

图 3-6 为直流电动机的电枢外形图。电枢的铁芯由圆形硅钢片叠成圆柱体，构成电动机的闭合磁路，并减小涡流损失。其圆柱表面开有纵向槽，用于嵌放电枢绕组。通电后位于磁场中的电枢线圈产生电磁力，作用在电枢上形成转矩。换向器的换向片与电枢绕组的首尾端连接，与电刷配合，将电流送入和引出电枢绕组。电枢轴用于输出电磁转矩。

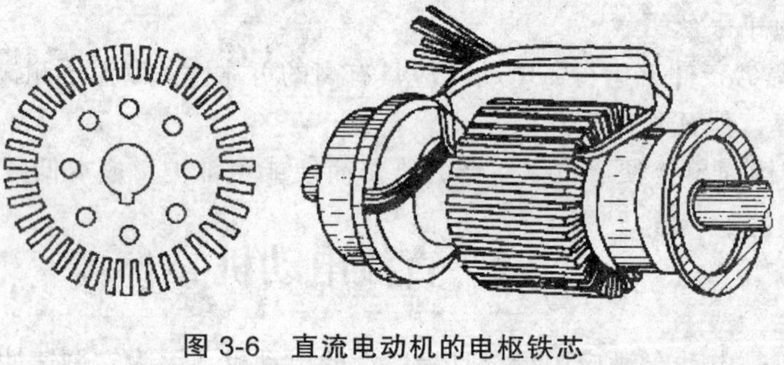

图 3-6 直流电动机的电枢铁芯

换向器是直流电动机的一种特殊装置，其外形如图 3-7 所示，主要由许多换向片组成，每两个相邻的换向片中间是云母绝缘片。在换向器的表面用弹簧压着固定的电刷，使转动的电枢绕组得以同外电路联接。换向器是直流电动机的结构特征，易于识别。

电刷与电枢的换向器配合，实现电枢绕组的电流换向,将蓄电池的直流电变换成电枢内部的交变电流。电刷架用于正确放置电刷，要保证位置正确，保持稳定的接触压力。

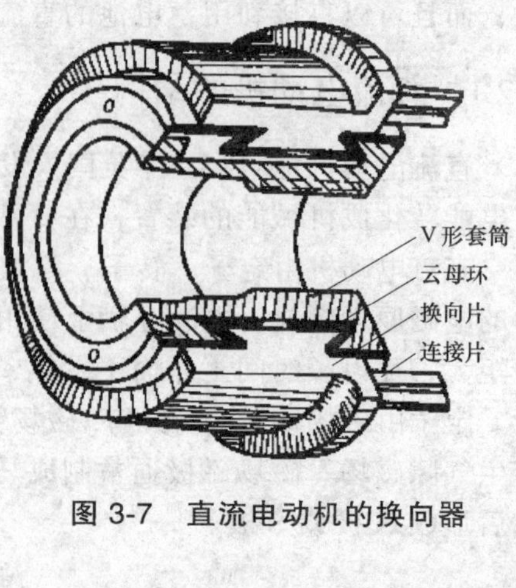

图 3-7 直流电动机的换向器

3.2.2 直流电动机的工作原理

直流电动机是利用通电导体在磁场中受力这一基本原理制成的。按照左手定则，知道磁场的方向和通电导体电流的方向，就可以判定电磁力的方向。电磁力(用 f 表示)的大小与磁场强度(B)、通电导体中的电流(I)有关，可表示为：

$$f=BIL\sin\alpha$$

式中 α——导体电流方向与磁场方向的夹角；

L——通电导体的有效长度。

电枢导体受到的力与电枢半径 r 的乘积为电磁转矩：

$$T = Fr = BILr\ \sin\alpha$$

电枢转动时，电枢绕组产生感应电动势和电枢磁场。电枢电动势大小为 $E=C_e n\Phi$，磁场磁通 $\Phi=BLr$ 代入上式得

$$T=k_t I\Phi$$

k_t 是电动机电枢结构参数，每种电机结构确定后，其值一定，如果用 k_t 表示电机常数，Φ 表示总磁通量，则电磁转矩 T 表达公式为

$$T=k_t\Phi I_a$$

式中 k_t——电动机常数；

Φ——磁场的磁通密度；

I_a——电枢电流。

电动机的电磁转矩使电枢转动，称为驱动转矩，因此必须与机械负载转矩 T_2 及空载损耗转矩 T_0 相平衡，平衡方程式为

$$T=T_2+T_0$$

当轴上的机械负载发生变化时，电动机的转速、电动势、电流及电磁转矩将自动进行调整，以适应负载转矩的变化，保持新的平衡。

3.2.3 直流电动机的运行特性

按照直流电动机的磁场与电枢绕组的联结关系不同，电动机的励磁方式可分为他励、串励、并励和复励四种。

他励的励磁绕组和电枢绕组分别由两个直流电源供电；串励是两个绕组同一电源，同一电流；并励是两个绕组同一电源，不同电流；电流分配与电机结构有关；复励是兼而有之。由于励磁方式不同，电动机的机械特性(电动机输出转矩 T 和转速 n 的关系)也不同，图 3-8 为直流电动机的机械特性。电动车辆用直流电动机通常为串励式。如图 3-9 所示各种不同的励磁方式。无论

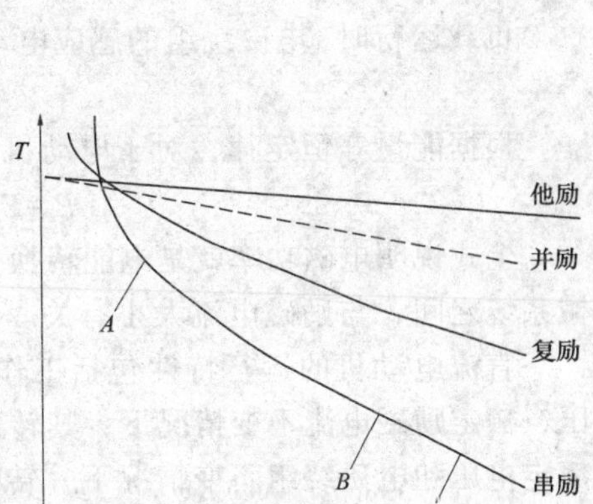

图 3-8 直流电动机的机械特性

什么励磁方式，但直流电动机的额定值却是一样表示，一般有以下几个指标。

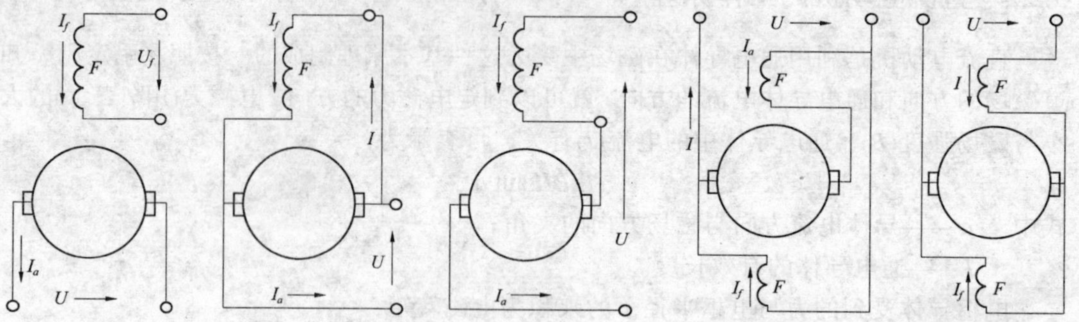

图 3-9　直流电机各种励磁方式

(1)额定功率——指电动机在铭牌规定的额定状态下运行时输出的机械功率，用 kW 表示。

(2)额定电压——指额定状态下的电枢绕组输入电压，用 V 表示。

(3)额定电流——指在额定状态下，额定功率时的电流，用 A 表示。

(4)额定转速——指额定状态下运行时的转子转速，用 r/min 表示。

(5)额定励磁电压——指额定状态下运行时励磁绕组电压。

根据不同励磁方式，直流电动机稳定运行时的基本方程如下：

(1)电压方程

他励电动机 $I_a=I,\ E_a=U-I_aR_a$

并励电动机 $I_a=I-I_f,\ E_a=U-I_aR_a$

串励电动机 $I_a=I=I_f,\ E_a=U-I_a(R_a+R_f)$

(2)转矩方程

$$T=T_a+T_a$$

(3)电磁功率

负载运行时，电磁绕组的感应电动势与电枢电流的乘积，称为电磁功率，用 P_e 表示：

$$P_e=E_aI_a$$

根据能量守恒定律，对于电动机，电磁功率应等于输出的机械功率，即

$$P_e=E_aI_a=T_2 2\pi n/60=T\omega$$

上式说明电磁功率就是电能转换为机械能的能量转换过程，它发生在电枢电路和机械系统之间，与励磁电流大小有关。

直流电动机的运行特性包括工作特性和机械特性。工作特性是指电动机在额定电压、额定励磁电流不变情况下，其转速、转矩和输出功率之间的关系。机械特性是指在额定电压和电磁绕组不变情况下，转矩与转速之间的关系。

(1)他励电动机的转速公式

$$n=\frac{E_a}{K_e\Phi}=\frac{U}{K_e\Phi}-\frac{R_a}{K_e\Phi}I_a$$

式中 R_a 一般很小，对转速影响不大，转速调整率很小，可以说是一种恒速电动机。在机械特性中，转速公式为

$$n=\frac{E_a}{K_e\Phi}=\frac{U}{K_e\Phi}-\frac{R_a}{K_eK_T\Phi^2}T$$

因为 $R_a \ll K_eK_T\Phi^2$，所以如不计磁饱和效应时，转速基本为准线性特征，这种特性称为硬特性。

(2)并励电动机转矩公式

$$T=K\Phi I$$

如励磁电流不变时磁通量也不变则 $T=KI$，即电动机的转矩与电枢电离成正比。

(3)串励电动机工作特性和机械特性

对于串励直流电动机，由于电枢电流 I_a 与励磁电流 I_f 相等，在磁路未饱和时，励磁绕组的电流与产生的磁通量 Φ 成正比，$\Phi=KI_f=KI_a$，式中 K 为比例常数。电磁转矩

$$T=K_T\Phi I_a$$

把 $\Phi=K_eI_a$ 代入上式得出 $I_a=\sqrt{\frac{T}{K_TK_e}}$

由电动势平衡方程 $U=E_a+I_a(R_a+R_f)$ 可得

$$n=\frac{U}{K_eKI_a}-\frac{R_a+R_f}{K_eK}$$

由上式进一步简化，将 I_a 代入上式得

$$n=\frac{\sqrt{K_eK_T}}{K_eK\sqrt{T}}U-\frac{R_a+R_f}{K_eK}=\frac{A}{\sqrt{T}}-B$$

式中：$A=\frac{\sqrt{K_eK_T}}{K_eK}U$，$B=\frac{R_a+R_f}{K_eK}$，上式表达了串励直流电动机的固有机械特性。转速与转矩平方根成反比，如图 3-8 的 AB 段所示，如果 I_a 够大，Φ 趋于饱和，即 $\Phi\approx K$ 时，机械特性曲线近似线性变化，如图 3-8 中 BC 段所示。前者显示软特性，后者显示硬特性。由于 AB 段为特性软，随着负载转矩的增大(或减小)，转速自动减小(或增大)。保持功率基本不变，近似恒功率，即有很好的牵引性能，适宜作为机动车的牵引动力。n 轴是曲线渐近线，理想空载转速为无穷大，会产生飞车现象，因此串励电机不允许空载运行。由于 E_a 与 I_a 平方成正比，所以串励电动机的启动转矩大，过载能力强。电动机的转速与转矩的平方根成负相关，随着转矩的增加，串励电动机的转速迅速下降，这种特性称为软特性。

3.3 异步电动机

3.3.1 三相异步电动机的结构

三相异步电动机的种类很多，但各类三相异步电动机的基本结构是相同的，它们都

由定子和转子这两大基本部分组成，在定子和转子之间具有一定的气隙。此外，还有端盖、轴承、风扇、风扇罩、接线盒、吊环等其他附件，如图 3-10 所示。

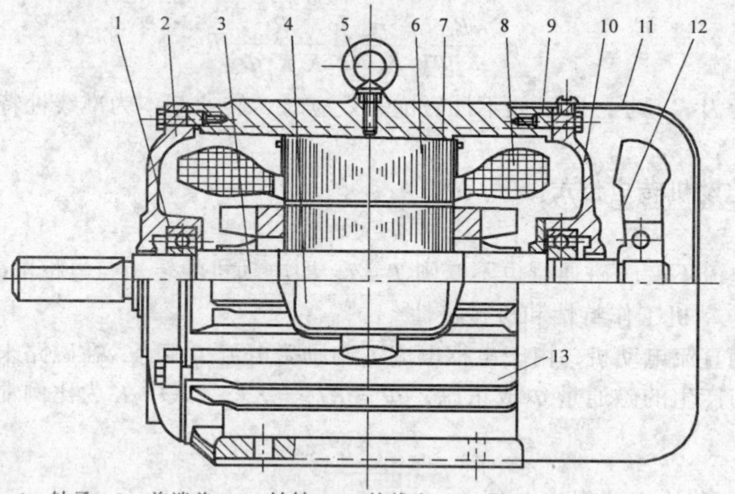

1. 轴承；2. 前端盖；3. 转轴；4. 接线盒；5. 吊环；6. 定子铁芯；
7. 转子；8. 定子绕组；9. 机座；10. 后端盖；11. 风罩；12. 风扇；13. 散热片

图 3-10 封闭式三相笼形异步电动机结构图

3.3.1.1 定子部分

定子部分是用来产生旋转磁场的，三相交流异步感应电动机定子由定子铁芯、定子绕组等部分组成。

(1)外壳。外壳是三相电动机机械结构的重要组成部分，它由端盖、轴承盖，风罩、接线盒和吊环等组成。通常，外壳的外表都铸有散热片，以扩大散热面积，有利于电机散热，从而降低绝缘等级，降低制造成本。轴承盖是铸铁或铸钢浇铸成型的，它的作用是不让转子有过大的轴向移动，另外起存储润滑脂和保护轴承的作用，防止微尘或脏物进入轴承，加速轴承的磨损，延长电动机的使用寿命。接线盒一般是用铸铁浇铸，其作用是保护和固定绕组的引出线端。吊环一般是用铸钢制造，安装在机座的上端，用来起吊、搬抬三相电动机。

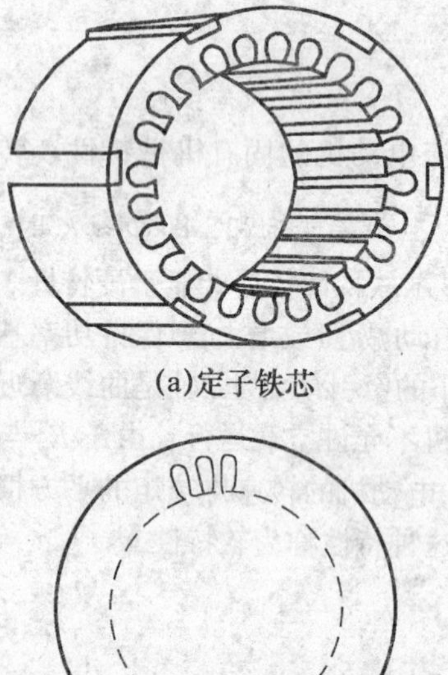

(a)定子铁芯

(b)定子冲片

图 3-11 定子铁芯与冲片示意图

(2)定子铁芯。交流异步感应电动机定子铁芯是电动机磁路的一部分，由 0.35 ~ 0.5 mm 厚表面涂有绝缘漆的硅钢片叠压而成，如图 3-11 所示。由于硅钢片较薄而且片与片之间是绝缘的，所以减少了由于交变磁通通过而引起的铁芯涡流损耗。铁芯内圆有均匀分布的槽口，用来嵌放定子绕组。

(3)定子绕组。定子绕组是三相电动机的电路部分，三相电动机有三相绕组，通入三相对称交流电流时，就会产生旋转磁场。三相绕组由三个彼此独立的绕组组成，且每个绕组又由若干线圈连接而成。每个绕组称为一相，三个绕组在空间互相相隔 120°。线圈由绝缘铜导线或绝缘铝导线绕制。中、小型三相电动机多采用圆漆包线，大、中型三相电动机的定子线圈则用较大截面的绝缘扁铜线或扁铝线绕制后，再按一定规律嵌入定子铁芯线槽内。定子三相绕组的六个出线端都引至接线盒上，首端分别标为 U_1，V_1，W_1，末端分别标为 U_2，V_2，W_2。这六个出线端在接线盒里的排列如图 3-12 所示，可以接成星形或三角形。

3.3.1.2 转子部分

异步电动机的转子分为绕线形与笼形两种，因此称为绕线异步感应电动机与笼形异步感应电动机。

(1)绕线异步感应电动机转子。是用 0.5 mm 厚的硅钢片叠压而成，套在转轴上，作用和定子铁芯相同，一方面作为电动机磁路的一部分，一方面用来安放转子绕组。绕线异步感应电动机与定子绕组一样也是一个三相绕组，一般接成星形，三相引出线分别接到转轴上的三个与转轴绝缘的集电环上，通过电刷装置与外电路相连，这就有可能在转子电路中串接电阻或电动势以改善电动机的运行性能，见图 3-13。

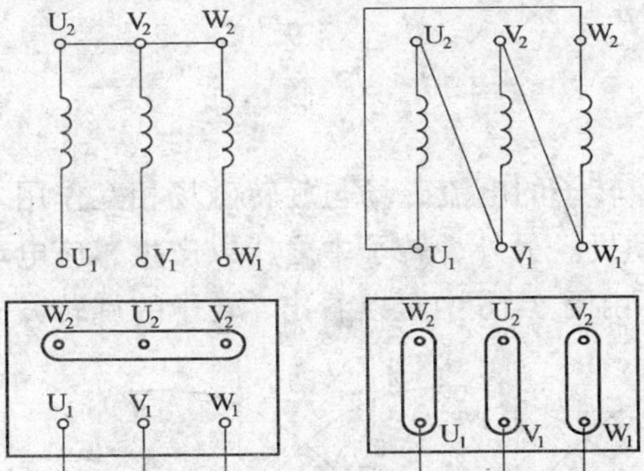

(a)星形连接　(b)三角形连接

图 3-12　定子绕组的连接图

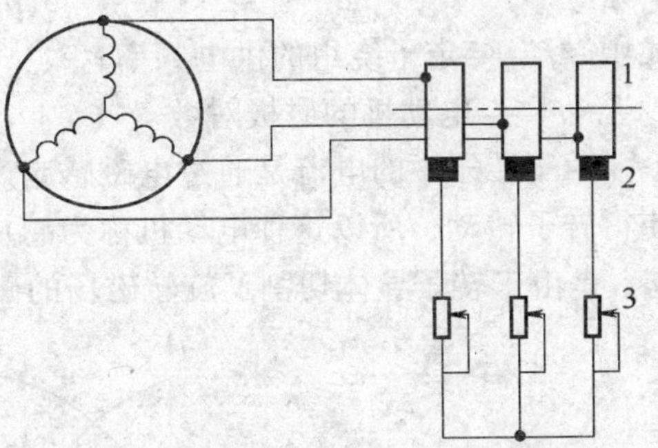

1．集电环；2．电刷；3．变阻器

图 3-13　绕线形转子与外加变阻器的连接

(2)笼形异步感应电动机转子。在转子铁芯的每一个槽中插入一根铜条，在铜条两端各用一个铜环(称为端环)把导条连接起来，称为铜排转子，如图 3-14(a)所示。也可用浇铸的方法，把转子导条和端环风扇叶片用铝液一次浇铸而成，称为铸铝转子，如图 3-14(b)所示。100 kW 以下的异步电动机一般采用铸铝转子。

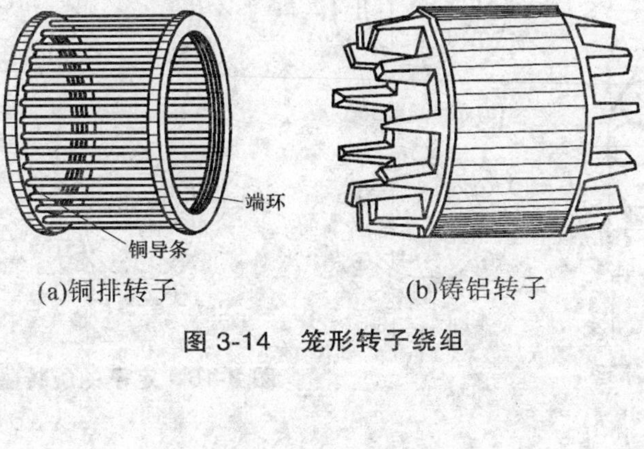

(a)铜排转子　(b)铸铝转子

图 3-14　笼形转子绕组

3.3.1.3 其他部分

其他部分包括轴承、风扇等。风扇是用来通风冷却电动机的。三相异步电动机的定子与转子之间的空气隙，一般仅为 0.2 ~ 1.5 mm。气隙不能太大，气隙大时产生的气隙转矩小，会使电动机运行时的功率因数降低；但也不能太小，气隙太小时会引起装配困难，如果内有异物或转轴有径向窜动时容易卡堵，运行不可靠，高次谐波磁场增强，引起附加损耗以及启动性能变差。

3.3.2 三相异步电动机的工作原理

在交流异步电动机中，定子绕组流过依次相差 120° 相位角的三相交流电时，产生旋转磁场。该旋转磁场在转子绕组中产生感应电动势，因为绕组是闭合回路，所以产生感应电流，有电流的绕组导体在旋转磁场中产生电磁力，对转轴形成电磁转矩带动转轴转动。图 3-15 给出了一对磁极(P=1)交流电动机在三相交流电作用下，定子上形成的旋转磁场。

定子中的旋转磁场转速与电源频率称为同步转速，用 n_1 表示。

$$n_1 = 60f_1/P$$

式中 f_1——定子绕组的供电频率；

P——电动机的磁极对数。

由于转子中的电流是通过电磁感应产生的，转子的电流磁场与旋转磁场相互作用才使得转子转动，所以这种电动机称为感应式电动机。另外，转子中之所以产生感应电动势，是由于转子导体切割了旋转磁场的磁力线，由图 3-16 中可以看出，转子的旋转方向

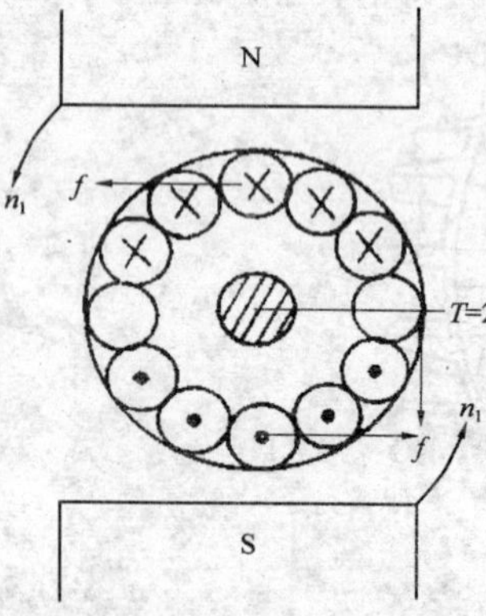

图 3-15 转子转动的原理

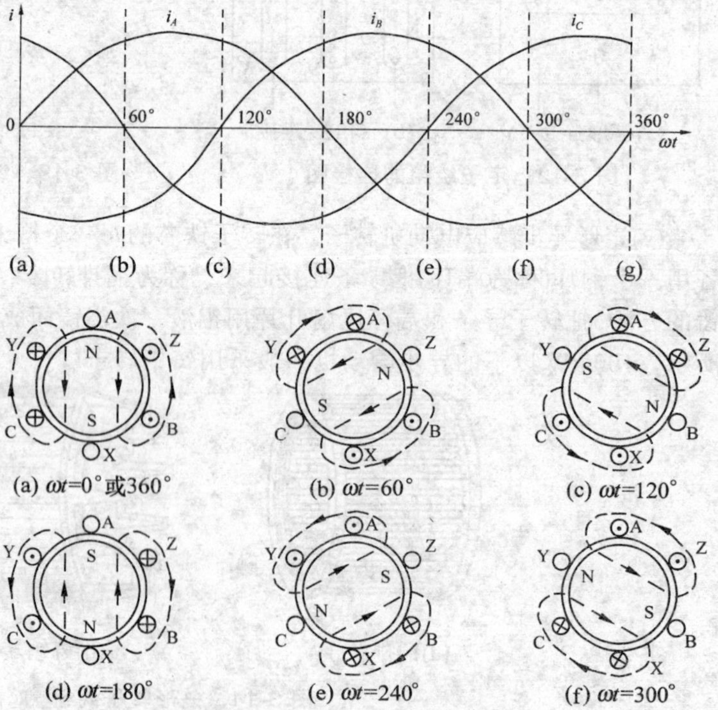

图 3-16 定子的旋转磁场

n 与旋转磁场的方向 n_1 是相同的。为了切割旋转磁场的磁力线，转子与磁场必须有相对运动，即转子的转速低于磁场的转速才能产生感应电动势。这样转子的转速与旋转磁场的转速不同步，故交流电动机也称为异步电动机。为表示这种特性，用一个物理参数转差率 s 来表征。即旋转磁场的转速 n_1 与转子的转速 n 之差与同步转速 n_1 之比称为转差率 s。

$$s=(n_1-n)/n_1$$

将 $n_1=60f_1/P$ 代入上式

得
$$s=(60f_1/P-n)\frac{P}{60f_1}$$

整理得
$$n=60f_1(1-s)/P$$

式中 f_1——电源频率；

n_1——同步转速；

P——磁极对数。

转差率是异步电动机的基本参数。n=0 时，s=1；$n=n_1$ 时，s=0。转差率在 0～1 范围时，电机处于运行状态，分别计算电动机的运行状态时，s 起到重要的作用。如电动机转速由上述公式可知与 f_1、s、P 有关，要改变异步电动机的转速就有三种方法，即改变转差率、改变磁极对数和改变电源供电频率。对于变极调速，当电动机的极数一定时，电动机的转速已固定，所以它是有级的，且其变速是有限的，因为极数增多会使电动机的结构复杂，体积和质量增大。对于改变转差率调速，在低速时转差率大，电动机损耗大，效率低，且其结构复杂，成本高。对于变频调速，在均匀地改变定子绕组的供电频率时，既可平滑地改变电动机的转速，又可在调速过程中，从低速到高速都能保持较小的转差率，因而具有效率高、调速范围宽、调速精度高的优点。

转子电路中的各物理量对电动机的性能都有影响，简述如下。

(1)转子频率 f_2

$$f_2=\frac{P(n_1-n)}{60}=sf_1$$

(2)转子电动势有效值 E_2

$$E_2=4.44f_2N_2\Phi=4.44sf_1N_2\Phi$$

当 n=0,即 s=1 时，$E_2=4.44f_1N_2\Phi$。

(3)转子电流 I_2

$$I_2=\frac{E_2}{\sqrt{R_2^{\ 2}-X_2^{\ 2}}}$$

(4)转子电路的功率因数 $\cos\varphi$

$$\cos\varphi=\frac{R_2}{\sqrt{R_2^{\ 2}+X_2^{\ 2}}}$$

由上述可知，转子电路的各个物理量都与转差率即转速有关。

3.3.3 三相异步电动机的工作特性

三相异步电动机工作特性是当定子的电压、频率为额定值时，电动机转速 n、定子电流 I、功率因数 $\cos\varphi$ 在电源、电磁转矩 T_{em}，效率 η 等于输出功率 P_I 的关系曲线。图 3-17 为三相异步电动机的工作特性曲线。现以此为例，通过定性分析，认识三相异步电动机的工作特性。现将各种曲线物理意义做以简单分析。

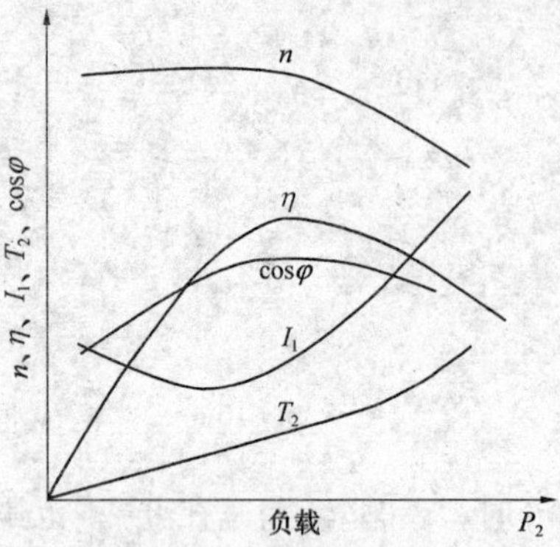

图 3-17 异步电动机工作特性

(1)转速特性 $n=f_1(P_2)$。电动机空载时，转速 n 接近同步转速 n_1，随着负载增加，n 略有降低，这时转子电动势 $E_a = sE_2$ 增大，转子电流增大，电磁转矩增加，随着 P_2 的增加 n 将下降，s 增大。转速显示“硬”特性。

(2)转矩特性 $T_2=f_2(P_2)$。空载时，$P_2=0$，$T_2 = T_0$，随着 P_2 增加，$T_2 = \frac{9.55P_2}{n}$ 中 n 基本保持不变，T_2 与 P_2 正相关，T_2 为过坐标原点的一条直线，当 P_2 增加到一定程度时，曲线略向上偏。

(3)定子电源特性 $I_1=f_3(P_2)$。当 $P_2=0$ 时定子电流等于励磁电流 I_0。随着负载的增加，s 增大，转子电流增加。

(4)功率因数特性 $\cos\varphi = f_4(P_2)$。$P_2=0$ 时，$\cos\varphi$ 很低，当负载增加，功率因数提高，接近额定值时，功率因数达到最高值，超过额定负载时，n 下降，s 增大，$\cos\varphi$ 下降。

(5)效率特性 $\eta = f_5(P_2)$。根据 $\eta = \frac{P_2}{P_1}$，$P_2 = 0$，$\eta = 0$。P_2 增加，η 提高，当 P_2 增加到某一临界值时，η 又下降。这是因为铜损与电流有关，与电流平方成正比。

通过分析我们得出结论，效率曲线与功率曲线在额定负荷附近时达到最高值。因此，在选用电动机时，其容量值应与负载相匹配，如果选得过小，电动机会长期过载运行而缩短使用寿命，如果选得过大，则效率 η 和功率因数 $\cos\varphi$ 会很低，能量利用不合理。

在一定的电源电压和转子电阻 R_t 条件下，转矩与转差率关系曲线 $T = f(s)$ 或转速与转矩的关系曲线 $n = f(T)$，称为电动机的机械特性曲线(见图 3-18)。研究机械特性的目的是为了分析电动机的运行特性。在机械性能曲线上，讨论三个典型转矩。交流感应电动机转矩公式为

$$T=K\frac{SR_2U_1{}^2}{R_2{}^2+SX_{20}{}^2}$$

(1)额定转矩 T_N。已知 $T_N = 9\ 550\frac{P_2}{n}$，即额定转矩是电动机额定负载时的转矩。通常电动机工作在图 3-18(a)的 AB 区，当负载转矩增大时，n 开始下降，转矩随 n 下降而升高。当 $T=T_m$ 时电动机在新的稳定状态下工作，这时转速较前为低，但 AB 比较平坦。当负载在启动和额定负载值之间运行时，n 变化不大。这种特性称为硬机械特性。硬特性适用于恒转矩的工作类型。

(2)最大转矩 T_{max}。对上式转矩公式求导，即可得到转矩极值点 $s_m=\frac{R_2}{X_{20}}$，代入转矩公式得

$$T_{max}=K\frac{U_1^2}{2X_{20}}$$

T_{max} 与电压 U 的平方成正比，而与转子电阻 R_2 无关。s_m 与 R_2 有关，R_2 越大 s_m 越大。当负载转矩超过最大转矩时，电动机堵转。电机电流上升到额定电流的 6.7 倍，这时电动机温升过高，以致损坏电动机。但由于温度的积累效应，电动机短时过载是允许的，T_{max} 可以是 T_N 的 1.8～2.2 倍，$\lambda=T_{max}/T_N$ 称为过载系数。

交流异步电动机具有结构简单、坚固耐用、价格便宜、工作可靠、效率较高、无需保养等特点，特别是采用鼠笼式转子时，交流电动机具有其他电动机不可比拟的优点，随着电子调速技术的发展，已成为电力拖动选择的主要机型。

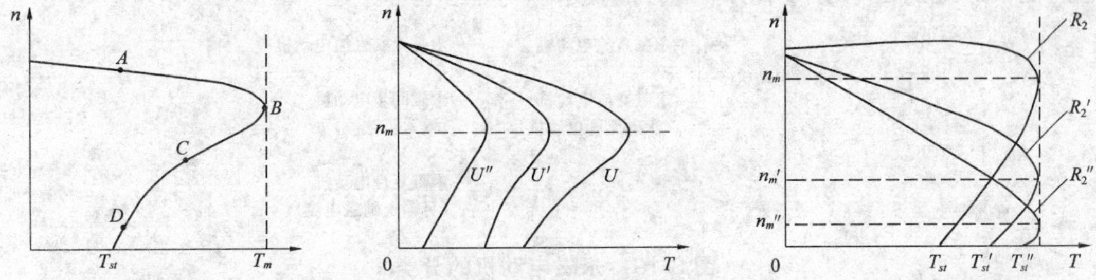

(a)自然特性　　(b)电压变化时的特性　　(c)电阻变化时的特性

图 3-18　交流电动机的机械特性

(3)启动转矩 T_{st}。电动机刚启动(s=1，n=0)时的 T 称为启动转矩。将 s=1 代入得

$$T_{st}=K\frac{R_2U^2}{R_2^2+X_{20}^2}$$

由上式可得，启动时，若电压减小，转矩则会减小；电阻适当增大时，转矩则会增大。

3.4　永磁无刷电动机

3.4.1　永磁电动机的分类和特点

3.4.1.1　分类

旋转电机在实现电能转换过程中必须要有磁场。传统电机是靠电流通过线圈产生电磁场，对于直流电动机和励磁的同步电动机来说，这种励磁功率全部以损耗的形式消耗在电机中，直接影响电机的总效率；而且需要有专门的装置如磁极、线圈、滑环、电刷等装置。这些装置容易磨损损坏，可靠性难以大幅度提高。异步电机靠定子中通以无功电流产生磁场，功率因数低。因此，人们用稀土等永磁材料来替代传统电机的电磁场装置制成的电动机即为永磁电动机。永磁电动机因永磁材料和用途不同而制成各种各样的

永磁电动机(见图 3-19)。本书根据输入电动机接线端的电流种类把永磁电动机分为永磁交流电动机和永磁直流电动机两种。永磁交流电动机因不需要安装电刷、换向器(或滑环)，因此又叫永磁无刷电动机。根据输入电动机接线端的电流的波形，输入正弦波(或准正弦)的电动机，称永磁同步电动机。采用连续转子位置反馈信号来控制换向，输入方波的电动机称为永磁无刷直流电动机。由于方波磁场与方波电流之间相互作用而产生的转矩比较大，所以永磁无刷直流电动机的功率密度大，但由于功率部件的换向电流引起的转矩脉动比较大，电动机运行容易引起抖动。而正弦波产生的转矩基本是恒定转矩或平稳转矩，所以电动机工作平稳，很少有发生抖动的现象。电动汽车驱动用的永磁无刷电动机，为了克服磁通量不变的缺点，在定子中又嵌入了激励磁场的电磁绕组，称为永磁复合式电动机，它的特点是既有永磁体又有励磁绕组。永磁体通常嵌入转子中，励磁绕组固定在定子上。这种电动机通过调节直流励磁电流来控制气隙磁通,就能得到比单纯永磁体产生的磁通多，可以实现比原转速更宽的速度范围，特别是在高速恒功率工作状态时能很好地满足电动汽车功率运行的要求。

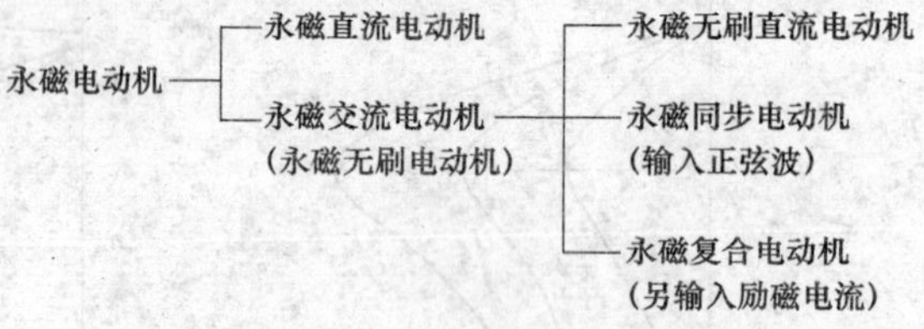

图 3-19　永磁电动机的分类

3.4.1.2　特点

永磁电动机的性能优劣与永磁材料密切相关。这种永磁材料属于铁磁材料，其特点是矫顽磁场强度大于 1 kA/m。目前用在永磁电动机上的永磁材料有铁氧体、铝镍钴、钐钴、铷铁硼等几种。铁氧体价格低廉，去磁特性呈线性，是常用的永磁材料。铁氧体的磁能积低，用铁氧体制造的电动机体积较大。铝镍钴材料剩磁高，但矫顽力低，抗去磁能力低，寿命短，电动机中采用较少。钐钴(Sm–Co)材料剩磁和矫顽力都高，美中不足的是资源不多，价格昂贵，限制了应用。铷铁硼(Nd–Fe–B)材料具有很高的剩磁、矫顽力、磁能积以及相对低的价格，是目前最合适的永磁材料。我国有丰富的铷铁硼材料——稀土金属，所谓稀土金属是指化学元素周期表中镧系元素族中的 17 种元素，表现为金属特征，多以化合物形式蕴藏于自然界。稀土永磁材料的磁性能优异，它经过充磁后不再需要外加能量就能建立很强的永久磁场，用来替代传统电机的电励磁场所制成的稀土永磁电机不仅效率高，而且结构简单、运行可靠、体积小、重量轻。既可达到传统电励磁电机所无法比拟的高性能(如特高效、特高速、特高响应速度)，又可以制成能满足特定运行要求的特种电机，如电梯曳引电机、汽车专用驱动电机等。稀土永磁电机与电力电子技术和微机控制技术相结合，更使电机及传动系统的性能提高到一个崭新的水平。我国稀土资源丰富，世界探明的稀土储量为 6 200 万 t(以稀土氧化物 REO 计)，其中我国稀土资源工业储量 4 800 万 t，远景储量达 1.2 亿 t，占世界已探明资源的 80%，而且品种多，质量高，为大力开发稀土材料应用提供了得天独厚的条件。2002 年我国成立了“国家稀土永磁电机工程技术中心”。该中心做了大量理论研究工作，在稀土永磁电机分析理论、电磁场计算方法、优化设计和性能仿真等基础理论研究上取得巨大突破。在理论联系实际方面，解决了磁路结构、测试技术和制造工艺等一系列关键技术问题，开发出国内第一台稀土永磁电机(3 kW、20 000 r/min)，研制出世界容量最大的 60 ~ 160 kVA 稀土永磁复励磁机。“九五”期间，开发出了五种 23 个规格永磁电机。开发了 7.5 kW、18.5 kW 电动客车用永磁同步电动机系统，额定转速 3 000 r/min。在电机设计上采用不均匀气隙电机结构，并进行优化设计以保证电机永磁密度的正弦性，使样机系统整体额定效率达 89.1%，整体效率达 85%以上；1 h 持续转矩密度为 0.74 N · m/kg，15 min 峰值转矩密度为 1.123 N · m/kg。高启动性能稀土永磁电机技术性能见表 3-2。其他永磁材料性能见表 3-3。

表 3-2　高启动性能稀土永磁电动机技术性能比较表

电机型号	标称功率(kW)	空载电流(A)	空载转速(r/min)	堵转转矩(N · m)	堵转电流(A)	最大输出功率(W)
QDY110E	0.18	12.8	4 700	3.9	100	364
QDY124	1.4	125.7	3 400	27	701	1 865
QDY125	1.5	66.8	3 641	25.7	853	1 928
QDY265	3.7	98.2	6 470	51.3	1 587	4 000

表 3-3　永磁材料的性能

类型	钐钴	铝镍钴	铁氧体	铷铁硼
剩余磁感应强度(Br/vg)	8.7	12.8	3.8	12.5
矫顽力(kA/m)	8.0	0.6	3.0	10.5
最大磁能积(BH)	8.7	5.5	3.5	36.0
回复磁导率(Mr)	1.0	4.0	1.0	1.8
居里温度(℃)	720	800	360	360
温度系数(%)	–0.04		–0.19	–0.13

永磁材料的特性通常与温度有关，如磁体温度增加，失去剩磁的速率会加大，如果永磁体的温度超过居里温度，则会完全失去磁性(磁性为零)。退磁特性曲线也随温度变化，在一定温度范围内，其变化是可逆的，近似线性变化。

3.4.2　永磁同步电动机

3.4.2.1　永磁同步电动机的结构与原理

永磁同步电动机转子采用径向永久磁铁做成磁极，如图 3-20 所示。定子与绕线式电动机定子绕组一样，通入交流电源即产生旋转磁场。转子因具有恒定磁场，由于旋转磁场的作用，而跟随旋转磁场同步旋转，旋转磁场速度取决于电源频率。与三相交流电动机的同步电动机类似，永磁同步电动机可以产生理想的恒转矩。

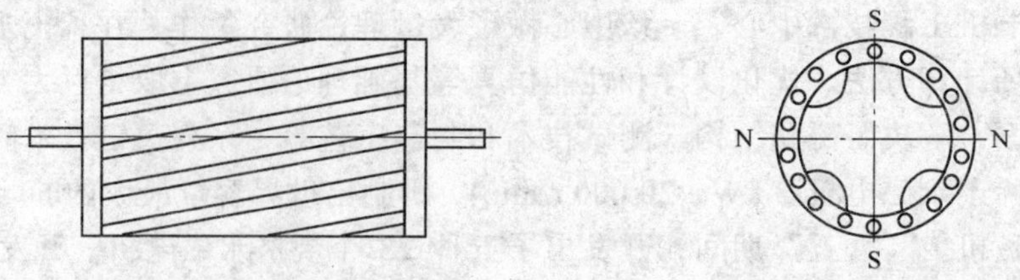

(a)永久磁铁　　　　(b)启动笼形绕组

图 3-20　永磁式同步电动机转子

根据永磁体在转子上安装位置不同，可分为表面式、内置式和镶嵌式等几种结构形式。图 3-21 列举了永磁体各种布置形式。表面式同步电动机的优点是结构简单，由于永磁体的磁导率接近空气的磁导率，所以永磁同步电动机有较大的有效气隙，电枢反应降低。内置式同步电动机有较高的磁显性，产生额外的磁阻转矩分量，保持高速运行时的机械稳定性。

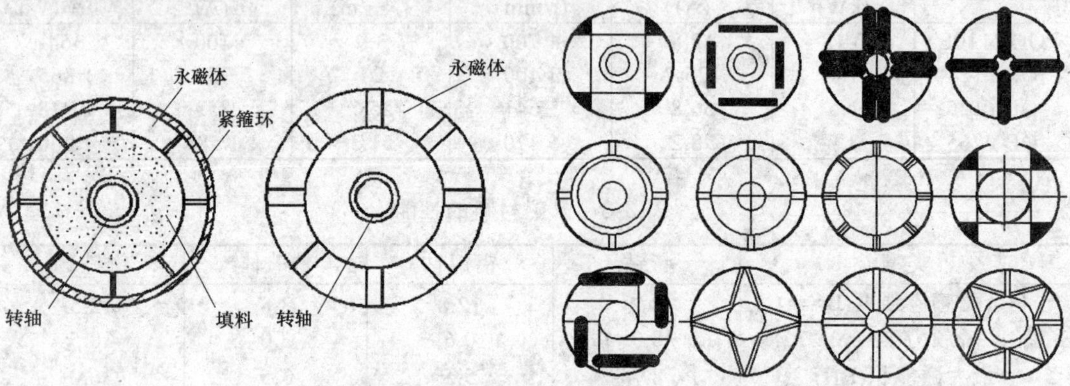

(a)表面式　　　　(b)内置式　　　　(c)镶嵌式

图 3-21　转子永磁体嵌固方式

永磁同步电动机转动原理如图 3-22 所示，图 3-22(a)为两相式，当定子的 A、B 相

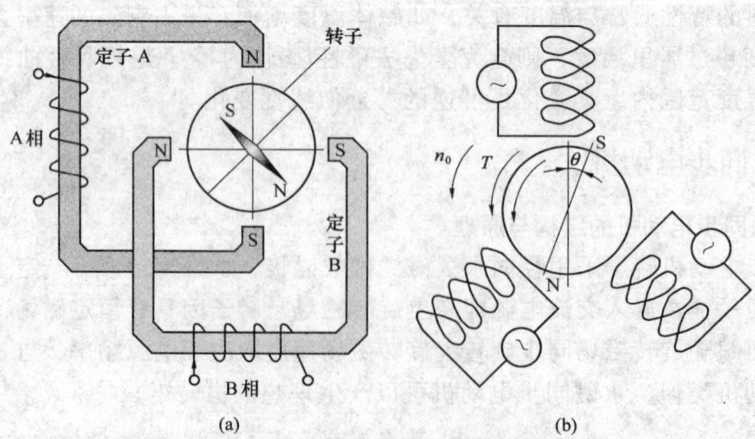

(a)　　　　(b)

图 3-22　永磁同步电动机原理

电流的方向改变时，定子 A、B 相的磁场方向亦改变，因此永久磁铁就可旋转。图 3-22(b)为三相式，n_0、T和θ分别为同步转速、转矩和功率角。电动机的转子是个永磁体，N、S 极沿圆周方向交替排列，定子输入交流电流产生旋转磁场，可以看做是以 n_0 旋转的旋转磁场。电动机运行时，定子中存在着旋转磁动势，转子像磁针一样在旋转磁场中旋转。

常见的永磁同步电动机的定子为三相对称绕组，与三相异步电动机结构相同。转子上有(铷、铁、硼)稀土永磁铁。驱动器为交－直－交电压型逆变器，通过正弦波脉宽调制(PWM)，输出频率为 f、电压可变的三相正弦波电压。三相正弦波电压在定子三相绕组中产生对称三相正弦波电流，并在气隙中产生旋转磁场。旋转磁场的角速度 $\omega_1 = 2\pi f / P$，这个旋转磁场与永磁体转子作用，带动转子与旋转磁场同步旋转，并力图使定转子磁场轴线对齐。当外加负载转矩以后，转子磁场轴线落后定子磁场轴线一个功率角θ，功率角θ与负载成正比，负载越大功率角就越大，当功率角大到足以使转子停止不转动为止。由此看出，永磁同步电动机在运行中，转速必须与频率严格成比例旋转，否则就会失步停转。所以，转速与旋转磁场同步，其静态误差为零。在负载扰动下，只功率角在变化，而转速不变，响应时间是实时的，这是永磁同步电动机的运行特点。但功率角处于某一特定值时，电动机会因失步而停转。因此，该电动机不适合重负载情况下使用，也不易快速启动。

3.4.2.2 永磁同步电动机的特点

永磁同步电动机因应用永磁体，所以省去了励磁功率。永磁同步电动机同步运转时，转子既无功耗又无铁损耗，功率明显提高，损耗减小，其功率因数明显提高，其特点归纳如下。

(1)高效节能功率因数高。永磁同步电动机与其他电动机效率的比较，见图 3-23，一般效率达到 95%以上，比 Y 系列异步电动机效率提高 10%～15%，功率因数为 0.95～0.99，系统综合节电明显。表 3-4 是用于油田机械上国产永磁同步电动机(TYQ 系列)由油田节能检测站提供的报告统计数据与其他电动机进行比较。效率可以与美国高效电机相比，启动转矩可以达到电动汽车的理想要求。

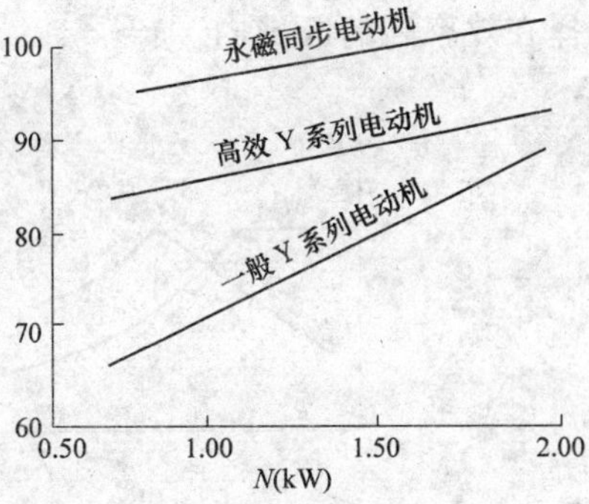

图 3-23 永磁同步电动机与其他电动机比较

(2)效率曲线平直。由表 3-4 可知效率曲线好，负载为 1/3 时效率不小于 89%，有的达到 91%。

(3)结构简单，便于维护。电机主要由转子、定子、机壳组成，无滑环、电刷等辅助件，散热性能好、温升低、寿命长、维修方便。

(4)调速精度高。永磁同步电机的转速与电源频率同步，不受电源电压负载变化的影响。在任何情况下，永磁同步电动机转速与同步转速的误差都不大于 0.25 r/min，如果大于 0.5 r/min，就进入失步状态。

3.4.2.3 永磁同步电动机的机械特性

永磁同步电动机的最大转矩 M_{max}、最大功率 N_{max} 随转速 n 的变化曲线如图 3-24 所

表 3-4　永磁样机与同规格异步电机性能比较

功率及极数	电机类型	效率(%)		功率因数		启动转矩倍数(倍)
		额定	轻载	额定	轻载	
37 kW(8 极)	永磁样机	94.6	91(16kW)	0.98	0.83(16kW)	3.48
	Y 系列电动机	91		0.79		1.8
7.5 kW(2 极)	永磁样机	92.5	89.2(2.5 kW)	0.965	0.98(2.5 kW)	4.0
	Y 系列电动机	86.2		0.88		2.0
	YX 系列电动机	89.7		0.89		1.8
11 kW(4 极)	永磁样机	93.2	89.1(3.7 kW)	0.925	0.85(3.7 kW)	3.77
	Y 系列电动机	88.0		0.84		2.2
	YX 系列电动机	91.8		0.87		2.0
	美国高效电机	91				
	美国最高效电机	92.4				

示，其特点是无恒功率部分。由于电动机效率对汽车的经济性有主要影响，是车用电动机性能的重要经济因素，因此在设计和控制电动机时都把电动机等效特性曲线作为主要参数。永磁同步电动机的等效率特性曲线与转矩和转速有关，如图 3-25 所示，应尽量选择在效率高的区域内。

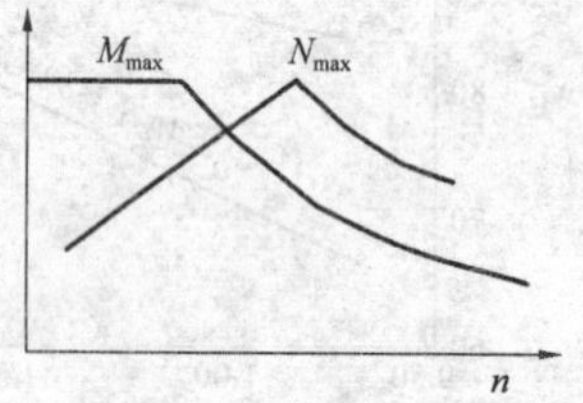

图 3-24　永磁同步电动机功率转矩与转速关系曲线

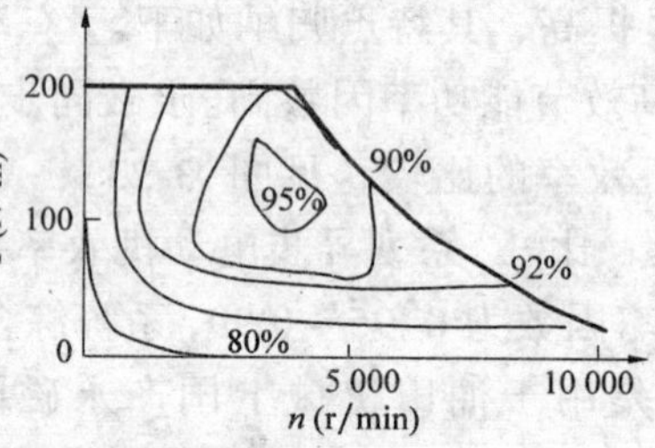

图 3-25　永磁同步电动机等效率特性曲线

3.4.3　永磁无刷直流电动机

3.4.3.1　永磁无刷直流电动机的结构特点

永磁无刷直流电动机的结构与永磁同步电动机结构相似，转子上装有永久磁铁。转子采用径向的永久磁体做成的磁极，磁体被插入转子内部或以瓦形固定在转子表面上(见图 3-21)，所以电动机的转子磁路是各方向均匀的。转子上无电刷、换向器，不再通过励磁绕组、集电环和电刷为转子输入励磁电流。电动机定子绕组多为星形接法，同三相异步电动机十分相似，永磁无刷直流电动机在工作时，定子中输入的是方波交流电。

3.4.3.2　永磁无刷直流电动机的机械特性

电动机启动低频转矩大，几乎为恒转矩，适应范围广，速度在很大范围内变化，影响功率低，启动转矩可以达到额定转矩的两倍或更高，而且过载能力高，负载转矩变动在 200%以内输出的转速不变。转速范围从几十转到几万转，运转精度高，转速精度可达 1/3 000 转，而且不受电压和负载变动的影响。该电动机结构简单，可以少维护或免维护，运转费用低、体积小、质量轻、功率密度大、综合效率高，如图 3-26 所示。永磁无刷直流电动机的主要不足是励磁不能控制，因此永磁无刷直流电动机不能得到类似于绕组直流电动机的工作特性，控制子系统较复杂，但它与有刷直流电动机比较起来，动力性、经济性有明显优势，见图 3-27 和表 3-5。

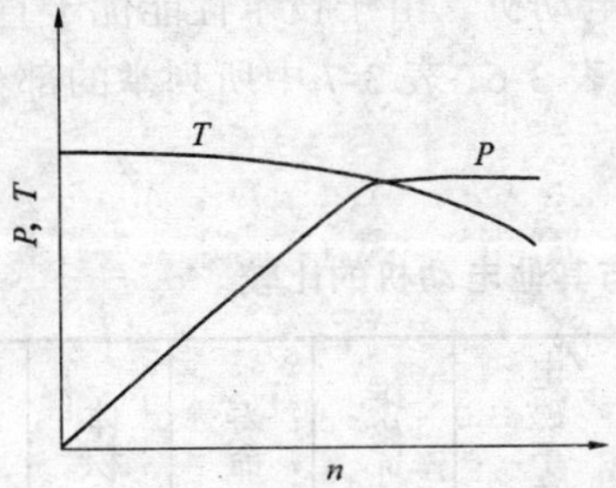

图 3-26　永磁无刷直流电动机机械特性

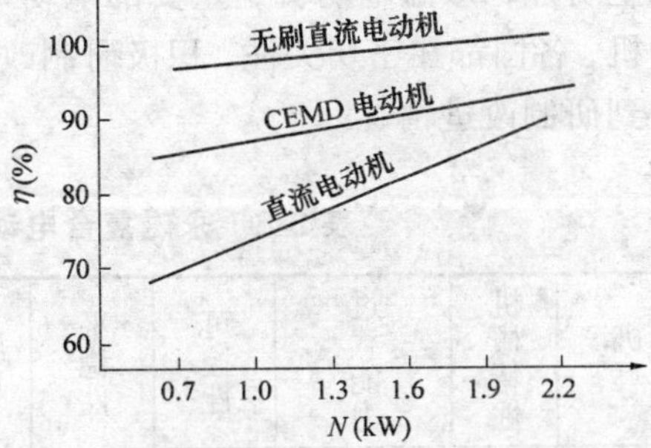

图 3-27　无刷直流电动机与其他电机比较

表 3-5　永磁无刷直流电动机与有刷直流电动机性能比较

项目	有刷直流电动机	永磁无刷直流电动机
效率	60%～65%	90%～95%
噪声	大	小
维修	多	少
启动转矩	小	大
电瓶利用率	低	高
控制功能	弱	强
爬坡能力	小	大

3.4.4　永磁复合电动机

为了克服上述电动机的缺点，进一步改善电动机的特性，在磁场方面又加了电励磁方式，即磁场=永久磁场+电励磁场，由原来的不可控变为可控。在结构上有两种方式，一种是在永磁型转子中嵌入附加励磁绕组来对磁通量进行控制，达到加宽转速范围和改变电动机机械特性的目的；另一种是对原转子不进行改动，只是在定子电路中串入励磁线圈，一般用高速恒功率自运行时产生的气隙磁路进行磁控制。永磁复合电动机一般采用串联和并联结构，有以下特点。

(1)气隙磁通密度和功率密度高。

(2)采用磁通集中排列安装永磁体。通过调节电流的方向和大小，可以灵活调节磁通密度，使电动机的转矩—转速特性满足电动汽车的特性要求。

(3)调节励磁电流可减弱永磁体产生的气隙磁通，让恒功率速度段更延长。

(4)可以优化电动机驱动范围的效率，可以进一步提高电动汽车驱动如爬坡时低速高转矩和运行时高速低转矩工作区的效率。

如我国研制的稀土变磁通直流电动机就是这方面的范例。所谓变磁通就是用永磁体磁路+电励磁绕组来控制。励磁绕组不是嵌在转子里而是串接在电机的续流回路中。其转矩公式为

$$T = K_T(\Phi_Y + \Phi_F)I_a$$

式中，Φ_Y、Φ_F分别表示永磁磁通和电励磁通，能够实现低速大转矩高速自动弱磁，提高运行平稳性。

综上所述，永磁电动机是重要的电动车用电动机。由于技术性能优于直流和交流异步电动机，各国都在密切关注，积极研制改进。表 3-6、表 3-7 中所列举的部分参数比较，可以看到研制改进情况。

表 3-6　永磁复合电动机与其他电动机的比较

电动机型号	机械特性	过载能力	可控性	平稳性	噪声	电磁干扰	维修性	寿命	体积	效率	成本
交流异步电动机	软	小	低	较差	大	小	高	长	大	低	低
有刷直流电动机	软	大	高	高	较大	差	低	短	较大	高	较高
永磁复合电动机	硬	小	高	高	小	小	高	长	小	高	高

表 3-7　永磁复合电动机主要参数

公司名称	日立制作所	明电舍	爱斯	通用电气公司
电动机的种类	车用永磁复合电动机	轮毂式永磁复合电动机	永磁无刷电动机	永磁同步电动机
最大功率(kW)	62	55	70	52
额定功率(kW)	40	4(2 400 r/min)	35	—
最大扭矩(N·m)	175	100(0 ~ 5 250 r/min)	—	110
最高转速(r/min)	16 000	12 000	6 000	11 000
$L \times W \times H$(mm)	300 × 206 × 206	270 × 350 × 270	469 × 318 × 334	—

3.5　开关磁阻电动机

3.5.1　开关磁阻电动机发展简介

开关磁阻电动机(Switched Reluctance Motor Drive,简称 SRD)是根据磁阻差产生反转磁矩的原理而制成的一种电动机。这种电动机定子除绕组独立接线之外，其他与交流异步电动机的定子结构一样，而转子只是用硅钢片叠成，具有不同数量凸极而已，没有滑环绕组和永久磁铁。1980 年，英国成立了开关磁阻电机驱动装置有限公司(SRD Ltd.)，专门进行 SRD 系统的研究、开发和设计。1983 年英国(SRD Ltd.)首先推出了 SRD 系列

产品，该产品命名为 OULTON。1984 年 TASC 驱动系统公司也推出了他们的产品。另外 SRD Ltd. 研制了一种适用于有轨电车的驱动系统，到 1986 年已运行 500 km。该产品的出现，在电气传动界引起了不小反响。该机在很多性能指标上达到了出人意料的高水平，整个系统的综合性能、经济指标达到或超过了工业中长期广泛应用的一些变速传动系统。美国、加拿大、南斯拉夫、埃及等国家也都开展了 SRD 系统的研制工作。在国外的应用中，SRD 一般用做牵引动力，例如电瓶车和电动汽车。高速性能是 SRD 的一个特长。据报道，美国为空间技术研制了一个 25 000 r/min、90kW 的高速 SRD 样机。我国从 1985 年开始对 SRD 系统进行研究，系统被列入我国中、小型电机“八五”、“九五”和“十五”科研规划项目。华中科技大学开关磁阻电机课题组在“九五”项目中研制出使用 SRD 的纯电动轿车，在“十五”项目中将 SRD 应用到混合动力城市公交车上，均取得了较好的运行效果。纺织机械研究所将 SRD 应用于毛巾印花机、卷布机，取得了显著的经济效益。目前已有几十个单位和厂家研制出不同性质、不同用途的几十个子系列规格产品，应用于纺织、冶金、机械、运输等行业的数十种生产机械和交通工具中。如我国自主研究的电动汽车用全数字控制的开关磁阻电动机，额定功率为 30 kW，峰值功率 60 kW，发电功率 50 kW，额定转速 2 000 r/min，最高转速 4 500 r/min，额定系统总效率 88%，最高效率达到 90%。已经安装在 HEV、EV、FEV 城市客车、公交车、旅游客车上作为汽车的驱动电机，并在汕头、北京、武汉等示范线路上正式运营。路试已证明开关磁阻电动机很适宜作为电动汽车的驱动电动机。

从 20 世纪 90 年代国际会议上有关 SRD 系统的资料来看，对 SRD 系统的研制工作已经从论证、开发应用阶段进入到设计理论、优化设计研究阶段。对 SR 电机、控制器、功率变换器等的运行理论、优化设计、结构形式等方面进行了更加深入的研究。

3.5.2 开关磁阻电动机的组成结构

一般开关磁阻电动机系统由开关磁阻电动机、功率变换器、传感器和控制器四部分组成，如图 3-28、图 3-29 所示。

图 3-28 开关磁阻电动机实物图

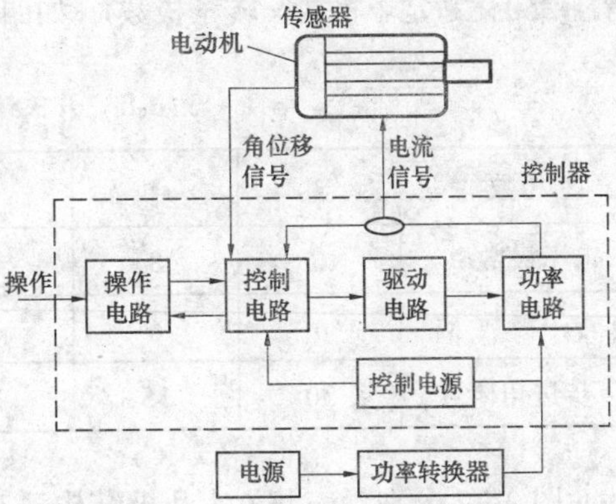

图 3-29 开关磁阻电动机系统组成

开关磁阻电动机的定子和转子由硅钢片制成，采用“凸极”结构，有显极式和隐极式。开关磁阻电动机定子与转子相数不同，有多种组合方式，最常见的有三相 6/4 结构、三相 6/8 结构和三相 12/8 结构。如图 3-30 和图 3-31 所示。

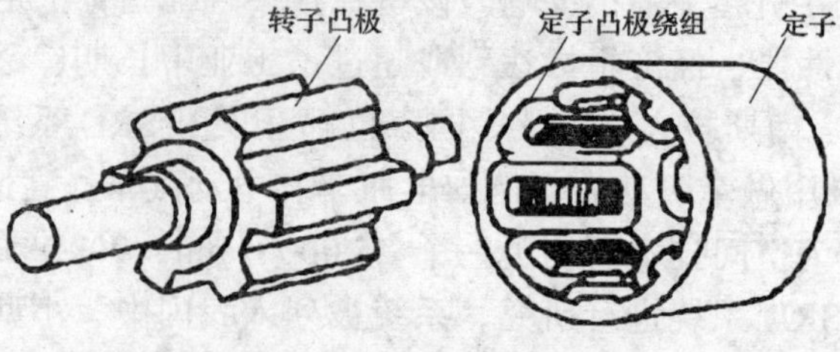

图 3-30　开关磁阻电动机定子、转子结构

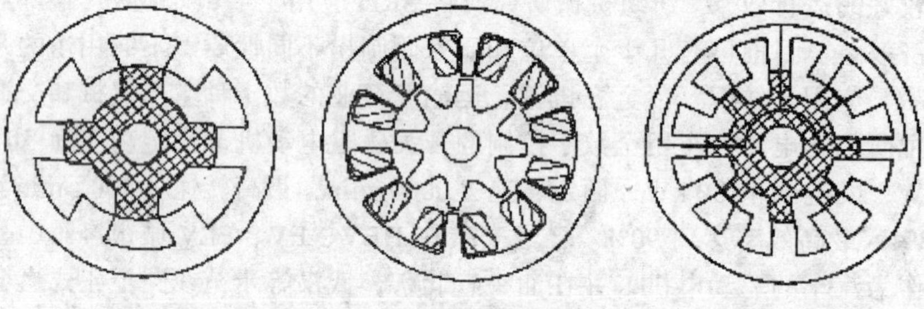

(a)三相 6/4 极　(b)三相 6/8 极　(c)三相 12/8 极

图 3-31　不同定子和转子极数的开关磁阻电动机的结构示意图

三相 6/4 结构说明电动机定子有 6 个凸极，转子为 4 个凸极，在定子相对称的两个凸极上的集中绕组互相串联，构成一相，相数=定子凸极数/2。转子上没有绕组，定子上有 6 个凸极的称为 6/2=3 相开关磁阻电动机，定子上有 8 个凸极的称为 4 相开关磁阻电动机。依次类推开关磁阻电动机的不同组合结构方案见表 3-8。

相数越多，运转越平稳，但控制越复杂，步进角越小。步进角计算方法为：步进角等于 360×2/(定子极数×转子极数)，如四相 8/6 电动机，其步进角=360×2 / (8×6)=15°　。

表 3-8　开关磁阻电动机的结构方案

相数	3	4	5	6	7	8	9
定子极数 N_2	6	8	10	12	14	16	18
转子极数 N_1	4	6	8	10	12	14	16
步进角(°)	30	15	9	6	4.28	3.21	2.5

图 3-32 分别为三相 6/4 凸极结构、三相 12/8 凸极(双绕组)结构和四相 8/6 凸极结构的开关磁阻电动机的定子和转子结构剖面示意图。

功率变换器是开关磁阻电动机运行时所需能量的供给者，是连接电源与电机绕组的功率开关元件。功率变换器主要元器件为电力电子器件 IGBT 管，IGBT 管有自关断、快

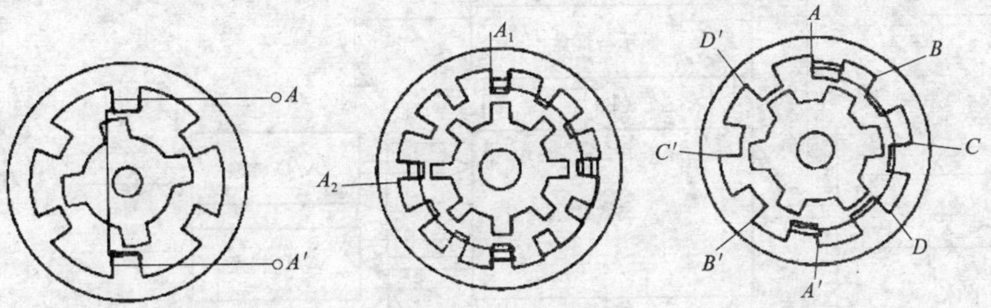

(a)三相 6/4 凸极　　(b)三相 12/8 凸极　　(c)四相 8/6 凸极

图 3-32　不同的凸极磁阻电动机的结构示意图

速开关能力，能承受很大的浪涌电流冲击，见图 3-33。控制器是实现开关磁阻电动机自同步运行和发挥优良性能的关键，它结合位置检测器、电流检测器提供的转子位置、速度和电流等反馈信息，以及外部输入指令，经过分析、判断、计算，决定控制策略。向 SRD 系统的功率变换器发出一系列开关信号，进而控制开关磁阻电动机的运行(见图 3-34)。数字控制器有较强的信息处理功能的 CPU 和数字逻辑电路、接口电路等组成。数字控制器的信息处理功能除硬件之外，还有完善的软件系统。

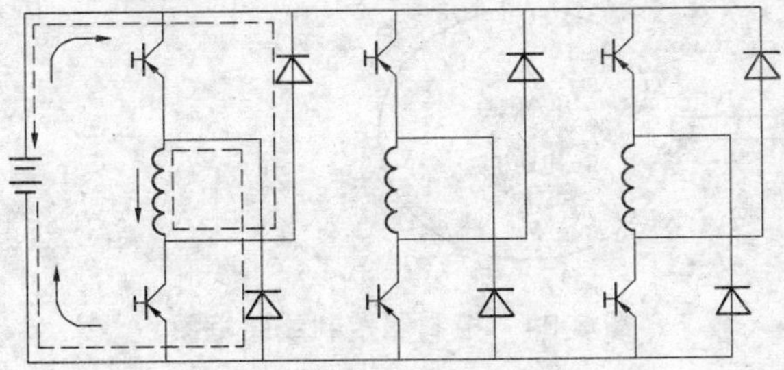

图 3-33　功率转换器

位置传感器是转子位置和转速信号的提供者。它能及时地向控制器提供定、转子极间相对位置的信号，常见的位置传感器有霍尔式、光敏式、磁敏式及接通开关等。

电流检测器(传感器)向控制器提供开关磁阻电动机定子绕组的电流信息，常见的电流传感器有电阻式、霍尔式、磁敏电阻式。

3.5.3　开关磁阻电动机的工作原理

图 3-35 为四相 8/6 极开关磁阻电动机原理示意图。图中仅画出一相绕组情况，当定子绕组通电时，电动机内建立磁场，当转子与定子两极弧不对齐时，磁力线通过气隙建立完全回路，磁力线呈弯曲状态。凸极受到磁力线的拉力产生转矩，使转子转动，转子极弧向定子极弧趋近，转子转动一个角度。直到磁力线拉直或者根据“磁阻最小原则”，磁力线拉直或者定转子凸极对齐。或者根据“磁阻最小原则”，磁力线拉直，磁阻最小为止。当两极对齐，满足气隙最小，即磁阻最小条件后。然后切断绕组的激励，给相邻相绕组施加激励继续上述的想象，这样连续按要求准时依次通断定子相电流，转子就会

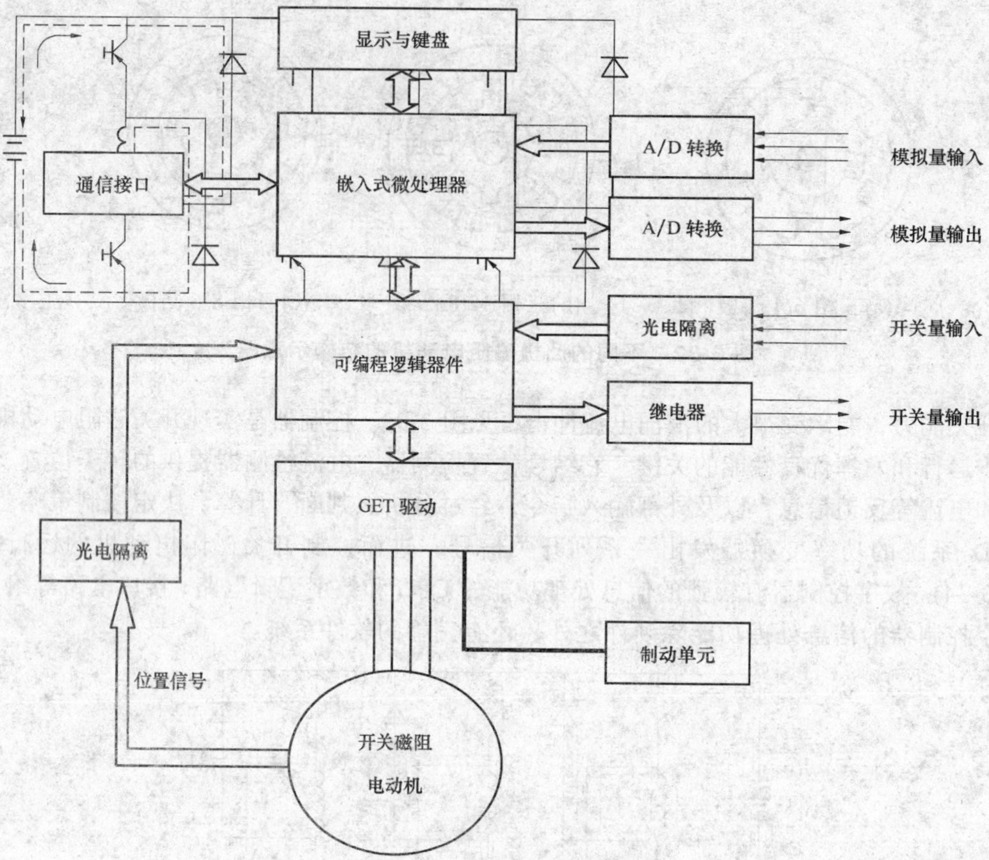

图 3-34　控制器控制线路框图

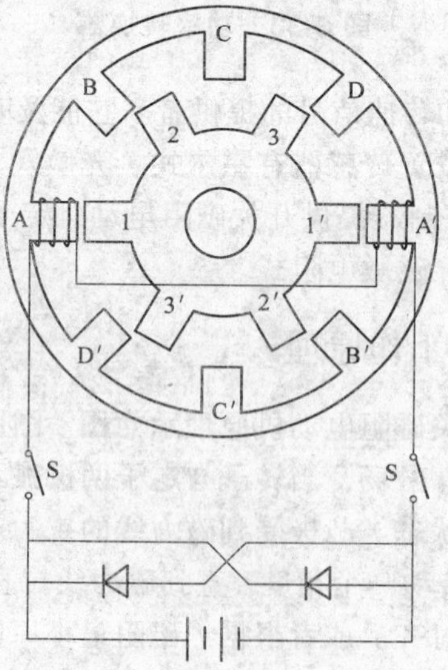

图 3-35　四相 8/6 极工作原理图

连续旋转。这种准确判断转子凸极位置的装置就是凸极位置传感器。转子极与定子极相对位置传感器安装于电动机内部，控制单元根据位置传感器提供的位置信息进行处理，并且判断和决定电机定子绕组的关断和导通时刻，确保电机连续换向运转。图 3-36 给出了三相绕组分别连通好的情况，当Ⅰ相绕组受到激励时，为减小磁路的磁阻，转子顺时针旋转克服转子阻力，直到转子极与定子极Ⅰ相对，此时磁路的磁阻最小(电感最大)。然后切断绕组Ⅰ的激励，给绕组Ⅱ施加激励，磁阻转矩使转子极 b 与定子极Ⅱ相对；给绕组Ⅲ施加激励，磁阻转矩使转子极 c 与定子极Ⅲ相对，一般转矩方向指向最近一对的磁极相对的位置，因此根据转子位置传感器的反馈信号，相绕组按Ⅰ→Ⅱ→Ⅲ→Ⅰ的顺序导通，使转子沿顺时针方向连续旋转。

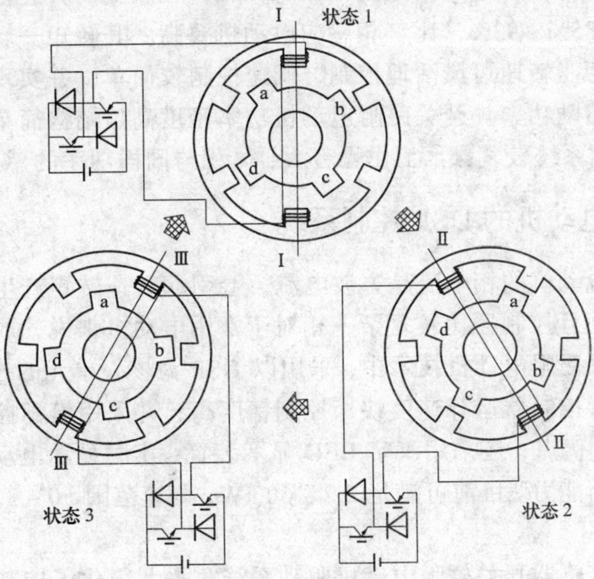

图 3-36 开关磁阻电机工作原理

3.5.4 电动机的机械特性

开关磁阻电动机的驱动系统多采用计算机控制。在电动机速度小于或等于第一转折点转速 n_f 时(又称临界转速)，通常用电流或电压斩波控制方式(CCC 方式)，调节定子绕组中的电流(或电压)大小来控制电动机转矩和过流保护控制，实现恒转矩运行。当电动机转速大于 n_f 小于或等于 n_s (第二转折点转速)，采用角度位置控制(APC)方式，电动机的转矩 M 随电机转速的增加而下降，电动机功率保持不变，实现恒功率运转。在电动机转速大于 n_s 时，由于可控条件超过象限，转矩不再随转速的一次方下降，电动机变为串励特性运行，电动机的转矩连续随转速的增加而下降。由图 3-37 中曲线可以看出，开关磁阻电动机的控制方案如果设计合理，电动机可以实现低转速时恒转矩运行，高转速时恒功率运行，满足电动汽车使用要求。

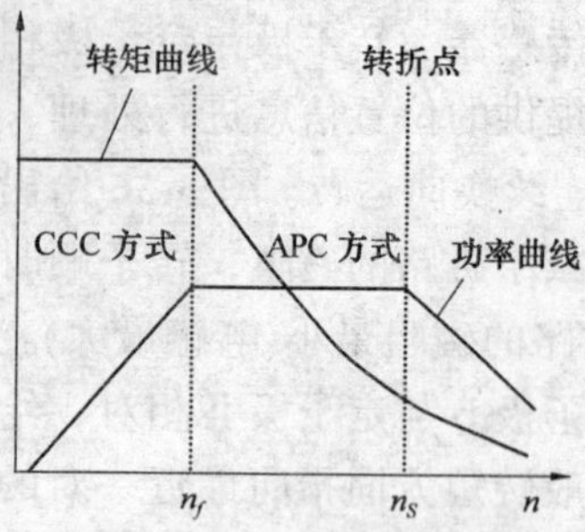

图 3-37　开关磁阻电动机机械特性

3.5.5　开关磁阻电动机的性能特点

开关磁阻电动机(SRM)是一种新型电动机，它的结构比其他任何一种电动机都要简单，在电动机的转子上，没有滑环、绕组等转子导体和永久磁铁等。开关磁阻电动机的定子和转子都是凸极结构，只在电动机的定子上安装有简单的集中励磁绕组，励磁绕组的端部较短，没有相间跨接线，磁通量集中于磁极区，通过定子电流来励磁。

各组磁路的磁阻是随转子位置不同而变化。转子的运转是依靠磁引力来运行，转速可以达到 1 500 r/min。在较宽的转速范围和较宽的转矩范围的效率可以达到 85%～93%，比三相感应电动机要高。其转矩—转速特性好，在较宽的转速范围内，转矩、转速可灵活地控制，调速控制较简单，并实现四象限运行，有高的启动转矩和低的启动功率。开关磁阻电动机功率密度高、结构简单坚固、可靠性好，但转矩脉动大、控制系统较复杂、工作噪音大，体积与同样功率的感应电动机比较稍大。

3.5.6　开关磁阻电动机的 DSP 控制系统

目前开关磁阻电动机的相电流是方波电流，会引起转速转矩产生脉动现象，引起电动机振动和噪声，而且控制器比较复杂，相对于常用电动机来说，成本较高。我国大连理工大学在研制开关磁阻电动机技术中，采用以 DSP 为核心单元的控制系统，大大改善了 SRM 性能，这种控制器运算速度快，控制精度高；并采用模糊控制技术，具有动力性能好，运行平稳等优点；还采用汉字 LED 显示装置，实时显示电动机的运行状态，具有一定的故障自诊断能力。目前可满足 2.2～60 kW，调速范围 50～3 000 r/min 的开关磁阻电动机配套使用。

美国开发出无传感器开关磁阻电动机驱动系统，大大简化了控制系统，改善了开关磁电动机运行性能。用无传感器控制技术可以避免使用位置传感器，它是通过测算电机电压和电流来确定转子在电机运行时的位置。现以应用 Motorola DSP56F80x 系芯片为核心做成的三相无传感器 SR 电机控制系统为例说明。图 3-38 是驱动系统的结构框图。

系统包含以下部分：

①DSP 控制器；

②三相 SR 高压功率放大器；

③反馈传感器，包括线路直流电压、每相电流、温度等；

④三相 SR 电机。

DSP 运行应用中的控制算法有以下几种：

①用磁力线环路测算方法进行无传感器位置探测；

②速度控制环路；

③内部电流控制环路；

④翻转角度计算；

⑤启动时的相位阻抗测量；

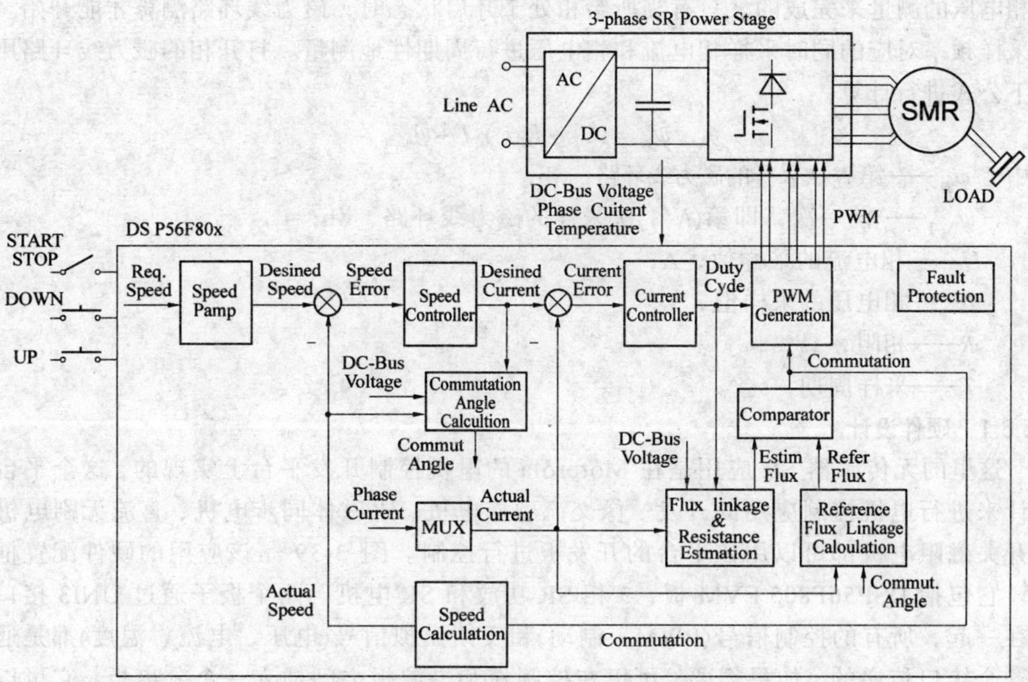

图 3-38　系统结构框图

⑥低速时的在线相位阻抗测算(已申报美国专利);

⑦故障保护。

本系统用于驱动一个三相电机。每相的导通角被设为交流电周期的 1/3，所以每一相的导通角不会发生重叠。在切换时，当前相位被关闭，同时，沿转子转动方向的下一相位被打开。切换角度的计算是通过目标转速、目标电流和实际的线路直流电压得到的。当达到切换位置时，产生新的 PWM 控制模式，同时相位发生翻转。由于磁通量测算的精度很大程度上依赖于实际的相位磁阻，所以采用运行中的相位磁阻测算方法。实际的电机转速是由切换情况决定的，通过目标转速和实测转速的比较得到速度偏离，基于这个速度偏离，速度控制器产生目标相电流。当某相发生翻转时，PWM 输出一个宽脉冲电压，直到电流达到一个定值时才关断。然后便一直控制输出电压，直到下一个切换的产生。电机的每个切换周期都重复这个过程。最后，根据切换情况和理想的 PWM 工作周期，来产生 PWM 控制信号。系统保护是应用中的重要部分，在控制过程中，要测量线路的直流电压、直流电流和功率放大器的温度等，它们用于驱动过程中的过电压、低电压、过电流和高温保护，低电压和高温的保护通过软件来实现，而过电压和过电流故障信号通过 DSP 的故障输入来处理。如果产生上述任意一种故障，电机控制的 PWM 输出信号将被关闭，以保护驱动系统。

利用磁力线环路测算进行无传感器位置测算。磁力线环路测算方法是最常用的无传感器 SR 位置测算技术。本应用中所使用的就是这种方法，它基于对测算磁力线环路和由切换位置定义的参考磁力线环路的比较。对每相的磁力线环路的测算是通过对相电流和相电压的测量来完成的。只有当所给相处于开启状态时，磁力线环路测算才能开始。以采样频率对应的同时采样相电流和相电压进行周期性地测量。打开相的磁力线环路用以下公式进行计算。

$$\psi_N=(U_k-R\cdot i_k)\cdot T+\psi_{N-1}$$

式中 ψ_N——第 N 次采样的磁力线环路，wb；

ψ_{N-1}——前一次，即第(N–1)次采样的磁力线环路，wb；

U_k——相电流的采样值，A；

i_k——相电压的采样值，V；

R——相阻，Ω；

T——采样周期，s。

3.5.6.1 硬件设计

这里的无传感器 SR 应用是在 Motorola 的电机控制开发平台上实现的，这个平台设计来进行电机控制应用的开发。像交流感应电机、永磁体同步电机、直流无刷电机和开关磁阻电机都可以用该平台的开发板进行控制。图 3-39 是该应用的硬件配置框图。它包括 DSP56F805 EVM 板，3 相 SR 功放和 SR 电机。两个板子通过 UNI3 接口连在一起，所有的控制信号(PWM，制动)和反馈模拟信号(电压、电流、温度)都是通过这个接口传递的。如果需要，可以在控制板和电源板之间插入一个分离板，它可以可视化地把所有控制信号和反馈信号按输入和输出 1：1 的比例分离开。由于安全因素，在开发中使用隔离板是特别重要的。这种配置使得该平台特别适合开发几乎任意类型的电机控制应用。

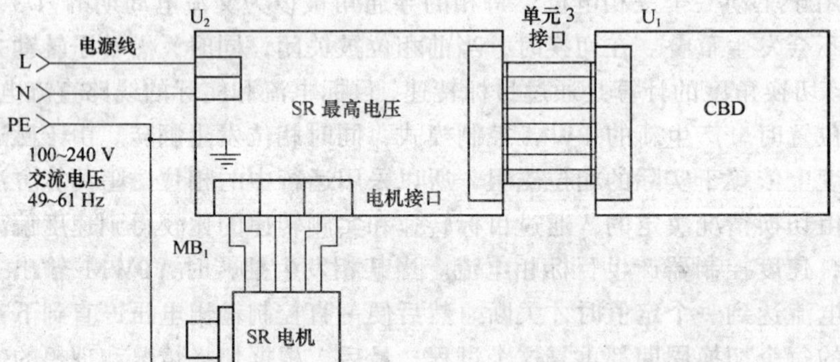

图 3-39 系统硬件配置

图 3-40 中的三相 SR 功率放大器是用来驱动功率高达 550 kW 的 SR 电机的，它包括一个 110 ~ 230 V 的输入整流桥、由电容元件组成的直流电路和带有放电电阻的直流断路器、用于带有 IGBT 驱动的 SR 电机的 IGBT 桥等。SR 功率放大器包括两个电源开关，并且每一相带有一个二极管。这种配置使得对每一相的控制变得完全独立。对应的模拟

电路利用一个分流电阻来测量相电流和直流电流，利用一个分压电阻来测量直流电压。这种开关电源(SMPS)为功率放大器和控制板都提供了所有必需的电压。

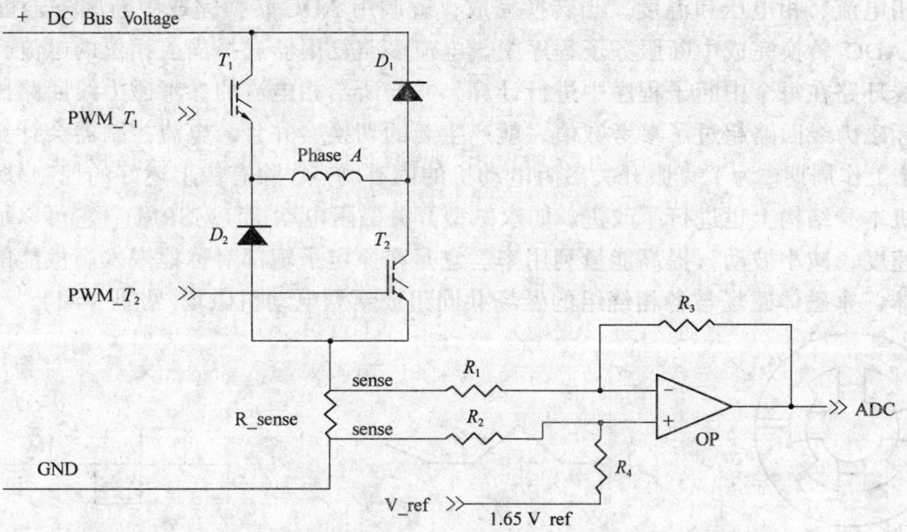

图 3-40 利用分流电阻检测电流(仅显示一项)

3.5.6.2 相电流探测

精确的相电流和直流线路电压测量是执行磁通量测算算法的重要考虑因素。任何测量上的误差都会导致磁力线环路测算错误,进而导致位置测算的错误和相阻测算的错误。相电流测量的质量很大程度上依赖于所用的电流传感器，其中最有用的是霍尔效应传感器——如 Lenze 公司的部分产品。但这些传感器价格昂贵，不适合用在大多数低成本的应用中。于是，人们在相电流电路中插入一个分流电阻(见图 3-40)，通过测量其上的压降得到相电流。

当软件电源开关使用时(低位开关在整个变换周期中都开启，高位开关被 PWM 信号调制)，相电流并不是一直都可以从感应电阻上测得的。只在两个开关都开启(相电流流过开关和感应电阻)或是都关闭(相电流流过二极管和感应电阻)时，相电流才可在分流电阻上测量。对于一个可靠的电流整形器来说，电流感应必须与 PWM 频率同步。电流的零点可以设置在 ADC 转换范围的一半处，这样，相电流分流电阻上的正负压降都能测量。并且，压降通过 ADC 的转换范围被放大。经过上述处理后，电流可以被精确地重整。

3.5.6.3 软件设计

软件结构包括初始化子程序，后台处理程序和中断服务子程序(ISR)。初始化子程序提供了对 DSP 的全面初始化，PWM 初始化产生 SR 功放所需要的控制脉冲，A/D 转换器要与 PWM 脉冲同步，这样测量刚好在 PWM 脉冲的中心进行。当初始化完成后，程序进入后台处理。这部分程序是一个无限循环，它在运行前期就进入和执行一些非实时性的后台任务，这些任务包括用户接口、电机启动时序、速度斜线上升和速度控制程序，以及实际速度的计算等。所有的实时子程序在 ISR 中执行。A/D 转换完成中断是在处理器工作期间实时性最强和最耗资源的子程序，大部分的 SR 电机控制处理都是在这个中断服务子程序中完成的。A/D 转换器的初始化要与 PWM 重载脉冲同步，它一次扫描所有三个相电流、相电压和温度，当转换完成，就调用 ADC 转换完成中断服务子程序。

在 ADC 转换完成中断服务子程序中，电流多路复用器选择当前相位的电流，实际的磁力线环路在每个中断子程序中进行计算，并与所给相电流的参考磁力线回路比较。如果实际磁力线回路超过了参考数值，就产生新的切换，并且，电流控制器会计算理想的 PWM 工作周期。为了克服开关磁阻电动机的固有弱点，除有像上述好的控制软件外，在电动机本身结构上也进行了改进。如永磁型开关磁阻电动机(PMSRM)，它可以加速绕组换流速度，减小波动，提高能量利用率。它是在原定子轭部对称地嵌入高性能的铷铁硼永磁体，永磁体磁场与各相绕组的磁场共同组成新型电动机磁场(见图 3-41)。

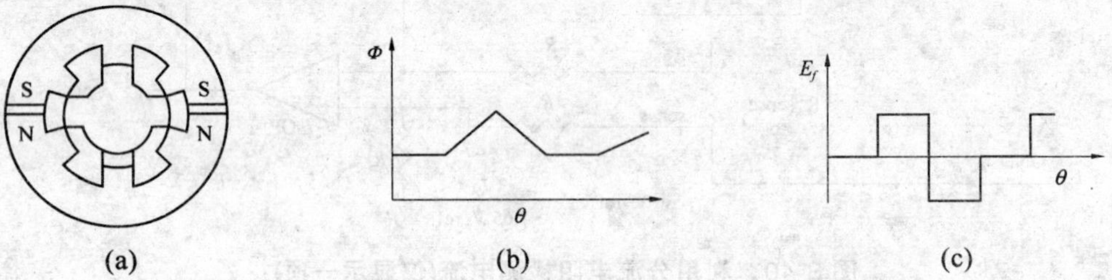

图 3-41　永磁型开关磁阻电动机基本结构、磁通、反电动势

其工作原理是：永久磁体产生的磁通，在凸极相对齐时的磁通最大，在一凸极对一极槽的磁通最小。理论上它们的变化关系如图 3-41 所示。而定子绕组所产生的磁通与原先的一样，当两种磁通叠加之后共同作用于转子，驱使电动机转子转动。如果在定子绕组单独通电时，不考虑永磁体的磁场作用，将对电磁磁通回路带来较大的磁阻，减小定子绕组电感，这对电动机相间快速换流提供了有利条件。所以改进后的新型开关磁阻电动机体积变小，效率更高，稳定性更高。如当前双凸极永磁电动机的研究就是研究的热门，这种电机做成外转子型轮毂驱动方式。

经计算测试，这种电动机特点为：①匝数大大减少，铜耗减少；②易于换向，因电感和电感变化率小，具有高转矩/电流比，高转矩/惯量比；③噪声振动减小，转子极弧大于定子极弧并保持精确的数量关系，使得在任何瞬间所叠加的脉动磁阻有所抑制；④传输效率高，驱动电机直接安装在轮毂内，电气线控代替了机械传输。

复习思考题

1．哪些电动机可作为电动汽车用的电动机？
2．试述电动汽车对驱动电机的要求。
3．为什么要求电动汽车用驱动电机额定电压要高？
4．直流电动机由哪几部分组成？各起什么作用？
5．直流电动机为什么要有励磁装置？有哪些励磁方式？
6．什么是电动机的转速特性和转矩特性？

7．三相异步感应电动机基本结构有哪些？

8．交流电动机的转子(电枢)有哪几种？各有什么特点？

9．什么是交流电动机的机械特性？有什么用途？

10．什么是永磁电动机？如何分类？

11．什么是稀土金属？我国为什么重视稀土永磁电动机的发展？

12．什么是永磁同步电动机？有什么特点？

13．什么是永磁无刷直流电动机？有什么特点。

14．什么是开关磁阻电动机？试述开关磁阻电动机的工作原理。

15．开关磁阻电动机有哪几部分组成？各有什么作用？

16．试述开关磁阻电动机的机械特性。

17．试述开关磁阻电动机的特点及发展前景。

作 业 题

一、填空题

1．永磁电机用的永磁材料有______、______、______、______等几种。

2．直流电机在运行中是可逆的，即一台直流电机既可以做______运行，又可以做______运行。

3．稀土永磁电动机不仅______高，而且______简单，______可靠，体积______，重量______。

二、术语解释

1．励磁方式

2．开关磁阻电动机

3．稀土金属

4．电动机气隙

5．永磁电机

6．三相交流异步电机转差率

三、判断

1．直流电机在运行中是可逆的。(　　)

2．直流电机的电枢铁芯由于在直流状态下工作，通过的磁通是不变的，因此完全可以用整块的导磁材料制造，不必用硅钢片叠成。(　　)

3．因为输入开关磁阻电动机的是方波电流，所以电机的噪声比其他电机小。(　　)

4．我国稀土金属资源丰富，发展稀土永磁电机有极大优势。(　　)

5．一台两级(P=1)异步电动机的旋转磁场的额定转速是 3 000 r/min。(　　)

6．异步电动机也称为感应电动机。(　　)

7．三相异步电动机额定功率是指电动机的输出功率。(　　)

8．三相异步电动机的基座必须用导磁材料。(　　)

9．直流电机在运行中是可逆的。(　　)

10. 因为输入开关磁阻电动机的是方波电流，所以电机的噪声比其他电机小。(　　)

四、选择题

1. 当直流电动机输出功率增大时，电动机的电枢电流和所需的电功率也必然增大，此时转速(　　)。

A. 上升　　B. 下降　　C. 不变

2. 开关磁阻电动机的定子转子结构均采用(　　)。

A. 凸极式　　B. 不对称式　　C. 平面式

3. 输入 50 Hz 交流电的电动机，旋转磁场转速为 1 000 r/min，则 P 为(　　)。

A. 1　　B. 2　　C. 3

4. 三相异步电动机要保持稳定运行，则其转差率 s 应该(　　)。

A. 小于临界转差率　　B. 等于临界转差率　　C. 大于临界转差率

5. 直流电机铭牌上的额定电流是(　　)。

A. 额定电枢电流　　B. 电源输入电动机的电流　　C. 额定励磁电流

6. 电动汽车实现电能转换为机械能的装置是(　　)。

A. 发电机　　B. 功率转换器　　C. 电动机

7. 交流感应电机的转差率 s 在(　　)范围时，电极处于电动机状态。

A. $s>1$　　B. $s<0$　　C. $0<s<1$

8. 永磁无刷直流电动机输入的是(　　)。

A. 正弦波　　B. 方波　　C. 锯齿波

9. 单相交流电通入单相绕组产生的磁场是(　　)。

A. 旋转磁场　　B. 恒定磁场　　C. 脉动磁场

10. 感应电动机最大转差率公式为 $s_m=\dfrac{R_2}{X_{20}}$，为了增大启动转矩，希望转子回路(　　)。

A. 越大越好　　B. 越小越好　　C. 等于 X_{20}

11. 直流电机中的电刷是为了引导电流，在实际使用中常采用(　　)。

A. 石墨电刷　　B. 铜质电刷　　C. 银质电刷

12. 直流电动机装设换向极的目的主要是为了(　　)。

A. 增强主磁场　　B. 削弱主磁场　　C. 抵消电枢磁场

13. 内燃机发动机布置形式有前置、中置、后置，电动汽车电动机布置则(　　)。

A. 必须前置　　B. 必须后置　　C. 自由度较大

五、简答题

1. 永磁交流电动机为什么又叫无刷电机？
2. 简述开关磁阻电机的特点。
3. 直流电机主磁极的作用是什么？
4. 试述永磁同步电动机的特点。
5. 什么是电动机的转矩特性？

六、计算题

1. Y–160M1–2 型异步电动机额定功率 P_n=11 kW，额定转速 n=2 930 r/min，λ=2.2，

启动转矩倍数 2.0，求额定转矩、最大转矩、启动转矩。

2．一台 17 kW 串励直流电动机，串励绕组电阻为 0.12 Ω，点数总电阻为 0.2 Ω，在额定电压下运行时，电动机电枢电流为 65 A，转速为 670 r/min。试确定因负载增大而使电枢电流增大为 75 A 时，电动机的转速和电磁转矩(设磁路为线性)。

七、技能题

某星期天，郑州交通学院汽电系王晓明邀了几位同学到一家敬老院做活动，刘申同学发现老人们不开电扇，每人都用手摇扇凉快，经了解才知电扇坏了。于是就一起帮老人修理。这是一台电容式单相交流电动机做成的电扇。请你帮他们诊断一下。

1．将万用表置于 $\times 100\Omega$ 电阻挡，测量电容器对地电阻为零。诊断________。

2．将万用表置于 $\times 10\text{k}\Omega$ 或 $\times 1\text{k}\Omega$ 电阻挡，测量电容器：

A．指针大幅度摆向电阻零位，然后慢慢返回初始位置。诊断________。

B．指针不动。诊断________。

C．指针摆到电阻零位后不返回。诊断________。

D．指针能正常摆动和返回，但第一次摆动角度小。诊断________。

第 4 章　电动车驱动装置调速控制技术

4.1　电动车驱动电机调速控制方式

电动汽车驱动电机的调速控制方式可采用串接电阻、改变磁场强弱、调压变流和斩波调速，也可采用调压交流调速、串级调速、变频调速和柯蒂斯 PMC 调速控制等方式。

4.1.1　串接电阻调速

串接电阻调速的方式广泛应用于早期的直流电动机调速。串接电阻调速的电路如图 4-1 所示，将一只变阻器串入电动机的电路，当电阻值变化时，流过电动机的电流亦随之变化，致使电动机产生的转矩变化；电动机阻力矩不变时，电动机的转速相应变化。串接电阻调速的原理如图 4-2 所示，电阻减小后，电动机的机械特性上升，在同样阻力转矩时，电动机的转速将提高。图中 n 表示电动机转速，T 表示电动机的转矩。

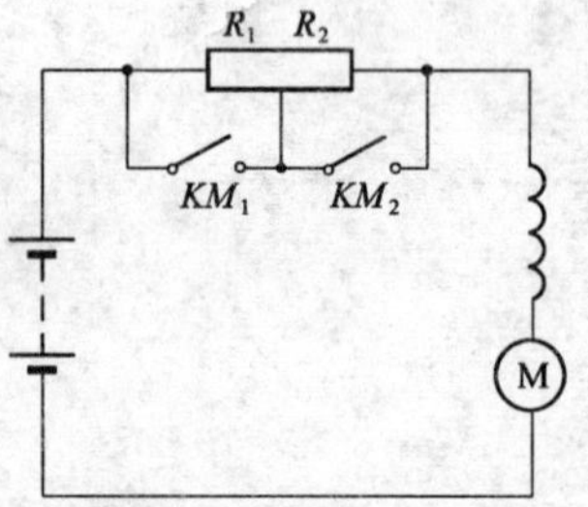

图 4-1　串接电阻调速的电路

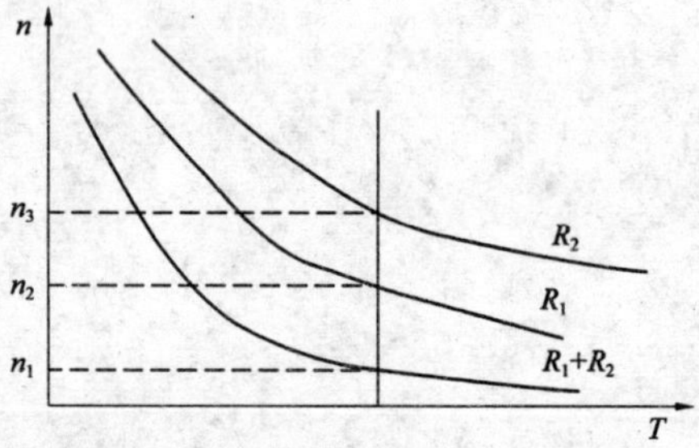

图 4-2　串接电阻调速的原理

虽然串接电阻调速的方法简单，但调速电阻上会产生能量损耗，经济性较差，一般应用于小功率、不长时间运行的电动机。

4.1.2　改变磁场调速

改变磁场的电流大小或磁场的连接关系及磁场绕组匝数的多少，均会引起磁场磁通量的变化，从而导致电动机电枢反电磁电动势的变化。电动机电流的变化，将导致输出转矩的变化。在同一阻力矩时，电动机的转速亦做相应变化。图 4-3 所示为电动机磁场绕组匝数变化时的电路；图 4-4 所示为磁通变化时电动机机械特性的变化曲线。接触器 *KM* 闭合后，磁场的磁动势减小，磁通量相应减小，电动机的特性上升。在同一阻力矩时，电动机的转速提高。

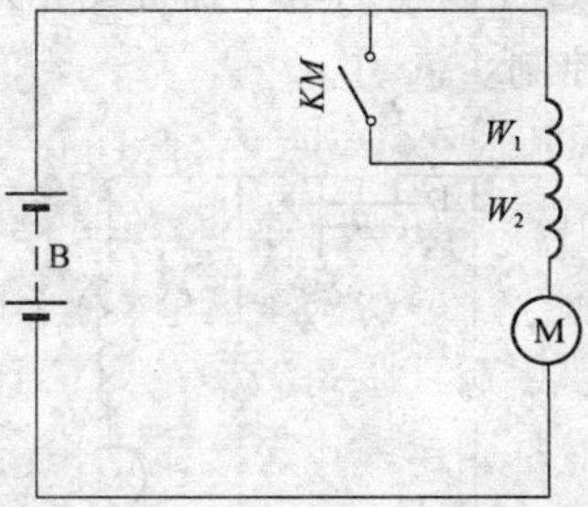

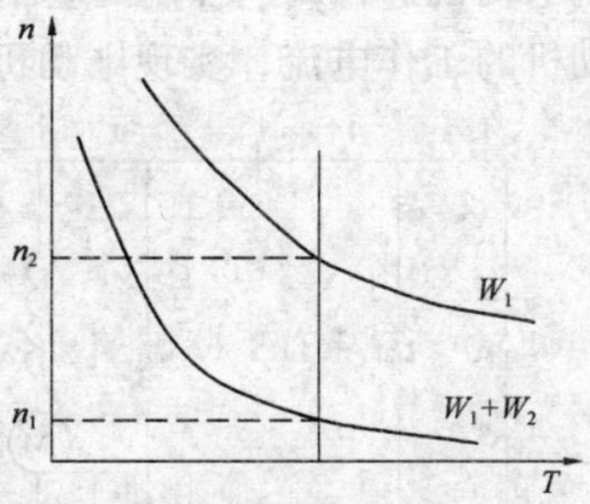

图 4-3　磁场绕组匝数变化时的电路　　图 4-4　改变磁场磁通的调速原理

改变磁场磁通的调速方式，在调速过程中无附加的电能消耗，比较经济，在早期的直流电动机调速控制中应用较多。但磁场绕组需要中间抽头，电动机需要专门制造，结构较复杂。

4.1.3　调压变流调速

调压变流调速依靠改变加在电动机上的电压而使电动机的输出转矩变化，在同一转矩时，电动机的转速做相应变化。

4.1.3.1　直流电动机的调压调速

图 4-5 所示为串励直流电动机调速控制的电路。当开关 SA 与触头结合时，电动机两端的电压较低，电动机的输出转矩(*T*)较小；当开关 SA 与触头 2 结合时，电动机两端的电压较高，电动机的输出转矩(*T*)较大。在同样阻力转矩时，电动机的电压越高，则转速(*n*)越高，如图 4-6 所示。

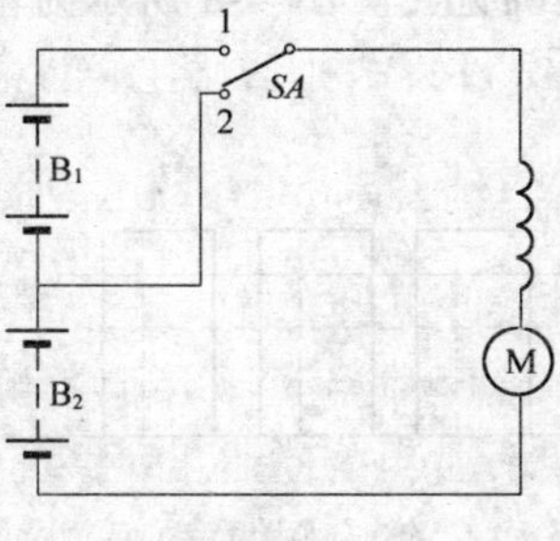

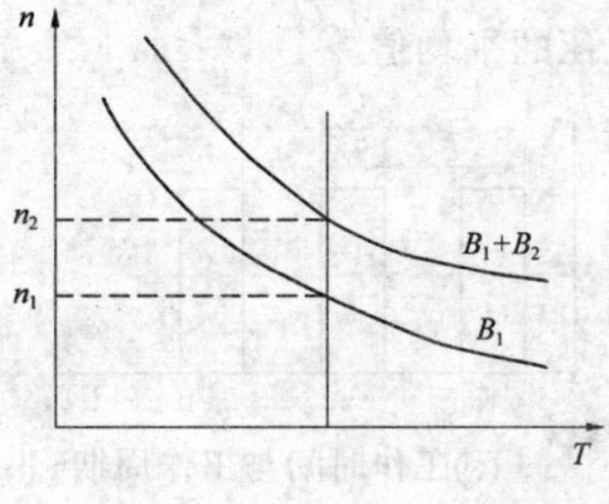

图 4-5　串励直流电动机的调压电路　　图 4-6　改变电压的调速原理

无论是串接电阻调速、改变磁场磁通调速，还是改变电动机的电压调速，串励电动机的调速过程均是有级的。这样使电动车辆在变速过程中存在冲击，操作不方便。理想的方法是均匀地改变施加在电动机上的电压，从而均匀地改变电动机的电流，使其输出的转矩做相应变化，以实现电动机的无级调速控制。

目前，串励直流电动机无级调速的控制方式是利用电力电子器件实现的。常用的电力电子器件包括晶闸管、功率场效应晶体管和大功率晶体管。图 4-7 所示为电力电子器件对串励直流电动机进行调速控制的基本电路。通过控制电力电子器件的相对导通时间，从而改变电动机的工作电流，实现电动机的变速控制。

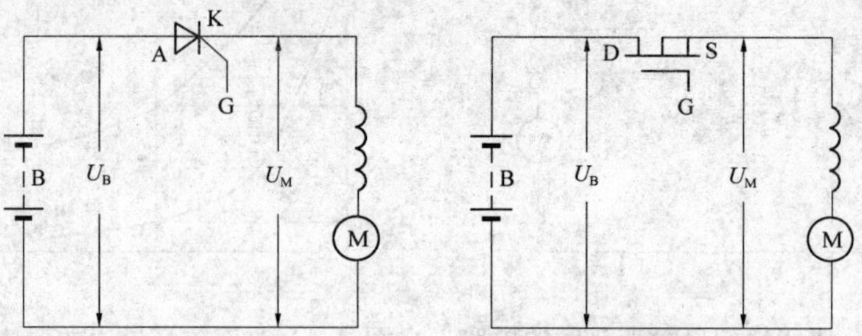

(a)晶闸管　　　　(b)功率场效应管

图 4-7　电力电子器件控制的串励电动机调速电路

由图 4-7 可以看出，在电子器件导通时，若忽略器件上的电压降，电动机上的电压 U_M 与电源的电压 U_B 相等；当电子器件关断时，电动机上的电压为零。设电子器件的导通与关断时间分别为 t_{on} 和 t_{off}，则电动机上的电压平均值为：

$$U_M=(U_B\times t_{on}+0\times t_{off})/(t_{on}+t_{off})=U_B\times t_{on}/T=\gamma U_B$$

式中　T——电子器件的工作周期，$T=t_{on}+t_{off}$；

γ——电子器件的导通比，$\gamma=t_{on}/T$。

可见，电子器件工作频率 $f(f=1/T)$一定时，导通时间越长，电动机的平均电压越高，电动机的输出转矩越大，运行转速越高。通常这种调速方式称为“定频调宽”。电子器件导通时间一定时，工作频率 $f\ (f=1/T)$越高，电动机的平均电压也越高，电动机的输出转矩越大，运行转速越高。通常这种调速方式称为“定宽调频”。若同时改变电子器件的导通时间和工作频率，其调速方式则称为“调频调宽”。图 4-8 所示为不同调速方式下电动机电压的平均值。

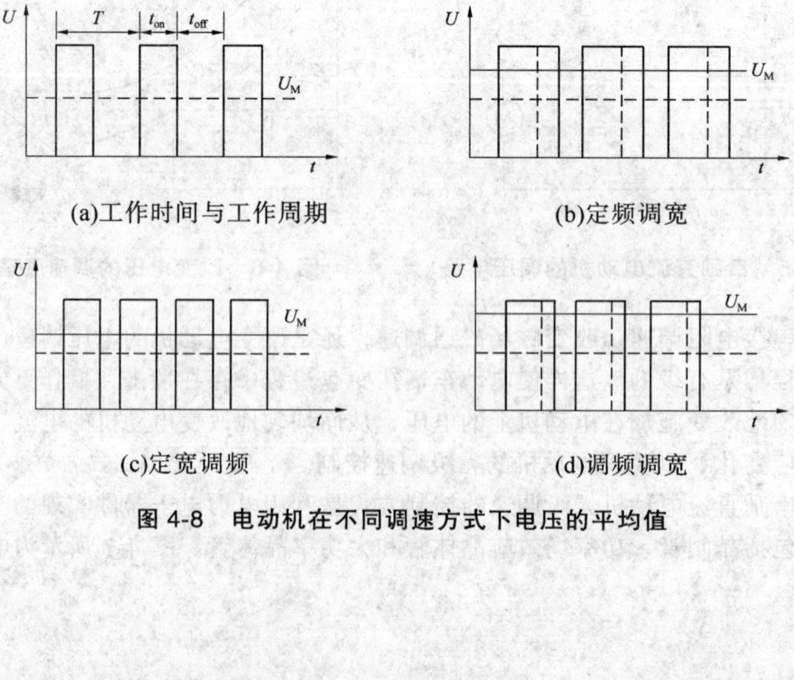

(a)工作时间与工作周期　　　　(b)定频调宽

(c)定宽调频　　　　(d)调频调宽

图 4-8　电动机在不同调速方式下电压的平均值

上述定频调宽/定宽调频及调频调宽的方法在晶闸管脉冲调速和其他电子晶体管、脉冲调速的电动车辆上均有应用。实际应用中还可在电动机的两端并联一个二级管 VD，起续流作用，如图 4-9(a)所示。这样，当晶闸管 VS 导通时，电源 B 供给电动机的电流 i_B 将按指数关系上升，其波形如图 4-9(b)所示，当晶闸管 VS 关断时，电源不供电流，$i_B=0$。由于电动机绕组的电感(L)中储有能量，使电动机电流经二极管 VD 继续流通，电动机 M 中将流过电流 i_{VD}，i_{VD} 的波形是按指数关系下降的。因此，电机 M 流过的电流 i_M 应为电源电流 i_B 与续流电流 i_{VD} 之和，其波形见图 4-9(b)。可见，并联续流二极管后，可以在晶闸管导通比较小时得到较大的电动机电流，从而得到较大的电动机转矩。并且，续流二极管的存在吸收了电动机磁场线圈的自感电动势(e_i)，避免了该瞬变过电压加到电子器件上，保护了电子器件。

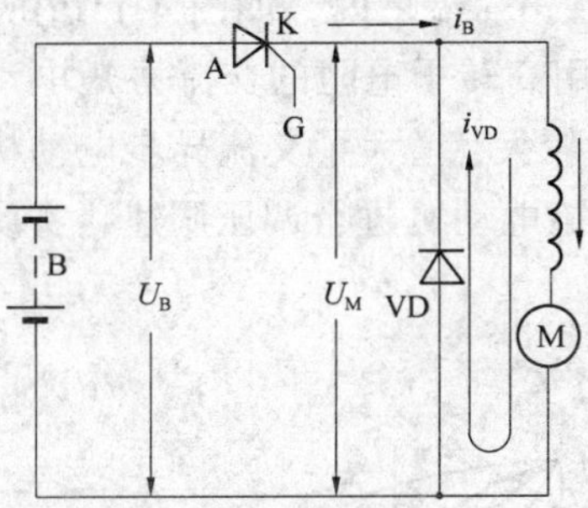

(a)电路原理图

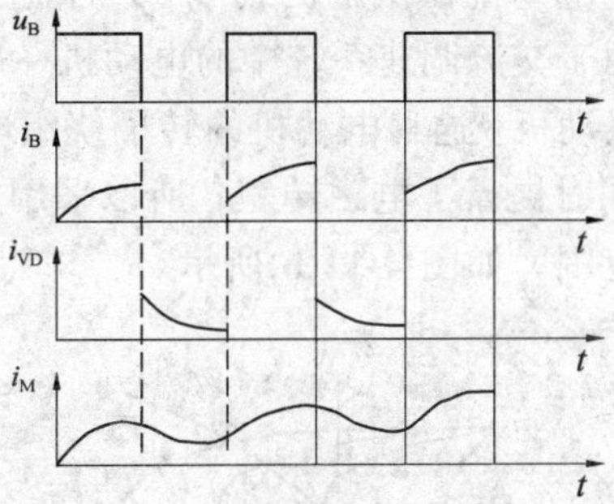

(b)波形图

图 4-9　续流二极管的作用

这种调速方法具有节省电能/电源利用率高以及能实现无级调速等优点；虽然其控制系统较复杂，但仍然在串励直流电动机调速控制中获得广泛应用。

4.1.3.2　交流电动机的调压调速

(1)定子三相电压对称调压调速。

图 4-10(a)所示为每相用两只反并联的晶闸管所组成的三相调压装置。A 相正半波时，VS_1 接正电压；负半波时，VS_4 是接正电压。如果在正半波和负半波过零，并经移相角 α 后分别给 VS_1 和 VS_4 加上触发脉冲，就可得如图 4-10(c)所示的交流 A 相输出电压波形。

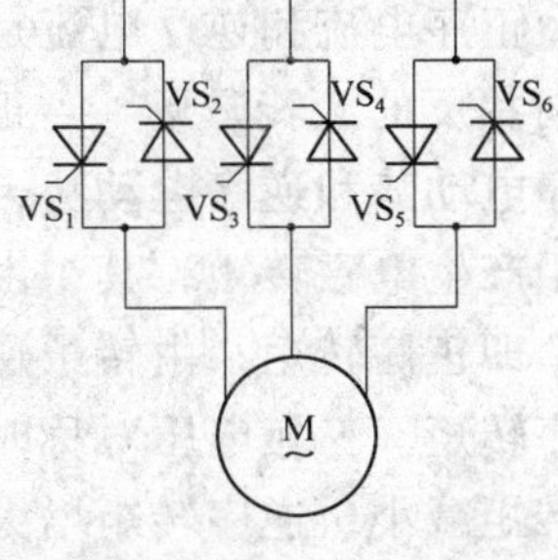

(a)反并联单向晶闸管调压

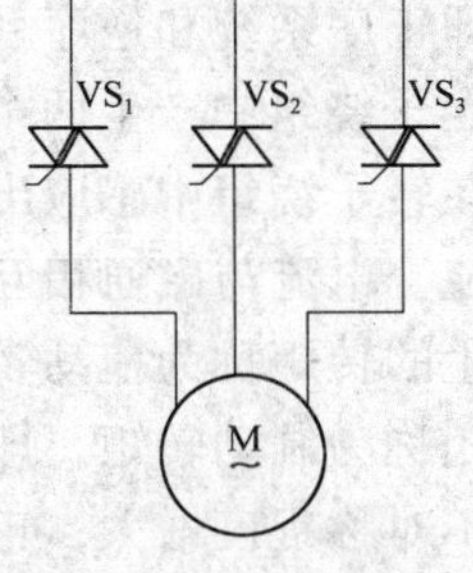

(b)双向晶闸管调压

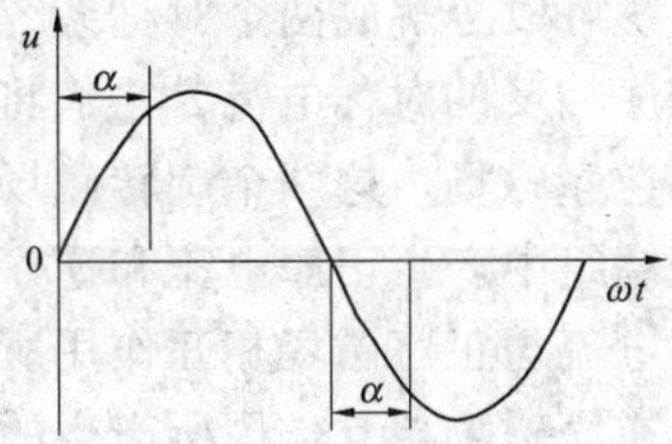

(c)A 相输出波形

图 4-10　晶闸管交流调压方法

其基波分量的大小与α有关。α越大，加在电动机定子绕组上的电压 U 越大，对于图 4-10(a)所示各晶闸管每只相隔对应于电网电源频率的 $\pi/3$，按 VS_1、VS_2、VS_3、VS_4、VS_5、VS_6、VS_1……次序触发，就可在交流异步电动机定子绕组上获得三相电压可调的交流电源，达到交流调压的目的。

双向晶闸管的发明，可用三只双向晶闸管替代三组反并联的单相晶闸管，如图 4-10(b)所示。这样，每相只用一个控制触发信号双向晶闸管，简化了控制电路，同时省去一半晶闸管，降低了设备成本。

依据交流电动机的转矩公式可知，在其他参数恒定不变的情况下，电磁转矩与定子电压 U 的平方成正比。在负载转矩一定时，定子电压 U 的变化引起电动机转差率(s)变化，从而改变了电动机转速 n。在调 U 时，交流异步电动机的临界转差率 s_m 和同步转速 n_1 都不变，使电动机在恒定负载 T_{L1} 下的调速范围在 $0 \sim s_m$ 之内，如图 4-11(a)所示。

目前用于交流调速系统中的电动机一般是采用高转子电阻的交流力矩电动机，如绕线式异步电动机。这种电动机的转子绕组电阻 R_2 较大，增大了交流异步电动机的临界转差率 s_m，同时提高了电磁转矩，所以采用交流力矩电动机进行调压调速，实质上也是扩大了调速范围，如图 4-11(b)所示。

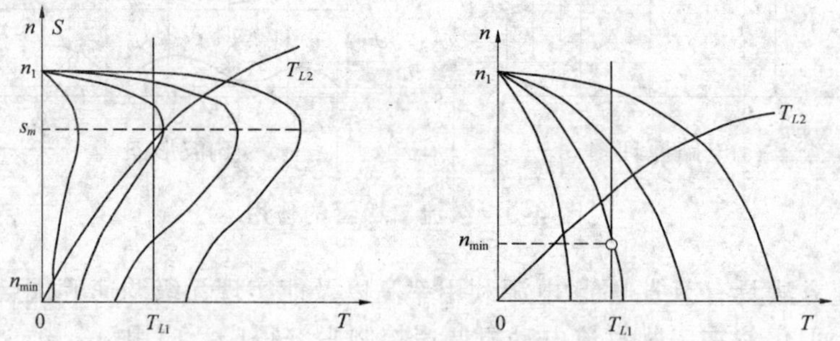

(a)鼠笼式电动机　　(b)绕线式电动机

图 4-11　交流电动机调压调速特性

(2)定子三相电压不对称调压调速。

这种方法是通过改变电动机定子绕组三相电压的不对称程度来实现调速的。其调速原理是：当定子绕组中三相电压不对称时，定子三相绕组中的电流也不对称。这种不对称系统可以分解成两个对称系统，即正序系统和逆序系统。正序电流和逆序电流是使两组相序相反的对称电流，它们将在定子绕组中产生两个方向相反的旋转磁场——正序磁场和逆序磁场。这两个旋转磁场将在转子绕组中感应出正序电动势和逆序电动势，并在转子绕组中产生正序电流和逆序电流。电流与磁通相互作用产生电磁转矩，其中由转子正序电流与正序磁场相互作用所产生的转矩称为拖动转矩，即正序转矩；由转子逆序电流与逆序磁场相互作用所产生的转矩称为制动转矩，即逆序转矩。三相电压对称时，只有正序转矩，没有逆序转矩。电压不对称程度增大，正序转矩减小，逆序转矩增大，电动机的转速降低；反之，电压不对称程度减小，即电压愈接近于对称，电动机的转速就愈高。当均匀地调节电压的不对称程度时，便可获得平滑的无级变速。如图 4-12(a)所示，在电动机定子的一相中串入一个双向晶闸管。这种双向晶闸管不论在电源电压的正半周还是负半周，只要在其控制极上输入一个适当的触发脉冲，晶闸管均能导通。如果在控制角α=0 时输入触发脉冲，则晶闸管在全周期内完全导通，这时电动机 A 相的电压等于电源电压，三相电压对称，转速最高。

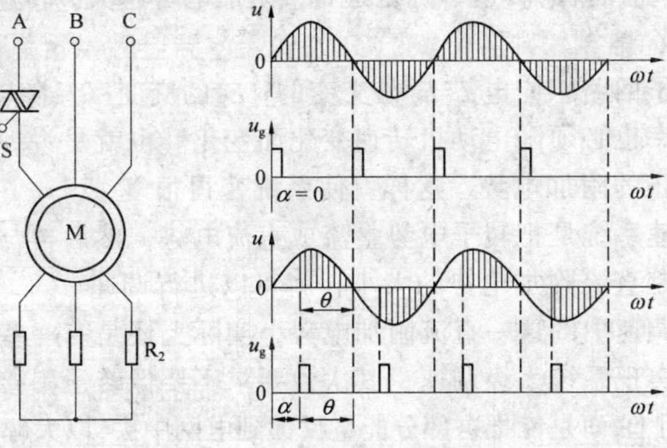

(a)电路图 (b)波形图

图 4-12 晶闸管不对称调压调速

改变出发脉冲的输入时刻，当控制角α增加时，晶闸管在一个周期内导通的时间减少，电动机 A 相的电压有效值减小，三相电压不对称程度增加，电动机转速下降。

综上所述，如果在图 4-12 所示的电动机 B、C 相也都接入一个双向晶闸管，同时控制 A、B、C 三相电压，便可成为定子对称调压调速。定子调压(对称、不对称)调速均能获得平滑的无级调速，而且调速过程控制迅速、灵敏，并能实现无触点控制，这是感应电动机调速的好方法。

4.1.4 串级调速

交流异步电动机分为鼠笼式和绕线式两种。前者可用调压或调频方式调速；后者可用转子外串电阻进行调速，这种调速方法是将电动机转子功率消耗在转子电路的电阻上。转速越低，外串电阻越大，耗损就越大，并且它只能做到有级调速，无法实现无级调速。

为了扩大绕线式异步电动机的应用范围，提出了转子外串可调节的附加电势，以改变电动机的电磁转矩进行调速，这种方法称为串级调速。串级调速系统的调速性能较好，它能将转差能量回馈到电网并具有很高的效率。

由电动机原理可知，电磁转矩与转子电流成正比，转子电流 I_2 又与转子中的电动势成正比，这样，为使转子电流变化，从而改变电磁转矩达到调速要求，就可以通过在转子中外串附加电势 E_{ad} 来实现调速。

$$I_2 = (sE_{20} \pm E_{ad}) / \sqrt{R_2^2 + (sX_{20})^2}$$

外串附加电势 E_{ad} 可以与转子感应电势 $E_2=sE_{20}$ 同相序，也可以逆相序。所以上式的 E_{ad} 有正负号。大多数串级调速系统都是以减少转子电势，使系统在固有特性下进行调速的。

设电动机在恒定负载下稳定运转，这时，电磁转矩等于负载转矩，即 $T=T_L$。当转子中串入反向的附加电势 E_{ad} 时，转子电流 I_2 下降，电磁转矩 T 随之降低，从而使其小于负载转矩 T_L，引起转差率 s 上升。s 上升，转子电流 I_2 随之回升，导致电磁转矩 T 增加；当达到 $T=T_L$ 时，系统在新的转速下稳定运行。附加电势越大，转速越低，从而实现了调速的目的。

由于电动机转子回路感应电势 E_2 是交变的，E_2 的交变率又随转差率 s 而变化，因此要求附加电势的频率也必须随电动机转速变化而变化。也就是说，串级调速需具备一个可变频率、可变电压的附加电势，这样就使系统变得很复杂。

实际的串级调速系统是把转子电势整流成直流电势，然后再与外加的直流附加电势进行比较。只需控制直流附加电势的大小，就可以进行调速。

对于交流串级调速中的这一直流附加电势，实际上还是有一些要求的。首先，要求它能平滑可调，以实现系统无级调速；其次，要求不要像转子串接电阻调速那样把转子转差功率消耗在电阻上，而是能把这部分能量反馈到电网中去，以大幅度地提高系统的效率。

串级调速系统的附加电势是由晶闸管整流装置来提供的。当晶闸管整流装置工作在逆变工作状态时，除了能提供一个可调的逆变电势，还可把转子转差功率反馈到交流电网中，从而完全满足上述对附加电势的要求。这种方法称为晶闸管串级调速。

图 4-13 所示为晶闸管串级调速的主电路。图中 U_0 为电动机转子整流电路 U_R 的输出电压，它正比于电动机的转差电势 sE_{20}；U_1 为晶闸管逆变器 U_1 的输出电压。控制逆变角 β 就改变了 U_1 值，也就是调节了转子电路中的附加电势，从而实现交流异步电动机的串级调速。与此同时，转子的转差功率经 U_R 整流成为直流功率，再通过 U_1 逆变成为交流功率反馈到电网中。

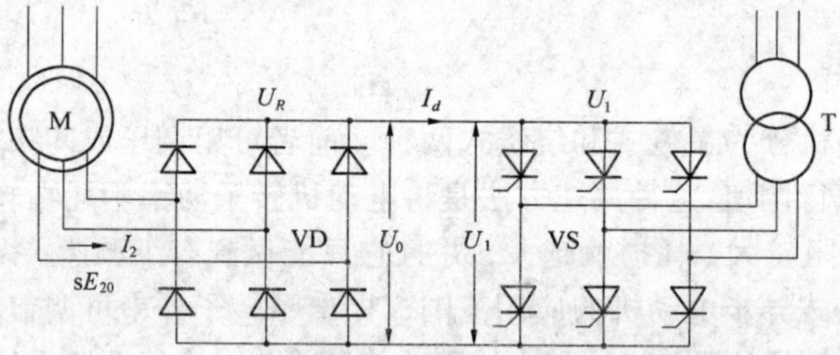

图 4-13　晶闸管串级调速装置主电路

这种电气串级调速装置成本低，控制功率小，容易实现闭环控制，因此提高了系统的静态及动态调速性能。

4.2　直流斩波调速技术

通过电子器件的开关作用，将直流电源的恒定直流电压变换为可调直流电压的装置称为直流斩波器。若采用晶闸管作为开关元件，则称为晶闸管直流斩波器。

斩波器中晶闸管工作在直流阳极电压，很容易触发导通，但如何使已导通的管子可靠关断是斩波电路能否正常工作的关键。因此，在普通晶闸管直流斩波电路中，都必须设置换流关断电路，强迫导通的晶闸管在反压脉冲作用下可靠关断。

直流斩波器也称为直流断续器或直流调压器，多用于直流牵引调速，例如电力机车、地铁、城市电车、电瓶搬运车和铲车等。与传统的电阻调压调速器相比，直流斩波器不仅能获得较好的启动、制动及调速特性，而且可省去操作频繁、体积庞大的直流接触器装置和耗电大的电阻器，因此得到广泛应用。

斩波器的核心部分是晶闸管直流开关。图 4-14 所示为简单晶闸管直流开关，其中图 4-14(a)中的 R_d 为直流负载电阻，它与 VT_1 串联构成直流主电路。当 VT_1 导通时，负载 R_d 加上电源电压 U，同时电源经 R_1、VT_1 对电容 C 充电，极性为左负右正；要关断 VT_1 时，只要触发 VT_2，电容电压经过 VT_2 瞬时给导通的 VT_1 加反向电压，迫使其关断，同时电容 C 经 R_d、VT_2 反向充电，极性为左正右负，为关断 VT_1 两端电压 U_{T1} 波形可见，管子承受反向电压时间为 t_0，通常取 $t_0 \geqslant 2t_q$(关断时间)以保证 VT_1 可靠关断。

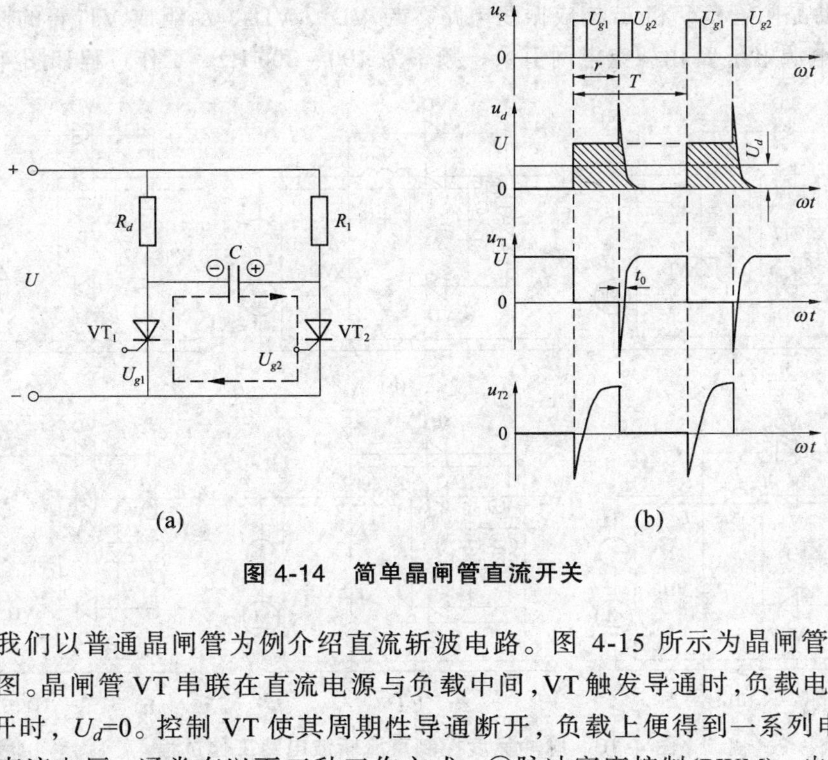

(a) (b)

图 4-14　简单晶闸管直流开关

下边我们以普通晶闸管为例介绍直流斩波电路。图 4-15 所示为晶闸管直流斩波器的原理图。晶闸管 VT 串联在直流电源与负载中间，VT 触发导通时，负载电压 $U_d=U$；当 VT 断开时，$U_d=0$。控制 VT 使其周期性导通断开，负载上便得到一系列电压脉冲。改变负载直流电压，通常有以下三种工作方式：①脉冲宽度控制(PWM)，也称定频调宽式。此方式斩波器晶闸管的触发频率(周期 T)一定，调节脉冲宽度 τ 在 0 ~ T 之间变化，负载电压在 0 ~ U 之间变化，波形为图 4-15(b)所示。②脉冲频率控制(PFM)，也称定宽调频式。此方式脉宽 τ 一定，改变管子通断频率 $f=1/T$。f 增加使 $T=\tau$ 时电路全导通，$U_d=U$；f 下降周期 T 增大时，U_d 减小。③脉冲混合控制。即同时改变 T 和 τ。

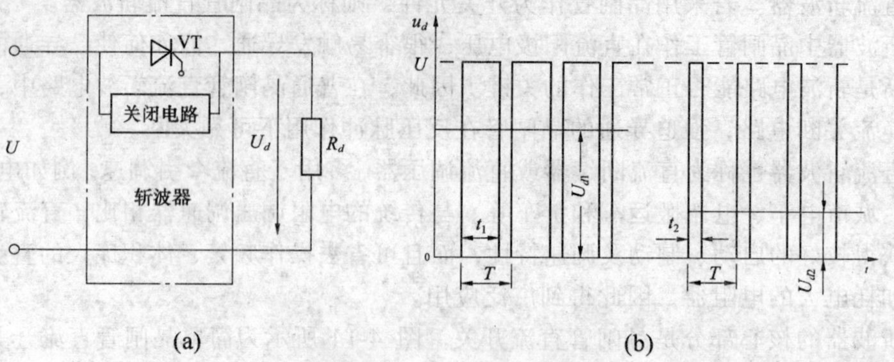

图 4-15　直流斩波电路原理

4.2.1　脉冲宽度控制(定频调宽式)直流斩波器

图 4-16 所示为 TGC–I 型城市电车斩波调速简化主电路。VT_1 为斩波器主晶闸管，VT_2 为辅助晶闸管，C 和 L_1 构成振荡电路，与 VD_1、VD_2、L_2 组成 VT_1 管的换流关断电路。直流电源电压 U 由架空电网引入，频率为 100 ~ 200 Hz，工作过程如图 4-16 所示。

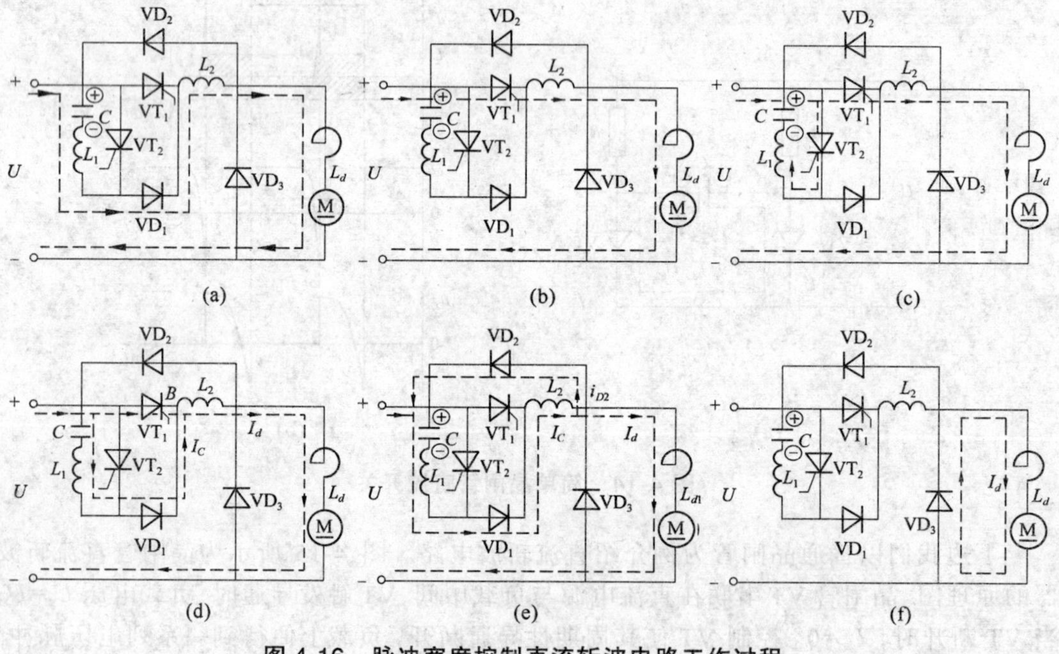

图 4-16　脉冲宽度控制直流斩波电路工作过程

图 4-16(a)：接通电源，VT_1、VT_2 均未触发，电源通过 L_1、VD_2 及负载对 C 充电到 U 值，如图中虚线所示，对应图 4-17 中 t_1 之前时间。

图 4-16(b)：t_1 时刻触发 VT_1 导通，电源加到负载端，VT_1 流过负载电流 I_d，由于 VD_1 的存在，电容无法放电，VT_2 继续受正压，对应图 4-17 中 t_1 ~ t_2 时间。

图 4-16(c)：脉冲 U_{g2} 触发 VT_2 导通，振荡电路 L_1、C 与 VT_2 形成通路，电容经 VT_2、

L_1放电，然后反充电，使电容电压极性从$+U$变为$-U$，对应图 4-17 中t_3时刻，电容电压已反充至$-U$，电容电流下降到零，VT_2自行关断。在t_3时刻前VT_1管继续导通，向负载输出电流。

图 4-16(d)：VT_2关断后电容通过VT_1反向放电，流过VT_1的电流开始减小，当流过VT_1的反向放电电流I_C等于负载电流I_d时，VT_1关断，对应图 4-17 中t_4时刻。

图 4-16(e)：VT_1关断后，电容经VD_1、L_2、VD_2回路继续放电，反向放电电流继续增大，在反向放电电流增大到最大值之前，L_2的自感电动势给VT_1以反压。反压持续时间为t_0，电流路径如图中所示。当电容电流I_C达到最大值(t_5时刻)后，VT_1、VT_2又恢复承受正压，$t_5 \sim t_6$期间，负载电流对电容正向充电到U值。

图 4-16(f)：电容充电到$+U$值时，电源停止输入电流，负载电流通过VD_3续流。

从斩波器工作过程可见，输出电压的脉宽是通过VT_2触发导通的时刻来控制的。若斩波器工作周期为T，U_{g2}与U_{g1}的间隔τ增大则输出电压的脉宽亦增大，输出直流电压的平均值越高；反之，τ缩小则脉冲变窄，电压平均值也就减小。

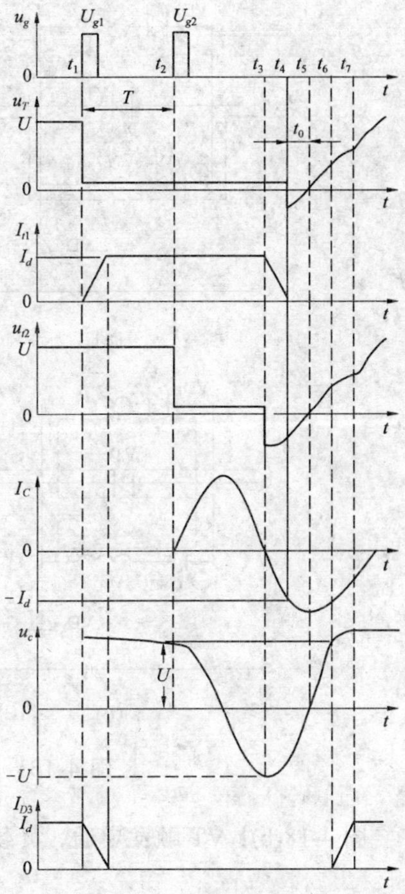

图 4-17　斩波器换流波形

斩波器正常工作的关键是靠充电的换流电容给晶闸管VT_1以反压，保证管子能关断并恢复正向阻断特性。设VT_1的关断时间为t_q，要关断的最大电流为I_d，则要求电容C提供的电荷为$I_d t_q$。而电容储存的电荷$Q=CU$，因此为了关断VT_1，应使

$$CU > I_d t_q$$

$$C > \frac{I_d t_q}{U} = \frac{t_q}{R_L} \quad (R_L\text{为负载电阻值})$$

通常取

$$C = (2 \sim 3)\frac{t_q}{R_L}$$

在电车斩波电路中，U=600 V，I_d=300 A，管子关断时间 t_q=80 μs，系数取 2.5，则换流电容$C = 2.5 \times \frac{300 \times 80}{600} = 100(\mu\text{F})$

4.2.2　脉冲频率控制(定宽调频式)直流斩波器

脉宽恒定、斩波频率可调的直流斩波调速原理电路的工作过程如图 4-18 所示。

图 4-18(a)：接通电源，电容按虚线路径充电到＋U。

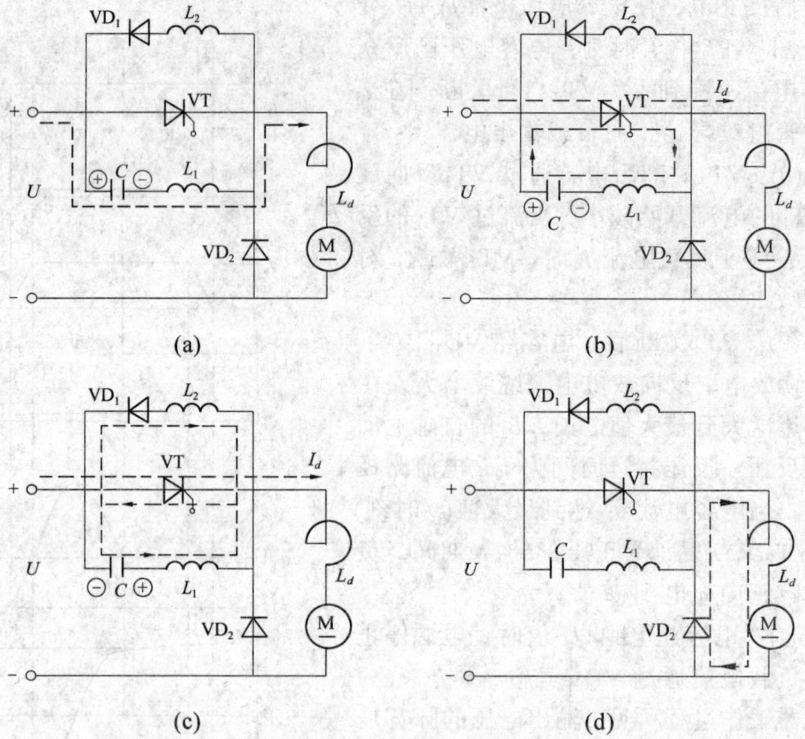

图 4-18　脉冲频率控制斩波器工作过程

图 4-18(b)：VT 触发导通，负载得电同时电容电压经 L_1、VT 放电产生振荡。振荡条件为 $R_0 \leqslant 2\sqrt{\dfrac{L_1}{C}}$，其中，$R_0$ 为振荡回路电阻。振荡周期 $T = 2\pi\sqrt{L_1C}$。若忽略 R_0，振荡电压、电流波形如图 4-19 所示。

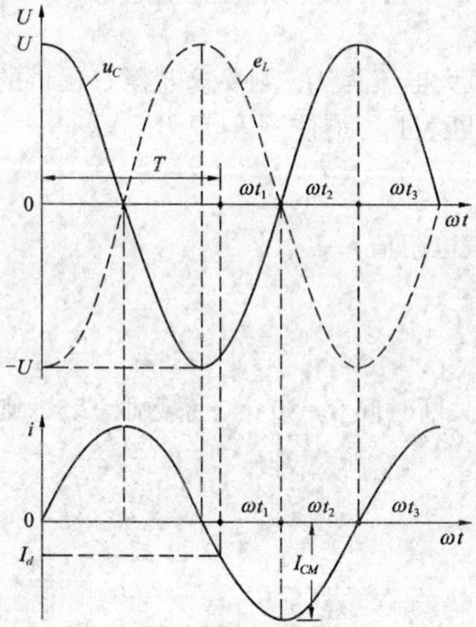

图 4-19　振荡电压、电流波形

图 4-18(c)：通过半个周期的振荡，电容电压从$+U$反充到$-U$，然后通过 VT 反向放电，VT 中正向电流减小。当电容反向放电电流(I_C)增大到与负载电流 I_d 相等时，VT 断流而关断，如图 4-19 中的 ωt_1 时刻。VT 关断后，电容电流经 L_2、VD_1 流通，管子承受反压。

图 4-18(d)：当电容电流达到负的最大值 I_{CM} 后，VT 恢复承受正压，所以晶闸管承受反压的时间为 $\omega t_1 \sim \omega t_2$。电容 C 充电到$+U$，充电电流为零(即图 4-19 中 ωt_3 时刻)，负载经 VD_2 续流。

斩波器输出电压的脉宽 τ 是恒定的，近似为振荡电路的半个周期，数值为 $\tau \approx \pi\sqrt{L_1C}$，若 VT 的触发频率增大即周期减小，则负载平均电压

$U_d = \frac{\tau}{T}E$ 增大，电动机转速增高，反之，电动机转速减小。

4.2.3 逆导晶闸管(Reverse Conducting Thyristor)与逆导型斩波器

在前面讨论的逆变器、斩波器中，经常将晶闸管与整流二极管反并联使用，逆导晶闸管就是根据这一使用要求研制的新型器件。它将晶闸管和整流二极管制作在同一管芯上，其符号与等效电路如图 4-20(a)所示。与普通晶闸管相比，逆导晶闸管具有正向压降小、关断时间短以及高温特性好等特点。在使用中，由于把两管集为一体，从而消除了整流管的接线分布电感的影响，可使主晶闸管承受的反压时间增长，换向振荡电路中 L、C 的选取值减小。逆导管的型号为 KN，额定电流分别以晶闸管电流和整流二极管电流表示，例如 KN200/100，表示晶闸管额定电流为 200 A，整流二极管额定电流为 100 A。图 4-20(b)为逆导型斩波器，工作原理请参照前面所述自行分析。

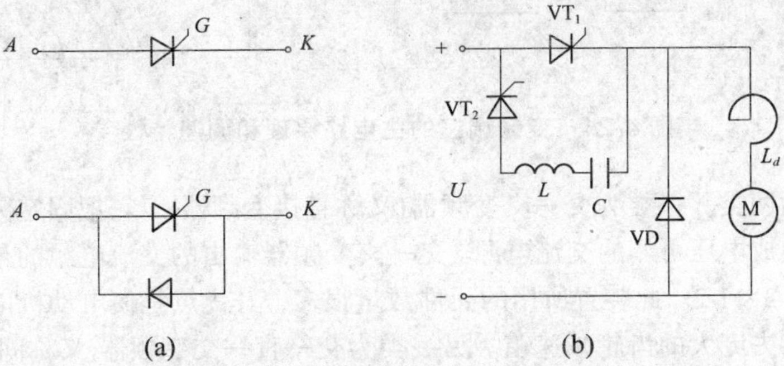

图 4-20 逆导晶闸管及逆导型斩波电路

综上所述，对于半控型器件(晶闸管)，关断电路是必不可少的。如果采用全控型电力器件如可关断晶闸管(GTO)、功率晶体管(GTR)、功率场效应管(MOSFET)、绝缘门极晶体管(IGBT)等，既可控制开通又可控制其关断，那么斩波电路就可省去体积庞大、价格昂贵的换流关断器件，这不仅使电路简化，而且可提高斩波频率，改善斩波性能。因此，全控型器件的斩波器将会得到飞速发展。

4.3 变频调速技术

4.3.1 变频调速器

由交流异步电动机的转速表达式 $n=60f_1(1-s)/P$ 可知，如果均匀地改变定子供电频率 f_1，则可平滑地改变异步电动机的同步转速 n_1，这样就可以对电动机进行调速。变频调速具有调速范围很大，调速无级平滑，负载性质能依需要加以控制及节省能量等优点。但是，由于变频调速所用的电源较为复杂，特别是原采用的 G–M 系统(有可以无级调速的直流发电机–电动机系统)体积庞大、效率低、成本高而未能实际应用。目前，由电力电子器件所组成的变频装置技术已经成熟，性能亦已完善，成本得以降低，因此由变频器控制的变频调速系统获得日益广泛的应用。这种调速方式在国外先进的电动车辆上已有应用。

图 4-21 所示为交流电动机变频调速的主电路和调速特性。对异步电动机而言，当电源频率 f_1 变化时，如果电源电压 U_1 不变，将会引起磁通量(Φ)变化。当 f_1 小于额定值时，Φ 就会大于额定值。由于电机设计制造时 Φ 的额定值已在磁化曲线的饱和段附近，所以 Φ 增大就会引起大的励磁电流。为使 Φ 保持恒定，必须在频率 f_1 变化的同时改变电源电压 U_1，即满足 $U/f_1=E/f_1=$ 常数。

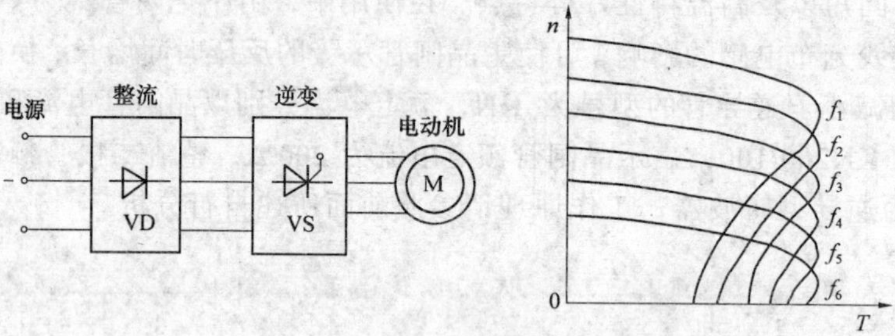

图 4-21　变频调速的主电路原理和调速特性

变频器分为两类。一类为交—交变频器(又称直接变频器)，它把固定频率和电压的交流电源直接转换成电压可调的交流电源。交—交变频器输出的交流电源的最高频率不会超过电网频率的 1/3～1/2。此装置所用的元件数量很多，其优点是使电动机以低速直接拖动生产机械，可省去庞大的齿轮减速箱。另一类为交—直—交变频器(又称间接变频器)。它先把交流电源整流成直流，再由逆变器转换成频率和电压可调的交流电源。这种变频器实际上是由整流电路、滤波电路和逆变电路三部分组成，如图 4-22 所示。随着电力电子器件技术的发展，新型的电力器件如功率晶体管、功率场效应晶体管、绝缘栅双极晶体管等正逐步取代晶闸管。图 4-22 所示为功率晶体管控制的交流脉宽调制(SPWM)的变频器的电路。

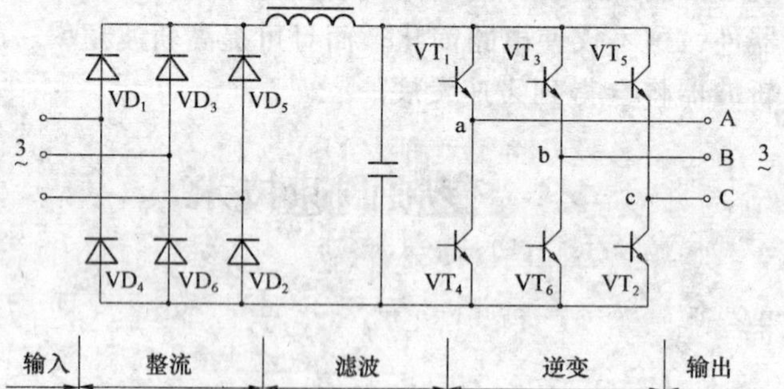

图 4-22　通用型变频器的电路

因为逆变器由交流异步电动机的定子绕组作为负载存在无功功率储存的问题，所以在交—直—交变频系统中必须设置储能元件。根据无功能量处理方式的不同，变频器可分为电压源型(VSI)和电流源型(CSI)两种。电压源型变频器是在直流一侧并联大电容，使直流回路呈低阻抗，强制输出交流电压呈矩形波；电流源型变频器在直流一侧串有大电感缓冲无功能量，使直流回路呈高阻抗，强制输出交流电流呈矩形波。

电动车辆中的蓄电池为直流电源，当电动车辆采用交流电动机驱动并采用变频器调速控制时，无需整流和滤波环节，只需逆变器和相应的控制环节即可。

4.3.2 变频器的基本原理

在逆变器中采用大功率电子器件(如 GTR、IGBT)做主元件主回路的电路，如图 4-23(a)所示；由微机 CPU 控制的基极驱动回路产生基极驱动信号，如图 4-23(b)所示；使主元件顺序轮流导通，在 A、B、C(输出)端得到由矩形波构成的近似正弦波，如图 4-23(c)、(d)所示，加到电动机的三相绕组上，其电流为三相近似正弦的交流波。输出的交流电的频率取决于主元件基极驱动信号(矩形脉冲波)的频率。主电路中的二极管 $VD_1 \sim VD_6$ 构成制动再生能量的反馈回路。

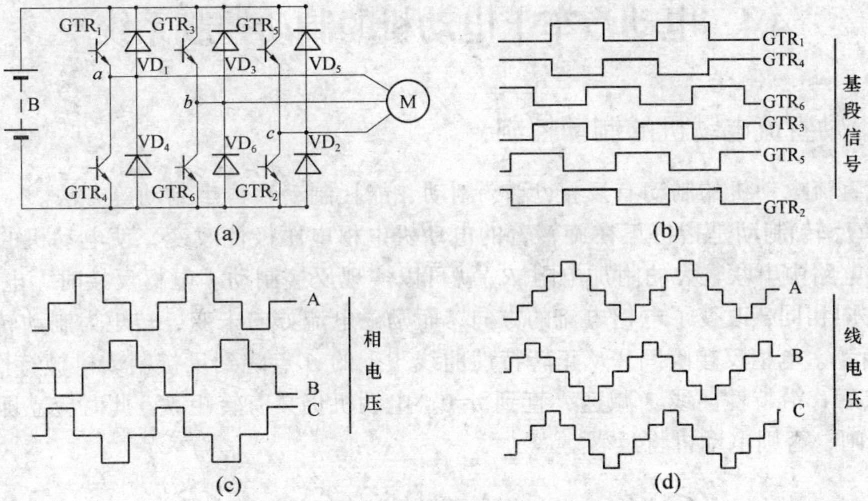

图 4-23 变频器的基本工作原理

变频器输出电压和频率的控制一般采用脉冲宽度调制(PWM)的逆变方式。通过改变可调电动机的转速，但频率改变时电动机的内部阻抗也会变化。这样，单独改变频率将会造成弱励磁引起的转矩不足和过励磁引起的磁饱和等现象，致使电动机的功率因数、效率下降。因此，在改变变频器输出频率的同时应控制其输出电压，以保持磁通不变，即进行 U/f 控制。变频器的输出电压—频率特性可在变频器中预先设定，如图 4-24 所示。

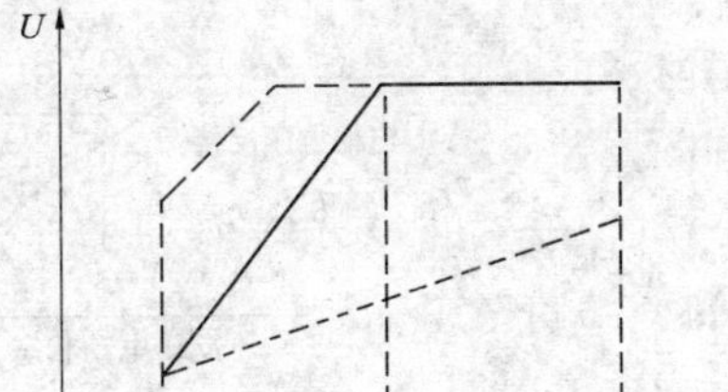

图 4-24 变频器的 U—f 特性

由变频器供电的异步电动机的机械特性如图 4-25(a)所示。它由许多不同电压和不同频率的异步电动机的特性所构成。

进行 U/f 控制的电动机的特性如图 4-25(b)所示。当 U/f 为常数时，机械特性较“硬”，与并激直流电动机的特性相同，有利于车辆加速；当 U 为常数时，机械特性较“软”，与串激直流电动机的特性相同，适合于车辆中高速时负载。

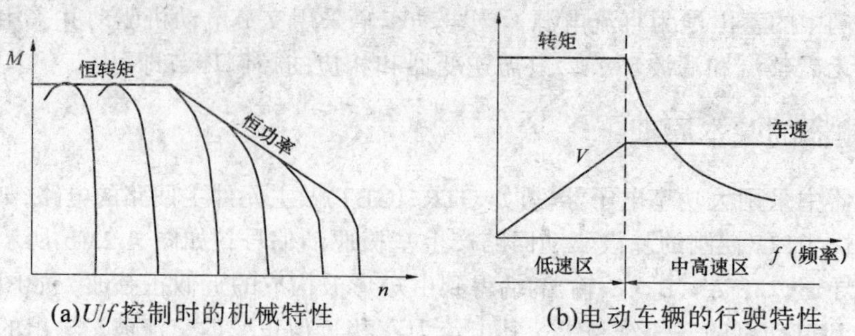

图 4-25　变频器供电时异步电动机的特性

4.4　电动汽车上电动机的制动控制系统

4.4.1　串励直流电动机的制动控制

串励直流电动机的制动有反接(反转)制动、能耗制动和再生制动等方法。

反接(反转)制动是指将正在旋转着的电动机电枢电压极性改变，使电动机的旋向变反，同时电路中串联较大的附加电阻 R_{ad} 就可以实现反接制动。电枢反接时，电势 E 和电压 U 方向相同，改变了电枢电流的方向，而励磁电流方向未变，转矩为制动转矩，如图 4-26 所示。电枢反接瞬间，从正转特性曲线 1 上的 A 点跳到反接制动机械特性曲线 2 上的 B 点后，沿特性曲线 2 减速，直到 n=0，电动机仍具有转矩 T。此时应立即断电，制动器抱闸，否则电动机将反转。

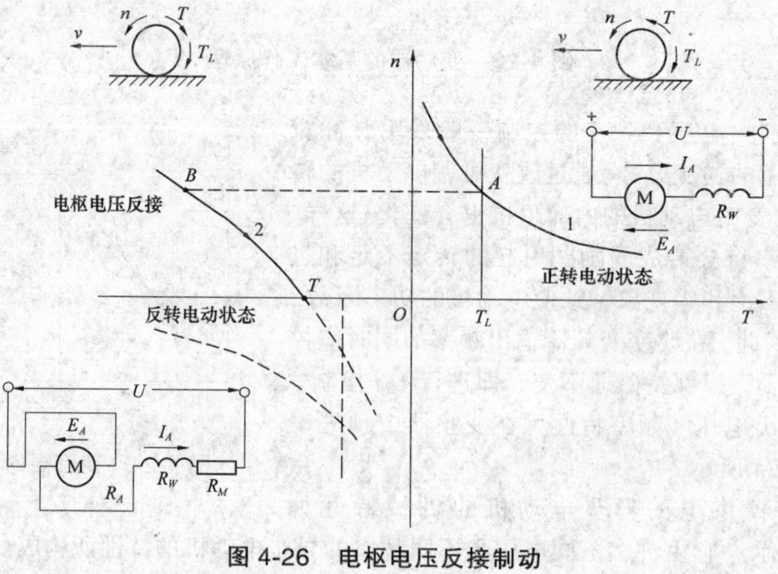

图 4-26　电枢电压反接制动

电枢电压反接(反转)制动，要吸收电源和机械的动能转变成的电功率，消耗在电枢电路的电阻上，因此耗损大，制动强烈。为了限制制动转矩，必须在电路中串联较大的附加电阻 R_{ad}。

能耗制动是指把串励直流电动机接成自励发电机形式运行而实现的能耗制动方法。自励发电机的特点是靠磁极的剩磁而建压的。因此，只有当制动状态下，励磁绕组的电流保持在未换成制动状态前(即电动状态)的方向，也就是当励磁磁通与剩磁通方向一致时，才能实现自励。因为电动机在制动状态下，电流的方向与电动势的方向是一致的，而在电动状态下，电动势的方向则和电流的方向相反，所以电动机从电动状态转入制动状态时，如果转动方向不变的话(例如电动车辆下坡时的制动)，则应该将电枢或励磁绕组反接。

图 4-27 表示串励直流电动机实现自励能耗制动的几种情况。其中图(a)表示电动机工作于电动状态，图中电压、电动势、电流及电枢旋转方向等都用箭头标明。图(b)表示电动机从电源断开而与附加电阻 R_{ad} 相联接。当旋转方向不变时，电枢绕组切割剩磁所感应的电动势保持与电动转态下相同的方向。在该电动势的作用下，流过励磁绕组的电流 I_w 的方向与电动状态下相反，抵消了剩磁，因而电动机不能自励，也起不了任何制动作用。图(c)表示电动机旋转方向不变而将电枢反接时，实现自励能耗制动的情况。电机旋转方向不变而将励磁绕组反接时，也可实现自励能耗制动。图(d)表示电动机旋转方向改变，不能接电枢或励磁绕组时，实现自励能耗制动的情况。

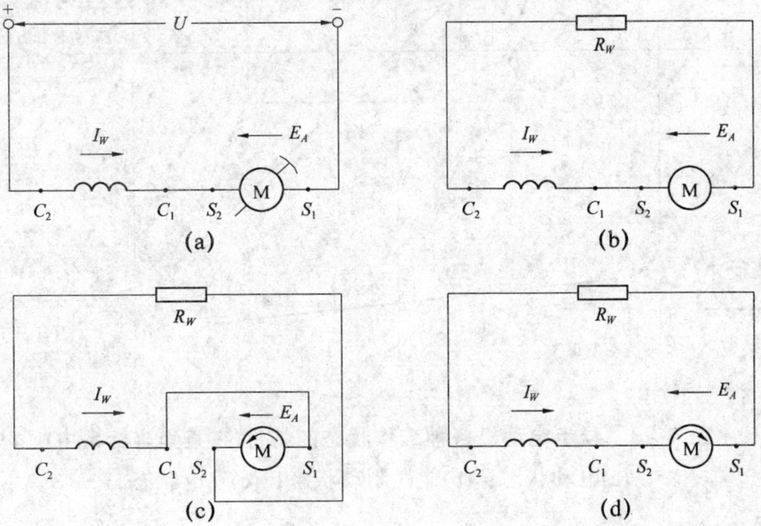

图 4-27　自励能耗制动

能耗制动过程中不消耗电源的电能，而将车辆的动能消耗在电阻上，故较经济。能耗制动的方法可用来限制电动车辆的运行速度，多用做限速制动。采用这种方法使机构迅速停车时，效果不好，因为当转速低时，其制动转矩小，制动作用不大。要使机构停车，则必须与机械制动配合使用。

4.4.2 交流异步电动机的制动控制

交流异步电动机的制动控制可使电动机处于电磁制动和发电制动工作转态。

为了便于了解电动机的各种工作状态，通常将电动机的机械特性布置在直角坐标系的四个象限里，如图 4-28 所示。

图 4-28 中，假定转子逆时针旋转，其转速 n 为正值，顺时针旋转，转速 n 为负值；电磁转矩 T 逆时针方向为正，顺时针方向为负。按照这种假设条件，图中第Ⅰ象限的曲线 1 表示电动机在电动工作状态下转速与电磁转矩的关系，如电动车辆正常驱动行驶(如图 4-28(a)所示)时，电动机就处于这样的工作状态。而第Ⅲ象限中的曲线 1′也表示电动工作状态，只是转子的旋转方向及电磁转矩的方向与第Ⅰ象限相反，当电动车辆倒车行驶时，电动机便处于这种工作状态，如图 4-28(b)所示。

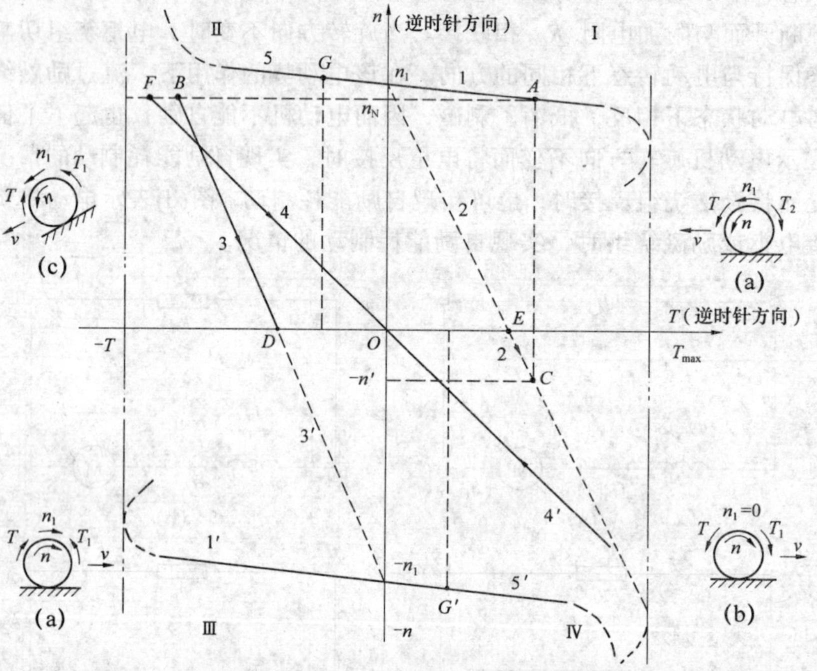

图 4-28 异步电动机各种工作状态的特性(在直角坐标系中)

(a)电动状态；(b)能耗制动状态；(c)发电状态

电磁制动状态是电动机的旋转磁场方向与转子旋转磁场方向相反的工作状态。此时，电磁转矩的方向与转子旋向相反，它对转子的旋转起阻碍(制动)作用。由于旋转磁场的方向与转子旋转方向相反，所以这时转差率 s 大于 1。如使正在运行的电动车辆快速停车，可以采用这种制动措施。此时，为避免电动机定子、转子绕组中产生过大电流而毁坏电动机，应在绕线式异步电动机的转子绕组中，串入适当的电阻。

将三相电源中任意两相交换位置就改变了旋转磁场的方向，电磁转矩 T 与原来的方向相反，而转子由于惯性作用继续维持原来的旋转方向，这时电磁转矩对转子的旋转起制动作用。对绕线型异步电动机来讲，在调换三相电源引线的同时要给转子绕组中加入适当的电阻。在这种工作状态下，电动机的机械特性，如图 4-28 中的曲线 3，转速则从 $n=n_N$ 的 B 点下降到 $n=0$ 的 D 点。此刻必须切断电源，否则电动机将开始反转。在这种工作状态下电磁转矩 T 是负值，转速 n 是正值，所以工作状态是处在直角坐标系的第Ⅱ象限。

对于正在运转着的交流电动机，欲使其快些停下来，可将三相交流电源切除，而将定子绕组的任意两条引线接到直流电源上，则为能耗制动工作状态，这时给定子绕组通以直流电源，由于定子绕组的电阻很小，所以直流电源电压不应太高，以避免流过定子绕组的电流太大，烧毁电动机。当定子绕组中通过直流电流之后在其周围产生恒定磁场。从图 4-28(b)可以看出，这时电磁力所形成的力矩 T 对转子的旋转总是起制动作用。由于转速 n 是正值，电磁力矩 T 是负值，所以机械特性是在直角坐标系的第Ⅱ象限里的曲线 4(当 n 是负值，T 为正值时，就是第Ⅳ象限里的曲线 4′)。电动机的工作状态是：由转速为额定转速即 $n=n_N$ 的 F 点开始制动，转速下降，直到停转，即 $n=0$ 的 O 点。由于转速为 0 时，转子绕组不再切割磁力线，所以这时电磁力矩也为 0，即 $T=0$。可见，这种工作状态的机械特性是通过原点的。

发电制动状态是电动机的转子在外力的驱动下，虽然其旋转方向与电动机的旋转磁场的方向是一致的，但是转速却超过了旋转磁场的转速，即 $n>n_1$。在这种工作状态下，电动机不是从电源吸取能量，而是把驱动转子旋转的机械能转化为电能馈送给电源，如图 4-28(c)所示，此时 T 为阻力矩，而 T_L 为驱动力矩。其机械特性如图 4-28 中第Ⅱ象限里的曲线 5 和第Ⅳ象限里的曲线 5′所示。电动车辆下长坡时，电动机的转子加速旋转，若转子转速超过了旋转磁场的转速就出现了这种工作状态。当驱动转子旋转的驱动转矩 T_{qd} 与电动机的电磁转矩 T 之间达到大小相等而方向相反时，便开始做匀速转动(即图中的 G 点)。由于在这种工作状态下，电动机的电磁转矩 T 与转速 n 的方向相反，它对于转子的旋转起制动作用，所以发电机工作状态也是一种电磁制动工作状态，有时把发电工作状态又称为再生制动工作状态。

4.4.3 再生制动能量的利用和控制

再生制动时，电动机作发电机运行可使车轮制动或减速时的能量转化成电能回馈到蓄电池(向蓄电池充电)，车辆制动或减速时的能量有 40%～60%是可以回收的，其中有 10%～20%可转化成电能向蓄电池充电，达到节能的目的。实现再生制动应满足两个条件，一是电动机应运行在发电状态；二是发电机产生的电能(由制动能量转换而来)应通过适当的电路反馈到蓄电池。电动车辆电动机作发电机运行构成再生制动，使车辆的动能得以回收有两种情况：一是电动车辆下坡时，电动机的转子转速因阻力减小而提高，当超过最高允许转速时，应转入再生制动状态；另一种是车辆减速时，将车辆动能转换成电能，反馈到电源中去。

4.4.3.1 直流电动机驱动的车辆的再生制动控制

为了使直流电动机运行在发电(再生制动)状态，需要使转子(电枢)电磁电动势加到磁场绕组上，实现自励。图 4-29(a)、(b)分别为美国通用电气公司(GE)的 EV100 型和意大利萨牌(ZAPI)电气公司的 H2B 型电动车辆斩波控制器控制的串励直流电动机之再生制动电路。

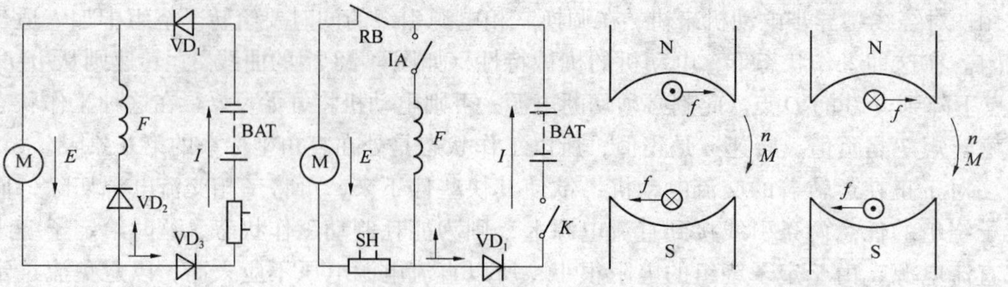

(a)EV100 型控制器　(b)H2B 型控制器　(c)电动机运行状态　(d)发电机运行状态

图 4-29　直流电动机的再生制动电路

由图 4-29(a)可知，在制动状态时，电动机电枢产生的电动势 E 一方面向电动机的磁场进行自励供电；另一方面通过二极管 VD_1、VD_3 向蓄电池 BAT 充电。同样在图 4-29(b)中，在制动状态时，全速接触器 IA、再生制动接触器 RB 和电源接触器 K 的主触头均为闭合状态，电动机电枢产生的电动势 E 一方面向电动机的磁场进行自励供电；另一方面通过二极管 VD_1、K 和再生制动接触器 RB 向蓄电池 BAT 充电。图 4-29(c)中为电动机运行状态时，磁场、电枢电流、导体受力和电动机旋转方向。图 4-29(d)则为发电再生制动状态，电机磁场、电枢电流、导体受力和电动机旋转方向图，与图 4-29(c)比较，在再生制动状态时，电动机的旋向、电动机的磁场方向均未改变，在车辆动能的作用下，电动机的电枢被带动旋转，导体切割磁场的磁力线，产生感生电动势 E，使电动机变成自励发电运行状态。

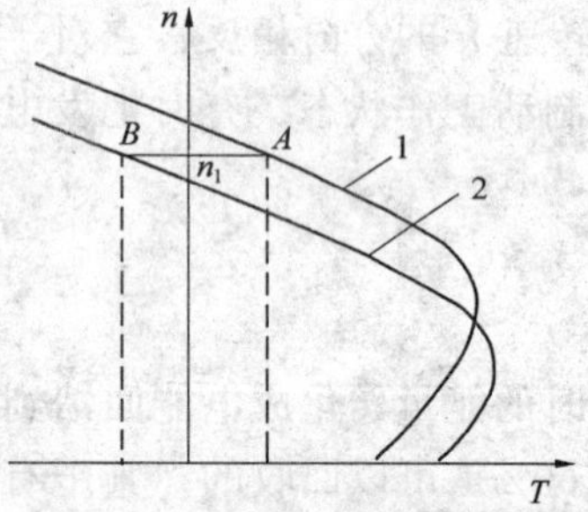

图 4-30　变频调速控制时的再生制动

4.4.3.2　交流电动机驱动的车辆的再生制动控制

交流电动机驱动的车辆的再生制动控制更加易于实现，在电动机转子由车辆动能作用下，其转速超过旋转磁场的同步转速时，电动机自动转变成发电机运行转态，如图 4-28 中曲线 5 上的 G 点。

在采用变频调速控制的电动车辆上，实现再生制动控制也很方便，如图 4-30 所示，为了实现再生制动，只须将电动机的供电频率适当降低，电动机转子的转速就会超过旋转磁场的同步转速，使电动机运行于发电机状态，电动机的工作点就会从曲线 1 上的 A 点变换到曲线 2 上的 B 点，电动机迫使车辆减速，并将电能回馈到电源。

4.5　PMC 电动车辆调速控制系统

美国柯蒂斯(CURTIS)公司的 PMC 系列电动车辆调速控制器，用于工业与商用电动车辆、电动康复及休闲电动车辆的调速控制。其控制器以 MOSFET 作为功率控制器件。该公司 1985 年以来一直是开发各种电动车辆用高频场效应晶体管控制器的领导者，为电力驱动的车辆包括蓄电池叉车、牵引车、电动自行车、高尔夫球场车、清扫车、擦洗登高车、运输车、电动汽车及其他供机场、港口、车站等使用的各种电动车辆，提供行走速度控制器。

4.5.1 柯蒂斯 PMC 调速控制器的型号与参数

柯蒂斯公司的电动车辆控制器电压控制范围为 24 ~ 144 V，控制电流为 30 ~ 700 A。用于串励直流电动机的控制由 1204/05/07/09/14/15/21/31—××××等型号，其主要参数见表 4-1。

表 4-1 几种柯蒂斯电动车辆调速控制器的主要参数

型号	电压范围 (V)	限流范围 (A)	1 h 工作电流(A)	5 min 额定电流 (A)
1204-××××	12 ~ 48	175 ~ 275	75 ~ 125	130 ~ 200
1204×-××××	12 ~ 48	275 ~ 400	135	
1205-××××	12 ~ 48	400	175	250 ~ 285
1205×-××××	12 ~ 48	350 ~ 500	185	
1207-××××	24 ~ 36	250	100	150 ~ 170
1207A-××××	24	250 ~ 300	100 ~ 110	
1214-8×××	24 ~ 48	350 ~ 400		
1215-8×××	24 ~ 48	500		
1219-8×××	24 ~ 48	500		
1209-××××	24 ~ 120	175 ~ 500	75 ~ 225	125 ~ 350
1209B-××××	24 ~ 120	275 ~ 500	100 ~ 225	
1221-××××	24 ~ 120	400 ~ 600	150 ~ 250	250 ~ 425
1221C-××××	72 ~ 120	400	150	
1231-××××	72 ~ 144	500 ~ 550	225	275

注：所有型号产品均具有温度过高和欠压保护。

4.5.2 柯蒂斯控制器的电路及工作情况

图 4-31 是柯蒂斯控制器的布置及电路的连接图。图 4-32 是柯蒂斯控制器控制的蓄电池牵引车的电路。这种控制器已用于国内生产的 2 t 牵引车上。

在图 4-32 中驱动电动机的工作电流由控制器中的 MOSFET 控制，图中粗实线是电动机的主电路，由蓄电池、电路主熔断器 FU4、电路接触器 *K* 的触头、电动机的电枢和磁场、方向接触器的触头、MOSFET 和续流二极管等组成。电路接触器 *K* 的触头闭合时，接通方向接触器 *F* 的常开触头(同时其常闭触头断开)，电动机将通电正转，车辆向前行

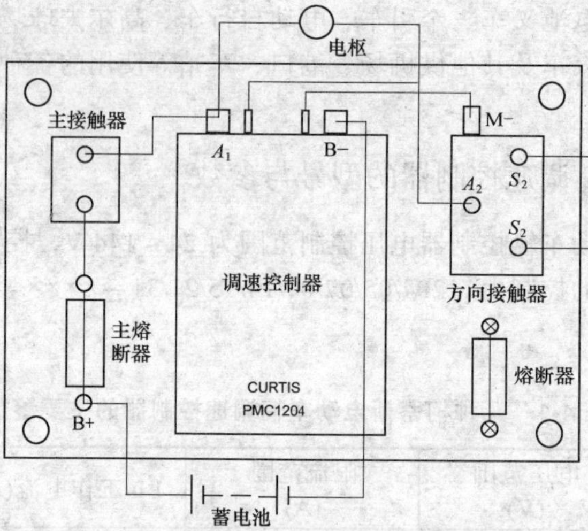

图 4-31　柯蒂斯控制器的布置及与电路的连接图

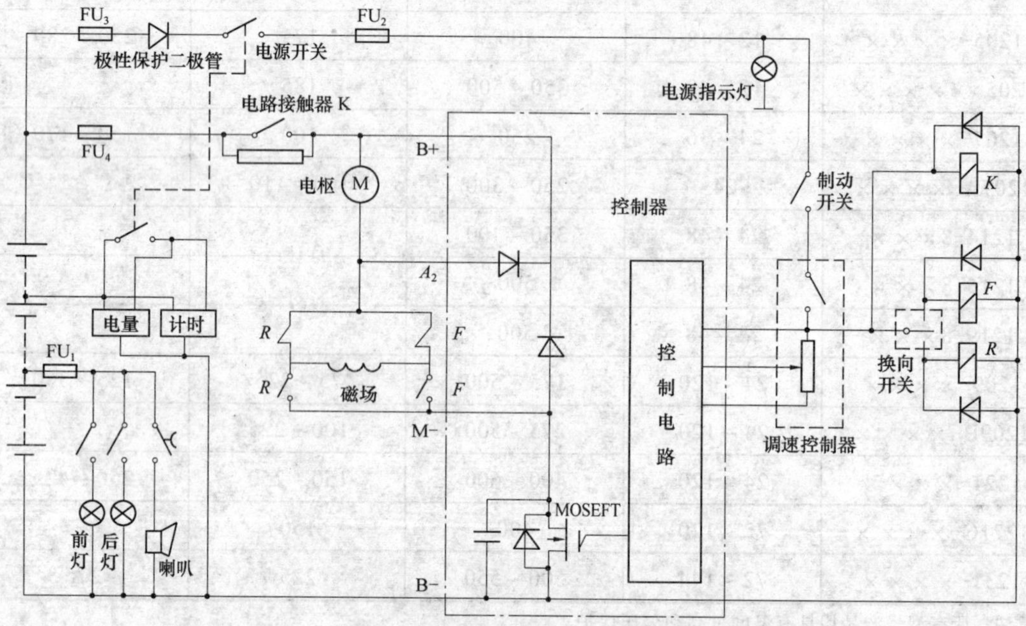

图 4-32　柯蒂斯控制器控制的蓄电池牵引车的电路

驶。车辆的运行速度取决于 MOSFET 的导通时间或相对导通率，MOSFET 的导通时间越长，加到电动机上的电压越高，电动机的工作电流越大，电动机的输出转矩和转速越高，从而车辆的运行速度越高。

电动机的旋向和转速由控制电路控制。接通电源开关，电源指示灯亮。放松制动踏板，制动开关接通。接通方向开关(确定车辆运行方向)，踏下调速控制器的踏板，其内起步开关接通，电路接触器 *K* 线圈通电，主触头 *K* 闭合，接通了电动机的主电路。同时，方向接触器 *H* 或 *R* 的线圈通电，相应的触头(*F* 或 *R*)动作，确定了电动机的旋向即车辆的运行方向。继续下踏调速器踏板，调速器中的变阻器阻值变化，改变了输入控制电路的信号值，控制电路 MOSFET 的导通时间或相对导通率加大，车辆运行速度提高。

车辆工作中若踏压制动踏板，制动开关断开，车辆电路随即断电。如果在车辆运行中，将方向开关打到了相反的位置，车辆不能立即变换方向，将首先停止运行，待车辆速度减为零时，抬起调速踏板并重新踏下时，车辆才可运行。

图 4-33 所示为具有可编程控制功能的 PMC1207 型控制器控制的蓄电池车辆的电路。它除了基本的控制功能外，还可以通过 PCM1307 手持编程器进行编程、电路测试和故障诊断，还可以通过发光二极管指示故障信息。

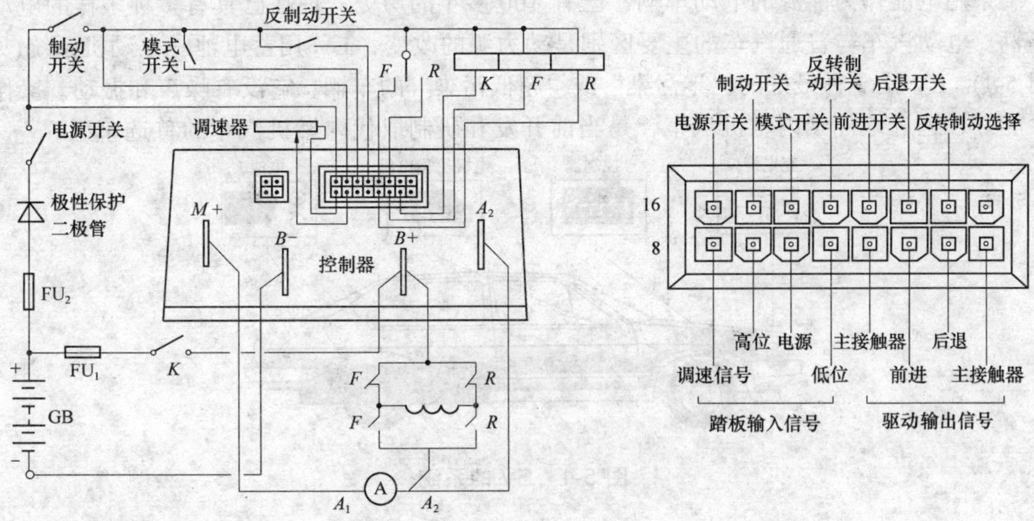

图 4-33　PMC1207 型控制器控制的蓄电池车辆的电路

复习思考题

1. 电机的调速方式有哪些？
2. 试述串励电机无级调速方式。
3. 什么是串级调速方式？晶闸管在调速电路里起什么作用？
4. 什么是直流斩波器？有什么作用？
5. 试述脉冲频率控制斩波器的工作过程。
6. 什么是变频调速？有什么特点？
7. 变频器电路有哪些元器件组成？各起什么作用？
8. 直流电机制动控制方式有几种？各有什么特点？
9. 交流电动机制动是如何实现的？
10. 什么是再生制动？电动汽车能量回收是利用再生制动原理吗？

第 5 章　纯电动汽车(EV)

5.1　EV 概述

采用电能作为能源的电动车辆，已有 100 多年的历史，现在已具有多种多样的电动车辆。电动汽车与普通汽车的主要区别是动力源的改变，EV 用蓄电池—电动机系统(见图 5-1)。EV 是一种最好的“零污染”或“超低污染”的车辆，它没有噪声和振动，操作性能好，远远地优于内燃机汽车，是当前开发和研制取代内燃机汽车的首选车型。

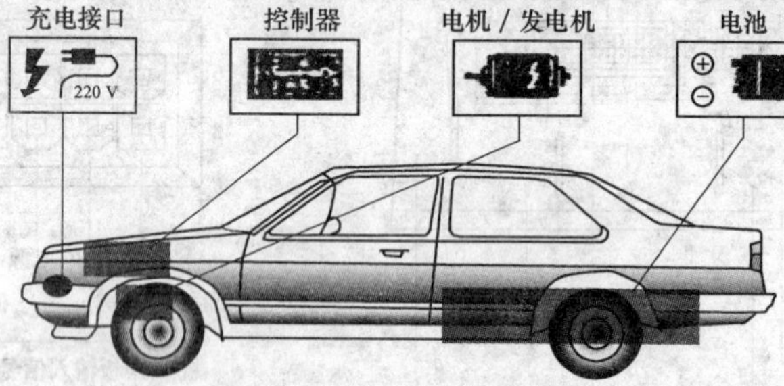

图 5-1　EV 的系统

美国是世界上对防止大气被污染限制最厉害的国家，加州在 1990 年制定的对防止大气被污染限制的法规中规定，到 1998 年“零污染”汽车销售的比例要占新车销售额的 10%。20 世纪 70 年代以来，美国、日本、德国、法国和意大利等国家的汽车公司和研究部门，为寻找汽车新能源和开发“零污染”汽车，相继投入了大量的人力和物力，开发了各种电动汽车，以及 EV 用的蓄电池、燃料电池、驱动电动机、控制装置和设备、车身和底盘等技术，使得 EV 得到了迅速的发展。

在国家科技部的领导和组织下，我国 EV 得到了迅速地发展，1994 年清华大学研制成功了轻型电动厢式客货车、国防科工委研制成功了 YW6120DD 型电动大客车等。我国还在广东省汕头市南澳县建立了第一个 EV 示范区，对 EV 进行大量的研究和试验。我国 EV 事业正在不断地发展和壮大。

5.2　EV 的基本组成部分

5.2.1　车载电源

5.2.1.1　车载电源的发展

目前，在 EV 上一般以各种不同的蓄电池组成的动力电池组储存的电能作为动力源，用周期性的充电来补充电能。动力电池组是 EV 的关键装备，它储存的电能及其自身的质量和体积，对 EV 的性能起决定性影响，也是发展 EV 过程中主要研究和开发的对象。经过科学家不懈的努力，EV 用电池经过了三代的发展，已取得了突破性的进展。

第一代的 EV 电池都是铅酸电池。由于铅酸电池的比能量和比功率不能满足 EV 动力性能的需求，后来进一步发展了阀控铅酸电池、铅布电池等，使铅酸电池的比能量有所提高，目前仍然能够作为 EV 的电源。

第二代的高能电池有镍—镉电池、镍—氢电池、钠—硫电池、钠—氯化镍电池、锂离子电池、锂聚合物电池、锌空气电池和铝空气电池等。第二代电池的比能量和比功率都比铅酸电池高，大大地提高了 EV 的动力性和续驶里程，但第二代电池仍然是在电能—化学能—电能的化学反应过程中存储电能和供给电能，有一些特殊使用条件和一定的局限性，其中有些高能电池还需要复杂的电池管理系统和温度控制系统，各种电池对充电技术还有不同的要求，而且化学电池中的活性物质在使用一定期限后，会老化变质以至完全丧失充电和放电功能而报废，增加了 EV 的使用成本。

第三代电池是以燃料电池为主的电池。燃料电池直接将燃烧的化学能转变为电能，能量转变效率高，比能量和比功率高，并且燃料电池能量转化过程可以连续进行，反应过程能够有效地控制，是较理想的电动汽车电池，一些关键技术正在不断地突破，并且在使用上取得了良好效果。

5.2.1.2　动力电池组的组成和布置形式

纯电动汽车唯一的动力源一般是由多个 12 V 或 24 V 的电池串联形成的动力电池组，动力电池组一般是电压为 155～400 V 的高压直流电源。为了便于向一些低压用电设备供电，动力电池组还有 DC/DC 转换器。

在传统的内燃机汽车上，制动系统、照明系统、信号系统、刮水器、喷淋器、电动车门、电动车窗、音响、电视、多媒体、安全气囊、防撞系统、导航系统、车载电话等，都采用了 12 V 或 24 V 的低压电源，并且装备了发电机—电压调节器—蓄电池的低压电源系统。因此，EV 的电池组还需要通过 DC/DC 转换器，供应 12 V 或 24 V 的低电压，并储存到低压辅助电池组中，作为 EV 的仪表、照明和信号等的工作电源。DC/DC 转换器和低压辅助电池组，承担从动力电池组向低压电池组进行充电和管理，然后由低压电池组向各个用电装置提供电能的任务，全部过程都是在中央控制器的监控和指令下进行的。

在 EV 上，还有空调系统的空压机、动力转向系统的油泵和制动系统的真空泵等，也需要动力电池组提供动力电能。空调系统的空压机如果用动力电池组供给电能，对 EV 的动力性影响很大，可以使 EV 的续驶里程减少近 30%，一般采用智能控制系统，在 EV 启动、加速、爬坡和停车时，控制空调系统停止运转，以节约电能。

动力电池组采用并联或者串联的方式进行组合，在 EV 上占据很大一部分有效的装载空间，在布置上有相当的难度，通常有“集中”布置和“分散”布置两种形式。通用公司的 EV–1 采用了 Delco 电池组，动力电池组采用“集中”式布置形式，动力电池组的支架为“T”型架(见图 5-2)。T 型架装在车辆的地板下面和行李箱下面的车架上，动力电池组固定在 T 型架上，保证了动力电池组的稳定性，电池组从车辆的尾部安装。在 T 型架上装有动力电池组的通风系统、电线保护套等，用自动和手动断路器在车辆停车和车辆出现故障时切断电源，保证高压电路的安全。

日本丰田汽车公司的 RAV4–EV 是将动力电池组用支架固定在 EV 的车架上，动力电池组由 24 节 12V 的镍氢电池组成，总电压为 288 V，动力电池组又分成若干个“小组”，呈“分散式”布置在车架上，然后串联起来，这样可以充分利用车辆底盘上的有效空间。动力电池组的布置形式见图 5-3，动力电池组布置在 EV 底板下面是最常见的布置方法，可以从 EV 的下部安装和拆卸电池组。

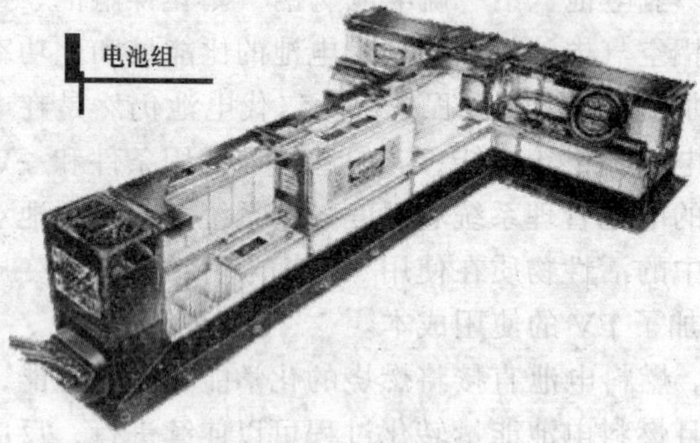

图 5-2　EV–1 动力电池组的“集中式”T 型架的布置形式

图 5-3　RAV4–EV 的动力电池组

5.2.2　电池组的管理系统

动力电池组的管理系统包括对动力电池组的充电和放电时的电流、电压、放电深度、再生制动反馈的电流、电池的自放电率、电池的温度等进行控制。因为个别蓄电池性能变化后，影响到整个动力电池组的性能，用蓄电池管理系统来对整个动力电池组和对动力电池组中的每一个单体电池进行监控，保持各个电池间的一致性，还要建立动力电池组维护系统，来保证 EV 的正常运行。

动力电池组必须进行周期性充电，动力电池组对充电时的电压和电流都有一定的要求，因此高效率的充电装置和快速充电装置，也是 EV 使用时所必需的辅助设备。根据 EV 不同的形式，EV 可采用地面充电器、车载充电器、接触式充电器或感应充电器等进行充电。

电池充电系统、管理系统、维修系统和再生制动能量的回收系统等，是一个全新的系统工程，是 EV 运行的保证体系，其重要性不亚于 EV 本身。如何建立充电站系统，使 EV 的充电像内燃机汽车加油站那样方便和普及，也是推广 EV 的关键问题。与此同时还应建立报废蓄电池的回收和处理工厂，避免再出现报废料造成严重的污染，这些都需要得到政府和全社会的重视和支持。

5.2.2.1　电池组管理系统组成

EV 上动力电池组是它的主要电源，EV 全靠动力电池组提供电源。根据电动车辆所采用的电池的类型和动力电池组的组合方法，电池组管理系统主要包括：①热(温度)管理系统；②电池管理系统；③电线线路管理系统(见图 5-4)。

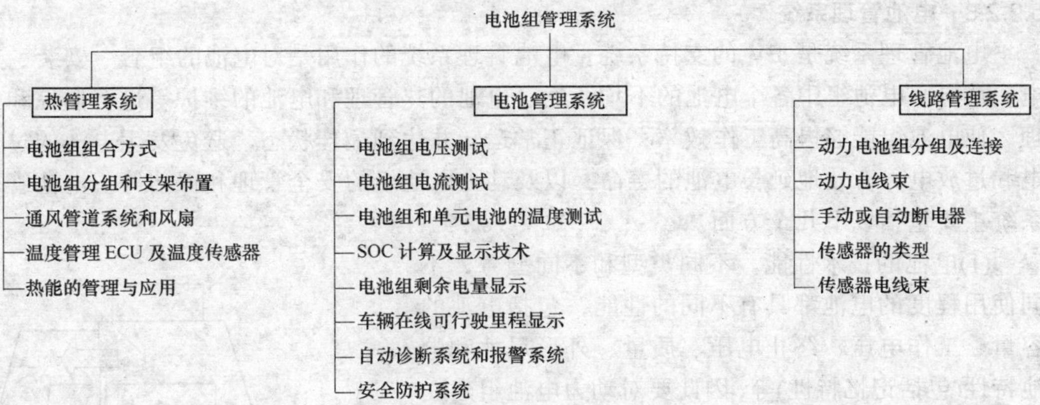

图 5-4　电池组管理系统

5.2.2.2　热管理系统

EV 使用的动力电池组在工作时会有发热现象，不同的蓄电池的发热程度各不相同，有的蓄电池采用自然通风即可满足电池组的散热要求，但有的蓄电池则必须采取强制通风来进行冷却，才能保证电池组正常地工作和延长蓄电池的寿命。另外，在 EV 上由于动力电池组的各个电池或各个分电池组，布置在车架不同的位置上，各处的散热条件和周围环境都不同，这些差别也会对电池充、放电性能和电池的使用寿命造成影响。为了保证每个电池都能有良好的散热条件和环境，将 EV 的动力电池组装在一个强制冷却系统中，以保证各个电池的温度保持一致或相接近及各个电池的周边环境条件相似。

根据动力电池组在电动车辆上的布置，动力电池组的温度管理系统中，首先应合理安排动力电池组的支架，要求便于动力电池组或其分组便于安装，能够实现机械化装卸，便于各种电线束的连接。在动力电池组的支架的位置和形状确定后设计通风管道、风扇、动力电池组 ECU 和温度传感器等，EV 上水平布置的温度管理系统见图 5-5，垂直布置的温度管理系统见图 5-6。

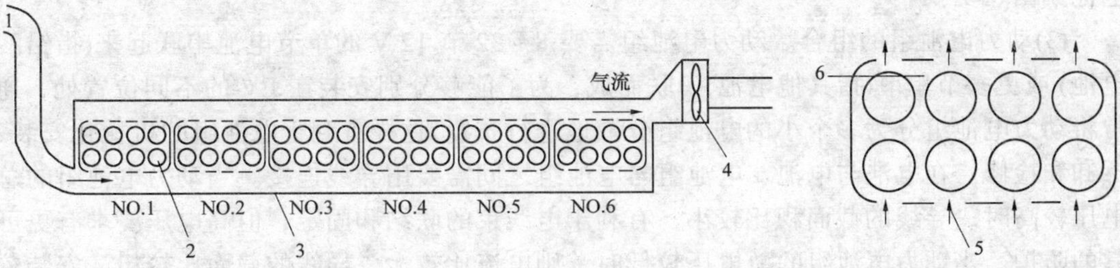

(a)动力电池组的强制通风系统及动力电池组分组布置　　(b)分组电池组的局部通风情况

1．空气吸入管道；2．分电池组；3．动力电池组密封支架；4．冷却风扇；5．分电池组冷却气流；6．温度传感器

图 5-5　动力电池组水平式的强制冷却系统

在某些电池工作时，会产生较高的温度，可以充分利用其产生的热量用于取暖和挡风玻璃除霜等，使热量得到管理与应用。

5.2.2.3 电池管理系统

电池管理系统是 EV 的支持系统，电池管理系统的作用是对电池的组合、安装、充电、放电、电池组中各个电池的不均衡性、电池的热管理和电池的维护等进行监控和管理，使电池组能够提高工作效率，保证正常运转并达到最佳状态，避免发生电池的过充电和过放电，有效地延长电池的寿命，以及动力电池组的安全管理和保洁等。电池管理系统主要包括以下几个方面。

(1)电池的技术性能。不同类型和不同型号、不同使用程度的电池都具有不同的性能，包括电池的容量、工作电压、终止电压、质量、外形尺寸和电池特性(包括记忆特性)等，因此要对动力电池组建立技术档案。实际上即使是同一型号、同一批量的蓄电池，彼此之间由于制造原因、电解质的浓度差异和使用情况的不同，都会对整个动力电池组的性能带来影响。在安装电池组之前，应对各个蓄电池进行认真的检测后，用性能差不大的电池来组成动力电池组。

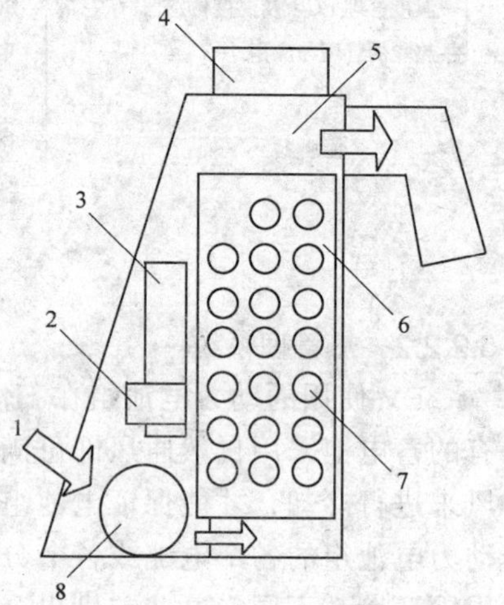

1. 冷却空气吸入管道；2. 温度传感器；
3. 电池组管理 ECU；4. 充电器；
5. 电池组通风箱；6. 单元蓄电池；
7. 分电池组；8. 风扇

图 5-6 动力电池组垂直式的强制冷却系统

(2)电池状态的管理。EV 的动力电池组由多个单节电池组成，其基本状态包括在充电和放电双向作业时的电压、电流、温度、SOC 的比例等。在正常情况下动力电池组的电压、电流、温度、SOC 的比例等影响能够进行双向计量和显示。由于多种原因，在动力电池组中个别电池会出现性能的改变，使得动力电池组在充电时不能充足，而在放电时很快地将电能放尽。这就要求电池管理系统能够及时自动检测各个单节电池的状态，当检测出某节电池出现损坏时，及时地进行报警，以便将“坏”电池剔出、更换。

(3)动力电池组的组合。动力电池组需要 8～32 节 12 V 的单节电池串联起来(指铅酸电池) 或更多节单节(指其他电池)串联而成，为了能够分别安装在 EV 的不同位置处，通常将动力电池组分为多个小的电池组分散地进行布置，这样有利于电池组的机械化安装、拆卸和检修。在电池与电池、电池组与电池组之间需要用导线连接。当动力电池组的总电压较高时，导线的截面积比较小，有利于电线束的联结和固定，但高电压要求有更可靠的防护。当动力电池组的总电压较低时，则电流比较大，导线的截面比较粗，安装较不方便。在各个电池组之间还需要安装连接导线将各个电池组串联起来，一般在电池组与电池组之间装有手动或自动断电器，以便在安装、拆卸和检修时切断电流。另外，在电池管理系统中还有各种传感器线路等，因此在 EV 上有尺寸很长的各种各样的电线束，这就要求电线之间有可靠的绝缘，并能快速进行连接。

(4)动力电池组的安全管理。动力电池组的总电压可以达到 90～400 V，高电压对人体会造成危险，应采取有效的隔离措施。一般是将动力电池组与车辆的乘座区分离，将动力电池组布置在地板下面或车架的两侧。在正常的情况下，车辆停止使用时，通常会自动切断电源，只有在 EV 启动时才接通电源。当 EV 发生碰撞或倾覆时，电池管理系统应能立即切断电源，防止高压电引起的人身事故和火灾，并防止电解液泄露造成的伤害，以保证人身安全。

5.2.2.4 动力电池组管理系统的功能和作用

动力电池组管理系统要承担动力电池组的全面管理，一方面保证动力电池组的正常运作，显示动力电池组的动态响应并及时报警，使驾驶员随时都能掌握动力电池组的情况。另一方面要对人身和车辆进行安全保护，避免因电池引起的各种事故。

(1)动力电池组管理系统的基本功能。动力电池组管理系统一般采用先进的微处理器进行控制，通过标准通讯接口和控制模块对动力电池组进行管理，一般有以下几方面：①动力电池组管理、监视动力电池组的双向的总电压和电流、动力电池组的温升，并通过液晶显示或其他显示装置，动态显示总电压、电流、温升的变化，避免动力电池组过充电或过放电，使动力电池组不会受到人为的损坏。②单节电池管理，对动力电池组中的单节电池的管理，可以及时发现单节电池的电状态，对单节电池动态电压和温度的变化进行实时测量，以便及时发现单节电池存在的问题，并采取有效的防范措施。③剩余电量的估计和诊断，动力电池组管理系统应具有对剩余电量的估计和故障诊断功能，能够有效地反映和显示剩余电量(SOC)，目前对剩余电量的估计误差一般在 10%左右。配备故障诊断专家系统，可以早期预报动力电池组的故障和隐患。

(2)动力电池组管理系统的组成。①综合动力管理系统的各种功能，动力电池组管理系统的基本组成如图 5-7 所示。②带有温度测量装置的动力电池组管理系统的基本组成如图 5-8 所示。带有温度测量装置的动力电池组管理系统，是利用损坏的电池在充电过程中电池的温度高于正常电池温度的原理，用温度传感器来测定和监控每一个电池在充电过程中的温度是否在允许的正常范围内。如果发现某个电池的温度处于不正常状态，剩余电量(SOC)显示也不正常时，即刻向动力电池组管理系统反馈这个电池再现的相应信息，并由故障诊断系统预报动力电池组的故障。

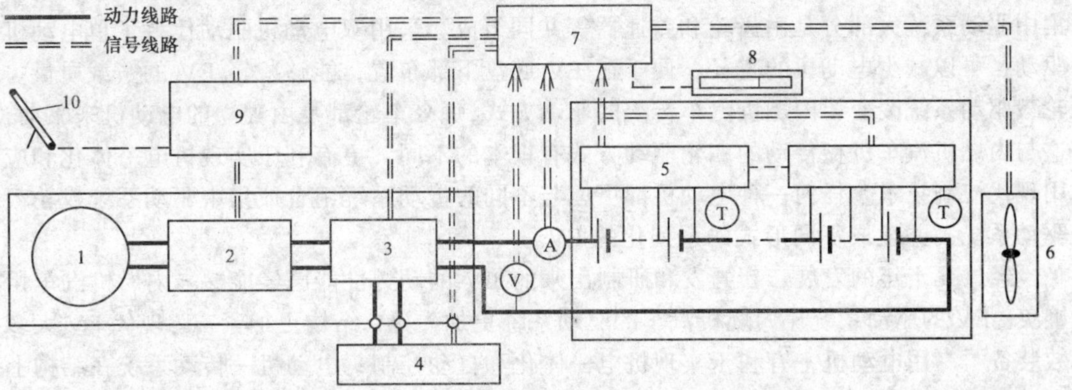

1．电动机；2．逆变器；3．继电器箱；4．充电器；5．动力电池组；6．冷却风扇；7．动力电池组管理系统；8．剩余电量 SOC(里程)显示器；9．车辆中央控制器；10．驾驶员控制信号输入

图 5-7 动力电池组管理系统的基本组成

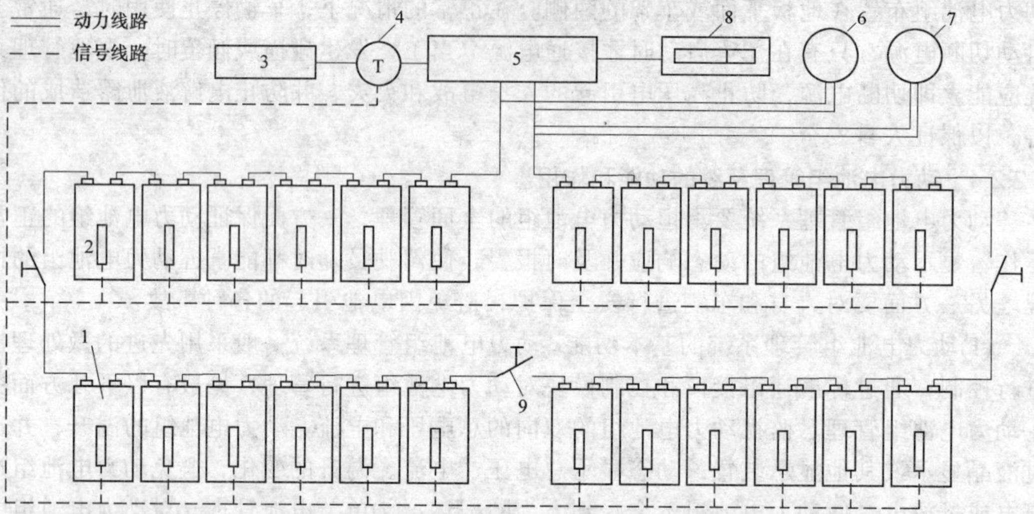

1．分电池组；2．温度传感器；3．故障诊断器；4．温度表；5．动力电池组管理系统；6．电压表；7．电流表；8．剩余电量 SOC(里程)显示器；9．断路线

图 5-8　带有温度测量装置的动力电池组管理系统

5.2.3　驱动电机和驱动系统

驱动电机是 EV 的动力装置，这也是 EV 与内燃机汽车的根本区别之处。现代 EV 所采用驱动电机主要是交流电动机、永磁电动机和开关磁阻电动机等。

一般要求在 EV 制动时电动机能够实现再生制动，可以回收 10%~15%的能量，再生制动能量的回收有利于 EV 节能和延长 EV 的行驶里程，这是 EV 节能的重要措施之一，再生制动在内燃机上是不能实现的。在 EV 的制动系统中，还保存了常规的制动系统和 ABS 制动系统，保证车辆在紧急制动时有可靠的制动性能。

EV 的驱动系统由驱动电动机和驱动操纵系统共同组成，随着 EV 结构形式不同，采用了不同的驱动系统。EV 的驱动系统由集中驱动系统和轮毂驱动系统两大驱动系统。集中驱动系统大部分是由齿轮和差速器等共同组成。采用双电动机驱动代替了单电动机驱动，可以减少电动机的直径，便于在 EV 底盘下部布置，能够减轻 EV 的簧载质量。轮毂驱动系统改变了内燃机汽车传统的驱动方式，每个车轮都是由独立的电动机来驱动，这与内燃机汽车机械传动的四轮驱动方式有根本的不同，更有利于实现机电一体化和应用现代控制技术。任何一种电动机都可以与不同的传动系统组合成集中驱动系统或轮毂驱动系统，并组成不同形式的系列化的 EV。

经过几十年的发展，新开发和研制出来的 EV 的动力性能已经能够与内燃机汽车相媲美。EV 的驱动系统比内燃机汽车的驱动系统更加先进，结构更加紧凑。现代 EV 大多数装备了专用电动机，有利于实现机电一体化和自动控制，电动机—传动系统在结构上有以下几种基本形式。

(1)方形电动机。为了便于在车辆上安装，有些厂家设计制造了方形电动机，并将控制箱直接装在电动机的上部。方形电动机有感应电动机、永磁电动机等多种电动机，

图 5-9 为西门子公司 IPV5105 系列 EV 用感应电动机的外形。

图 5-9　IPV5105 系列 EV 用感应电动机

(2)平行式电动机—传动装置组合式驱动系统。平行式电动机—传动装置组合式驱动系统，是在电动机的输出端的外壳下部，装置机械式传动装置的减速齿轮和差速器齿轮，动力经过左右两个半轴来驱动车轮，它们组成为一个整体。图 5-10 为美国通用汽车公司的电动机—传动装置组合式驱动系统。图 5-11 为另一种形式的电动机—传动式的电动装置组合式驱动系统。这种电动机—传动装置组合式驱动系统，结构紧凑，安装、使用和维护都十分方便。

1．电动机；2．减速齿轮；3．差速器齿轮；4．传动齿轮箱外壳

图 5-10　通用汽车公司的电动机机—传动装置组合式驱动系统

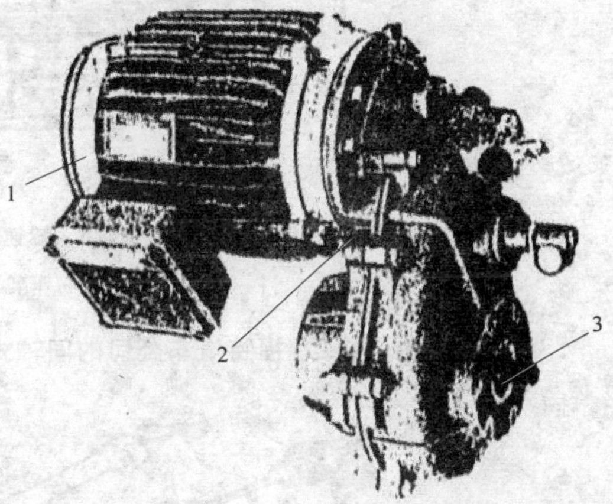

1．电动机；2．电动机端盖；3．驱动系统总成

图 5-11　另一种形式的电动机机—传动装置组合式驱动系统

(3)同轴式电动机—传动装置组合式驱动桥。同轴式电动机—传动装置组合式驱动桥的电动机是一种特殊的空心轴的电动机，在电动机的一端的外壳中，安装传动装置的减速齿轮和差速齿轮。差速器带动左右两个半轴，其中右半轴是通过电动机的空心轴与车轮相连，左半轴通过左端外壳与车轮相连接。电动机—传动装置组合成一个整体驱动桥，形成“机电一体化”驱动桥的传动系统，使 EV 的传动系统更加紧凑，簧载质量大大地减轻，有利于提高车辆的平顺性。图 5-12 为美国福特汽车公司的同轴电动机—传动装置组合式驱动桥。电动机为交流电动机，电动机的功率为 67 kW、最大转速为 11 000 r/min，用高频脉宽调制对驱动系统进行控制，效率高、噪声低。采用减速齿轮减速比为 1 ∶ 10.45 的高效单级减速齿轮和星形齿轮差速器，转速变化范围大并且有良好的转矩特性。图 5-13 为丰田公司的 RAV4 型 EV 的同轴式电动机—传动装置组合式驱动桥。电动机为永磁同步电动机，电动机最大输出功率为 50 kW，电动机最大转速为 4 600 r/min，采用动力控

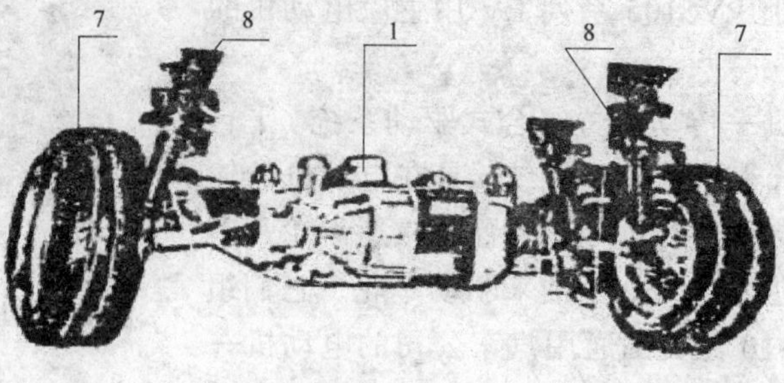

(a)

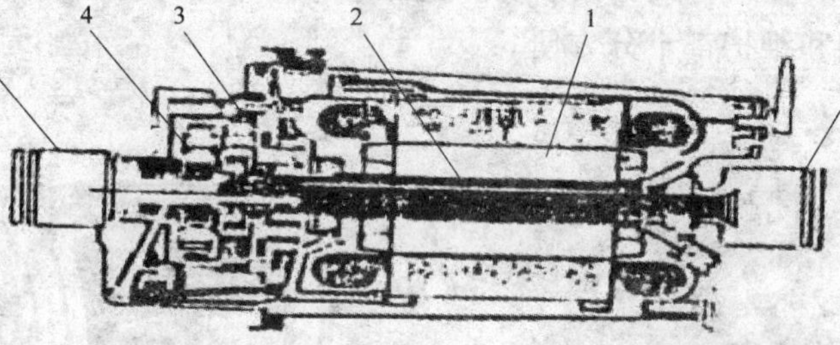

(b)

1．交流电动机；2．电动机的空心轴；3．减速齿轮；4．差速器齿轮；5．左半轴；6．右半轴；
7．左右车轮；8．左右悬架

图 5-12　福特汽车公司的同轴式电动机—传动装置组合式驱动桥

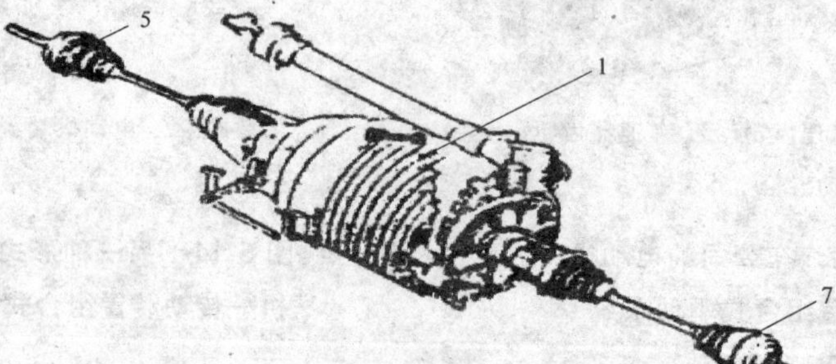

(a)外形图

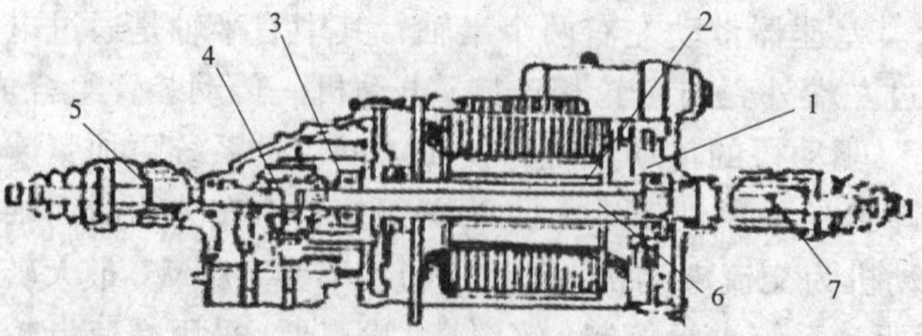

(b)结构图

1．电动机；2．电动机的空心轴；3．减速齿轮 4．差速器齿轮；5．左半轴；6．传动装置箱外壳；7．右半轴

图 5-13　日本丰田汽车公司的 RAV4 型电动机—传动装置组合式驱动桥

制器进行控制。减速齿轮减速比为 1∶9.45，采用锥齿轮差速器，驱动桥的右半轴穿过电动机的空心轴来驱动右侧车轮。电动机—传动装置组合式驱动桥为“前置前驱动”的布置形式。

(4)双联式电动机共同驱动的整体驱动桥。双联式电动机共同组成整体驱动桥的传动系统，取消了齿轮传动机构，完全实现了“机电一体化”传动方式。双联式电动机共同组成整体驱动桥的传动系统，由左右两个永磁电动机直接通过半轴带动车转动。左右两个电动机由中央控制器的电控差速模块控制，形成机电一体化的差速器，使驱动系统的结构大大地简化和质量大大地降低，它要比一般机械式差速器可靠和轻便。图 5-14 为由两个永磁电动机组成的双电动机驱动系统的结构示意图。双电动机驱动桥传动系统与相同功率单电动机驱动桥传动系统相比较，电动机的直径要小得多，因此可以将双联式电动机驱动桥布置在 EV 的地板下面，更加有利于车辆的整体布置。但双联式电动机的轴向长度要长一些，一般对布置影响不大。

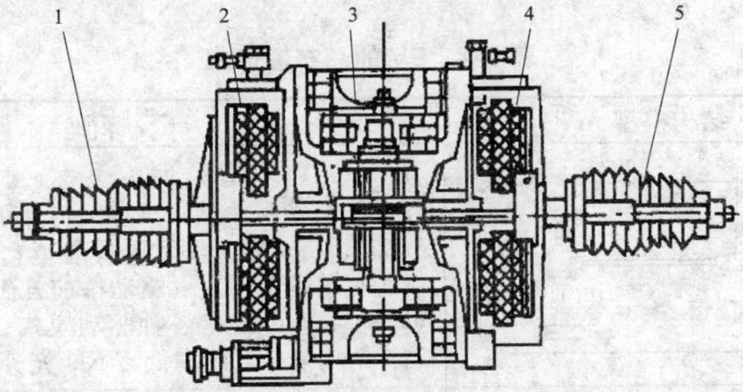

1．左半轴；2．左驱动电机；3．电控差速器；4．右驱动电机；5．右半轴

图 5-14　由两个永磁电动机组成的双电动机驱动系统

(5)电动轮驱动系统(轮毂电动)。电动轮驱动系统，可以布置在 EV 的两个前轮、两个后轮或四个车轮的轮毂中，成为前轮驱动、后轮驱动或四轮驱动的 EV。图 5-15(a)为哈尔滨工业大学爱英斯电动汽车研究所研制开发的 EV96–1 型电动汽车的电动轮驱动系统。图 5-15(b)为电动轮的基本结构。在车轮的的轮毂内，装置永磁电动机，工作时电动机驱动车轮。电动机为“多态电动机”，是一种永磁电动机，采用双边耦合的混合式磁路结构，使电动机兼有同步电动机和异步电动机的双重特性。电动轮的额定功率为 6.8 kW，最大功率为 15 kW，最大转矩为 25 N · m，最大转速为 1 600 r/min，质量为 35 kg，采用空气冷却。电动机具有恒转矩区和恒功率区，用 IGBT、PWM 等控制器来控制，在最佳速度处实施波形及驱动方式的切换。

EV 的驱动系统总布置形式有以下几种，详见表 5-1。

(1)传统的驱动模式。在早期开发的 EV 上，为了缩短 EV 的开发周期，集中力量研究和试制 EV 的电气技术装备，充分利用现有内燃机汽车的传动系统和底盘的现成总成来加速 EV 的开发，大多数采用了传统的离合器—变速器—传动轴—驱动桥—车轮的结构模型和驱动模式。

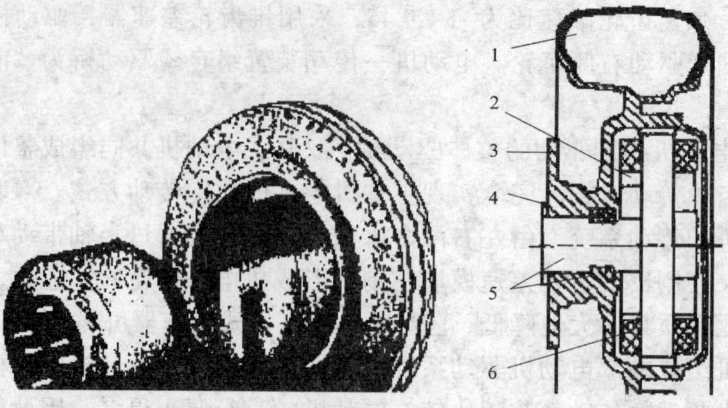

(a)电动轮的外形　　　　(b)电动轮的基本结构

1．轮胎；2．永久磁铁；3．制动盘；4．衬套；5．轮轴；6．电动机线圈绕组

图 5-15　电动轮驱动系统

表 5-1　EV 的总布置形式

项目	结构模型	特征
传统的驱动模式	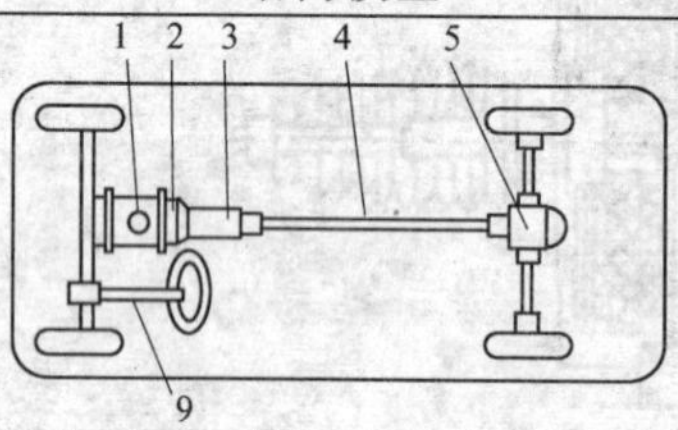	1．电动机替代发动机； 2．仍然采用内燃机汽车的传动系统，包括离合器、变速器、传动轴和驱动桥等总成； 3．有电动机前置、驱动桥前置(F–F)，电动机前置、驱动桥后置(F–R)等各种驱动模式； 4．结构复杂，效率低，不能充分发挥电动机的性能
电动机—驱动桥组合式驱动系统	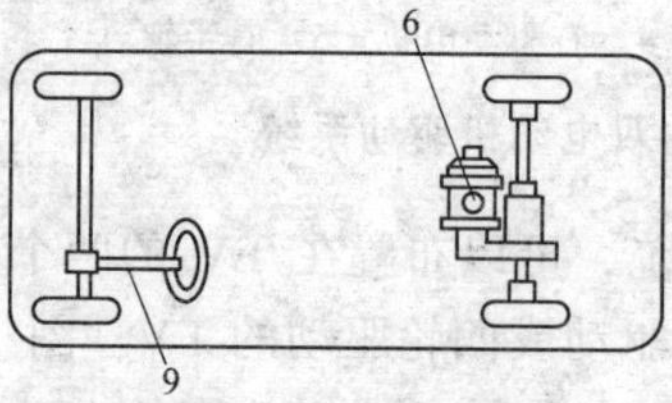	1．在电动机端盖处装置变速齿轮、差速器等驱动总成，形成电动机—驱动桥组合式驱动系统； 2．有电动机前置、驱动桥前置(F–F)，电动机后置、驱动桥后置(R–R)等驱动模式； 3．传动机构紧凑，传动效率较高，安装方便
电动机—驱动桥整体式驱动系统	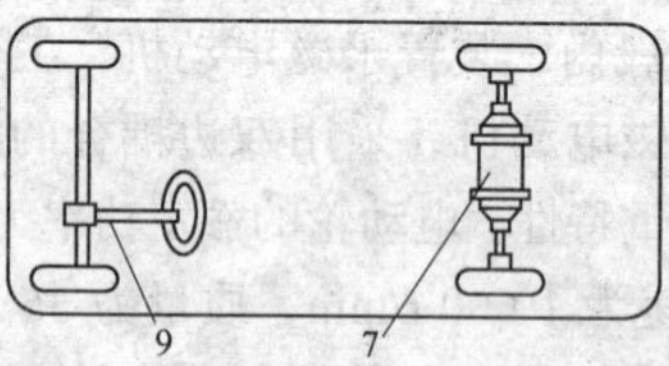	1．在电动机端盖处装置变速齿轮、差速器等驱动总成，电动机有一个空心轴，有一个驱动桥的半轴从电动机空心轴中通过； 2．有电动机前置、驱动桥前置(F–F)，电动机后置、驱动桥后置(R–R)等驱动模式； 3．传动机构紧凑，传动效率高，可以作为驱动桥布置在车架下面
轮毂电动机分散驱动系统	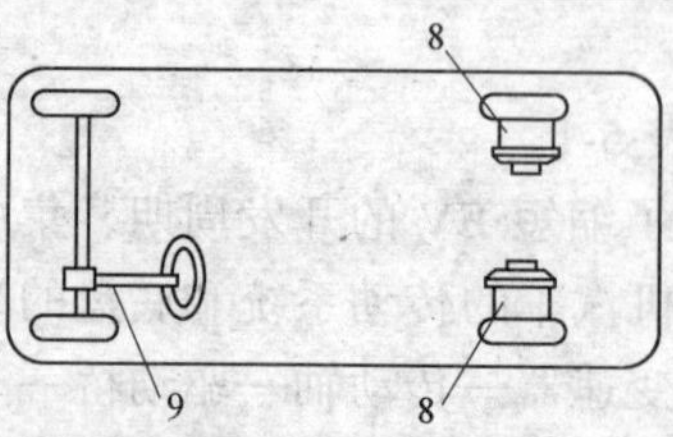	1．电动机装在车轮轮毂中，可以有 4×2 和 4×4 两种布置方式，各个车轮之间的同步转动或差速转动由中央控制器的计算机系统控制； 2．4×2 布置方式有双前轮驱动模式和双后轮驱动模式； 3．4×4 布置方式可实现 4 轮驱动模式； 4．能腾出大量有效空间，便于布置

表中图注：1．电动机；2．离合器；3．变速器；4．传动轴；5．驱动桥；6．电动机驱动桥组合式驱动系统；7．电动机驱动桥整体式驱动系统；8．轮毂电动机分散驱动系统；9．转向器。

(2)电动机—驱动桥组合式驱动系统。电动机—驱动桥组合式驱动系统，是在电动机输出轴端上装置减速器和驱动桥，电动机、减速器、驱动桥的壳体做成整体，电动机、减速器、驱动桥的轴互相平行，使得驱动系统的布置很紧凑。电动机—驱动桥组合式驱动系统，可以是电动机前置—驱动轴前置驱动模式(F–F)，也可以是电动机后置—驱动轴后置驱动模式(R–R)，它具有良好的通用性和互换性，便于在现有的汽车底盘上安装，使用、维修也很方便，可以和同类型的内燃机汽车组成系列化的汽车产品。

(3)电动机—驱动桥整体式驱动系统。电动机—驱动桥整体驱动系统的电动机轴是一种特殊制造的空心轴，在电动机输出端盖处，装置驱动桥的减速齿轮和差速器，其中一根驱动桥的半轴，是从电动机的空心轴中通过，电动机—驱动桥整体式驱动系统的两个半轴与电动机的输出轴在同一轴线上，构成机电一体化的整体驱动系统，结构紧凑，体积小，能够布置在电动汽车车架下部。可以是前置的驱动模式(F–F)，也可以是后置驱动模式(R–R)，具有良好的通用性和互换性。

(4)轮毂电动机分散驱动系统。轮毂电动机分散驱动系统，完全脱离了内燃机汽车传系统的集中驱动方式，电动轮装在车轮的轮毂中，能够降低汽车簧载质量，并腾出了传动系所占据的空间来布置动力电池组和其他零部件等。它能够分别布置在车辆的两个前轮、两个后轮或前后的四个车轮轮毂中，构成前轮驱动模式、后轮驱动模式或四轮驱动模式，各个车轮之间的同步转动或差速转动由中央控制器的计算机系统控制。

5.2.4 控制技术

对汽车驾驶员来说，加速踏板、制动踏板等操纵装置是十分熟悉和习惯使用的操纵装置。为了保持传统的驾驶员习惯，EV 保存了加速踏板、制动踏板和各种操作手柄等，在 EV 上是将加速踏板、制动踏板机械位移的行程量转换为电信号，输入中央控制器，通过动力控制模块控制驱动电动机运转。

EV 的控制系统主要是对动力电池组的管理和对电动机的控制。随着车辆行驶工况的变化而引起电动机输出功率、转矩和转速的变化，必然引起电池组电压、电流等的改变，通常采用电压表、电流表、电功率表、转速表和温度表等仪表来显示。特别是对动力电池组剩余电量和剩余续驶里程的显示有重要的意义。有些 EV 的仪表上采用红色和蓝色箭头来表示电流的流向，同时用数字表示输入或输出的功率的大小，能够一目了然地观察到整个动力电池组和驱动电动机的运转情况。

由于 EV 高度电气化，因此更加有条件实现机电一体化和采用自动化的控制系统和驱动系统，一般用中央控制器中的计算机来进行控制和管理。另外，控制系统还包括整车低压系统的电子、电气装置、现代卫星导航和雷达防撞等装备，现代控制理论在 EV 上得到了广泛的应用。EV 除装备现代内燃机汽车的一些先进的电子设备外，电动轮、四轮转向、再生制动和太阳能利用等，都可以在 EV 上发挥其独特的作用。

在 EV 控制系统中应用了各种各样的传感器、电流检测器、测速编码器、显示装置、仪表、报警装置和自诊断装置等。对整个动力电池组—电流转换器—驱动电动机系统进行监控并及时反馈信息和报警。

5.2.5　车身及底盘

EV 已经具有各种车型，包括电动轿车、电动客车(微型、小型、中型和大型)、电动货车(微型、小型、中型和大型)及其他改装的电动车辆。为适应城市、家庭、学校和服务行业的需要，EV 的车型，特别是微型的电动轿车，已经有了多种多样、丰富多彩的造型。EV 车身造型，特别重视流线型，使得 EV 的车身造型更加具有特色，更加丰富多彩，也使得车身阻力系数大大降低。EV 大多数用复合材料来制造车身结构和车内装饰，有的豪华气派，有的简单朴实，并且更加轻盈美观。

由于动力电池组的质量大和所占据的空间大，为了减轻 EV 的整车质量，采用了轻质材料。碳纤维增强树脂和复合材料等制造车身和底盘部分总成，并采用三维挤压成型工艺制造出结构复杂、质量小、强度大和装卸动力电池组方便的车架，补偿因装动力电池组而增加的负载。在底盘布置上还要有足够的空间存放动力电池组，并且要求线路连接方便、充电方便、检查方便和装卸方便，能够实现动力电池组的整体机械化装卸。这要求在 EV 底盘的布置上，打破传统的内燃机汽车底盘布置模式，加大承载空间的跨度和承载结构件的刚度，并且充分考虑防止动力电池组渗漏出的酸或碱等对底盘结构件的腐蚀等。

在 EV 上多采用滚动阻力系数小的子午线轮胎，其滚动阻力系数仅为 0.005，使得 EV 在行驶时的滚动阻力大大降低。

5.2.5.1　车身

现代 EV 的车身，是在内燃机汽车的基础上脱颖而出，逐渐脱离了用内燃机汽车改装的模式，并形成 EV 的独特风格，大有青出于蓝而胜于蓝的气势。由于 EV 的车身在结构上有一些特殊的要求，也促使 EV 的车身更进一步的发展与创新。

(1)EV 的车身造型和车身结构的目标。EV 的车身造型和结构的目标是：①增加电动车辆的视觉效果的宣传作用，以提高电动车辆的市场竞争力。②用新颖的造型来提高对用户的吸引力，使用户感觉到电动车辆具有最新的现代特色，并代表新一代车身造型的趋势。③突出自由化和个性化的特点，不仅在造型上有不同的风格，使人们一眼就能看出是电动车辆，而且在车辆的线条分割、色彩涂装、内饰的装扮等方面，都能显示出生产厂家的独具匠心和异国风采，让观众流连忘返，让用户感到满意和快乐。④更重要的是千方百计地降低电动车辆的空气阻力系数，这是提高电动车辆性能，降低能量消耗的重要措施，现代电动车辆上，除了车身的流线形、底板的整体化外，还配置不同的阻风板或扰流板，取消了外后视镜等，用来改善和优化车身局部形状，使整车的空气阻力系数降低到 0.15～0.19 的现代化水平。

(2)通用汽车公司的 EV–1 车身造型结构。面对动力电池组造成的质量过大，必须采用有效措施来降低整车的质量，通用汽车公司从降低车辆的整体质量着手，将 EV–1 的车身结构件和车身覆盖件竭尽全力实现轻量化。通用汽车公司的 EV–1 是全新设计的蓄电池电动汽车，以后又装备燃料电池发动机，成为一种新型的 FCEV。EV–1 的迎风面积为 1.89 m^2，采用现代化、流线形的车身造型技术，使 EV–1 的空气阻力系数仅仅为 0.19，是世界上空气阻力系数最小的轿车之一。其外形如图 5-16 所示。

图 5-16　EV–1 的车身造型

EV–1 的车身设计的目标，是用高超的技术实现车身轻量化，以补偿由于动力电池组所超出的质量带来的麻烦。EV–1 所有的覆盖件都是用合成材料制造的，在图 5-17 中有阴影线的覆盖件,还包括发动机罩盖、车顶盖、活动车顶及顶门等是由片状模塑料(SMC)制造的，各种覆盖件具有抗凹陷、抗腐蚀的优良性能。在图 5-17 中没有阴影线的覆盖件，还包括车身底板、托盘及支架等，是由反应注塑(RIM)材料制造的。整个车身的质量比普通钢板制造的车身轻 50%。EV–1 还装有太阳光反射/吸收茶色挡风玻璃，带有电动除雾器/除霜器。

EV–1 的车身结构见图 5-18。由 Delphi 内饰和照明公司供应的 EV–1 电动轿车的车架由熔焊铝的冲压件、挤压件、压铸件和折弯件构成的 165 个成型零部件，共同组成铝合金质空间桁架式车架。其中一半是按冲压件方式加工的大型覆盖件和门框等；25%是折弯件，如中央槽型钢和后横梁等；其余是压铸件，如弹簧支架、减振器支架等。它们取代了用传统方法设计的 24 个板材冲压、焊接的零件，各种结构件都是组合式结构，强度好、质量轻。这种铝质空间桁架式车架的质量比普通钢质车架的质量轻 40%，这是降低 EV–1 整备质量的重要举措。在一些汽车公司生产的铝质空间桁架式车架轿车中，EV–1 的空间桁架式车架的零件数比通用汽车阿库拉 NSX 或奥迪汽车公司的 Audi A6 都要少一些和轻一些。

图 5-17　EV–1 的车身覆盖件

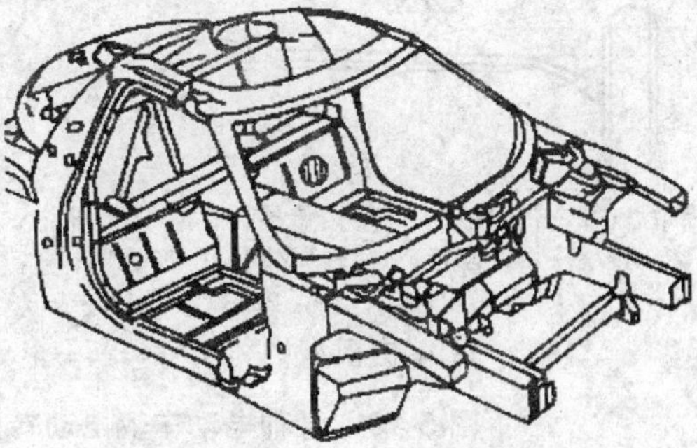

图 5-18　EV–1 的车身结构件

铝合金的空间桁架由冲压件、压铸件和折弯件采用焊接、铆接和黏接而成，在覆盖件和结构件的连接上，大量采用了环氧树脂黏接技术，每一辆 EV–1 上的黏接长度达到

152.4 m，不仅减少了焊接点的数量和因焊接引起的变形，大大地降低了车身的振动噪声和提高了车身的密封性，而且将车身的静扭转刚度提高了一倍。在铝质空间桁架式车架中还充分考虑了电池组支架布置的空间，使从 EV–1 的下部装卸电池组很方便，并且可以采用机械装卸。

焊接铝合金车身结构件总成仅 131.5 kg，整车的自身质量不到 816.5 kg，比用钢材焊接的车身约轻 40%，连同动力电池组整车的装备质量为 1 347 kg。尽管铝质空间桁架式车架的质量很轻，但 EV–1 的弯曲振动频率为 25 Hz，静扭转刚度为 15 000 N · m/度。

EV–1 采用得尔福公司生产的铝—镁结构的座椅，用镁合金制作座椅底架，用挤压铝合金制造的座椅板和靠背，总共只有 8.6 kg，是世界上最轻的轿车座椅。EV–1 上还采用了镁合金的整体式铸镁转向器，强度高而且很轻便。车轮采用了电动汽车专用车轮，这种车轮的滚动阻力系数仅为 0.004 8。

5.2.5.2 底盘

(1)电动转向系统。在 EV 上已经有部分车辆采用了电动转向系统。电动转向系统是一种现代化和轻便化的转向系统。在转向轴上，装置一个转向扭力传感器，在车辆行驶过程中，不断地感知由方向盘上传递的转矩信息并产生一个电压信号。在此同时，速度传感器将所测出的车速信息，也产生一个电压信号。这两路的信号输送到控制器中，经过运算和处理后输出一个合适的电流到转向助力电动机上，电动机产生转矩并通过减速器减速增扭，作用在转向轴上，得到一个与转向工况相适应的转向助力。图 5-19 为某种电动车辆电动转向系统的结构模型图和布置图。

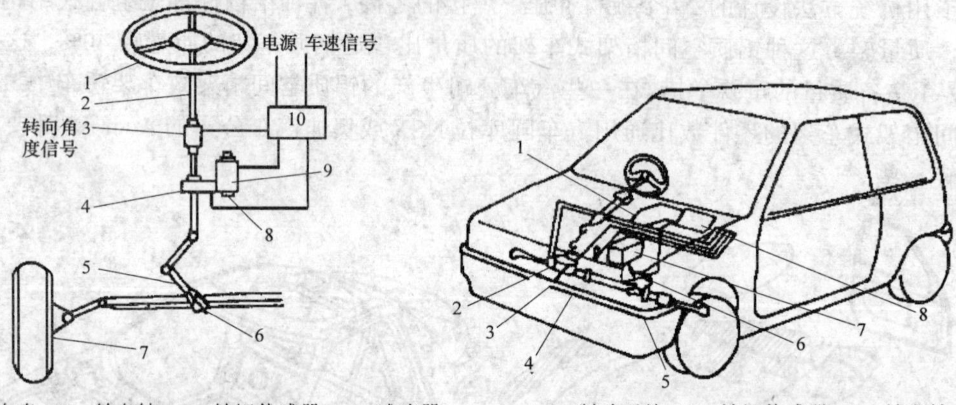

1. 转向盘；2. 转向轴；3. 转矩传感器；4. 减速器；5. 传动拉杆；6. 齿轮；7. 转向轮；8. 离合器；9. 助力电动机；10. ECU

(a)结构模型图

1. 制动开关；2. 转矩传感器；3. 转向轴；4. 车速传感器；5. 减速器；6. 电动机；7. 蓄电池；8. 微处理器

(b)布置图

图 5-19 某种电动车辆电动转向系统的结构模型图和布置图

(2)制动系统。EV 的制动系统由反馈制动系统和液压制动系统共同组成，见图 5-20。反馈制动是在车辆减速时，由于 PCU 控制，动力电池组不向驱动电动机提供电能，在车辆传动系统的反拖下，电动机转换为发电机并发电，将电能通过电流转换器转换为直流电，向动力电池组充电，此时，EV 实现反馈制动模式。液压制动系统包括 ABS 制动系

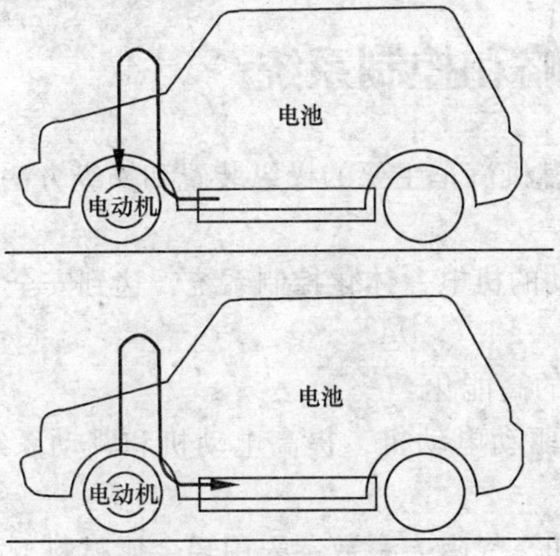

(a)驱动模式和反馈制动模式

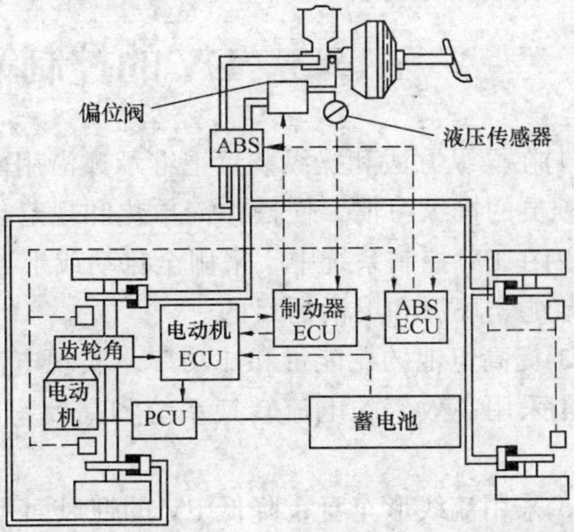

(b)反馈制动与 ABS 制动系统的控制装置

图 5-20　反馈制动和液压制动系统

统，是用液压泵操纵的常规制动系统，在液压制动系统中，装有由电动机驱动的真空泵，作为液压制动的助力能源。当车辆在紧急制动时，用液压制动系统制动，保证制动的快速和安全，即使在紧急制动时，也还存在反馈制动的发电功能。反馈制动是 EV 上特有的“节能”装置，可以提高 EV 的行驶里程，内燃机汽车不能实现这个功能。在 EV 电动轿车制动系统的制动泵上，装有液压传感器和由 PCU 控制的偏位阀，对反馈制动和液压制动进行协调和对制动力实现最佳控制，保证制动模式转换的平稳进行，并使 ABS 制动系统发挥最好的效率。

(3)其他装置。在 EV 上，一般采用了具有超低滚动阻力的轮胎，其特点是：采用高压轮胎，轮胎内部压力为 300 kPa，对轮胎的断面进行了重新设计，采用新型的轮胎胶面材料，轮胎质量减轻 12%～15%，滚动阻力系数比一般汽车轮胎降低 50%～57%，并且保持良好的操纵性和在潮湿路面上稳定行驶的性能，行驶时噪声也减小。在 EV 上较普遍地采用了现代内燃机汽车上的新型电子装置，如投放式放电管前照灯，其光照亮度比一般卤素前照灯增加了两倍，并且更加节电。全自动式空调，用变频器控制空调压缩机，通过控制模块的自动控制，可迅速制冷并调控车内温度。空调控制模块在动力电池组电能不足时，还可自动停止空调系统运转。

5.2.6　安全保护系统

EV 的动力电池组，具有 96～400 V 的高压直流电，人身触电时会造成致命的危险。因此，必须设置安全保护系统，确保驾驶员、乘员和维修人员在驾驶、乘坐和维修时的安全。另外在撞车、翻车或线路发生短路时驾驶员能够迅速切断动力电池组的电源，避免发生火灾，保护乘员的安全，同时还需要防止电池中的电解液溢出对乘员造成伤害。EV 必须配备电气装置的故障自诊断系统和故障报警系统，在电气系统发生故障时自动控制 EV 不能启动等，及时防止故障的发生。

5.3　EV的控制策略和控制系统

(1)在操纵方法和操纵装置上继承或沿用内燃机汽车主要的操纵装置和操纵方法，适应驾驶员的操纵习惯，使操作简单化和规范化。

(2)在EV控制系统中，采用全自动或半自动的机电一体化控制系统，达到安全、可靠、节能、环保和灵活的目的。

(3)提高电池的比能量和比功率，实现电池的高能化。

(4)采用高效率的电流转换系统和高效率的驱动电动机，提高电动机和驱动系统的效率。

(5)采用流线形车身，降低EV的迎风面积和空气阻力系数，采用轻金属材料、高强度复合材料和新型EV专用的车身和底盘结构，实现车身和底盘的轻量化，减轻EV的整备质量，采用低滚动阻力的轮胎，降低EV的行驶阻力。

(6)回收再制动能量，延长EV的行驶里程，提高EV的节能，降低空调系统的消耗。

图5-21为EV的控制策略和控制系统。

5.4　EV实车介绍

20世纪60年代以来，世界各国和各大汽车公司，相继开展了EV的研究、开发研制和试验等大量工作，并且研制了多种概念车、样车和商品车，这里将介绍一些在20世纪90年代后期和21世纪初期所开发和研制的EV样车和EV商品车。

5.4.1　清华大学EV6580型电动小巴

清华大学是我国最早开发和研制EV的单位，早在1996年北京国际EV展览会上就展出了EV6580型电动小型客车，以后又为多家汽车制造厂开发和研制了多种EV、FCEV和HEV。

EV6580型电动小型车整车质量2 250 kg，载客16人。电池的比能量40 Wh/kg。最高车速80 km/h。一次充电续驶里程：放电深度80%时为155.6 km，放电深度为60%时为116.7 km。

EV6580型小型客车采用12节12 V、150 Ah(5h)管式铅酸电池。动力电池组布置在车架上，7节在左侧，5节在右侧。在EV6580型小型客车上，配置不同的电动机，有永磁(Nd–Fe–B)无刷电动机、永磁(Nd–Fe–B)有刷电动机和直流并激电动机等。各种电动机具有不同的特性，通过对不同电动机的使用试验来进行比较，以取得不同的试验数据。永磁电动机的最大功率为45 kW，电动小型客车的最高车速为80 km/h，续驶里程120 km(40 km/h恒速时)。控制器采用大功率IGBT器件和PWM进行控制，并装有微处理器监控系统，对动力电池组的运行状况和剩余电量进行监控。EV6580型电动小型客车的特点是：对6500系列小型客车进行改装，保持了6500系列小型客车的车身布置和传动系统，有利于快速制造系列的电动小客车。

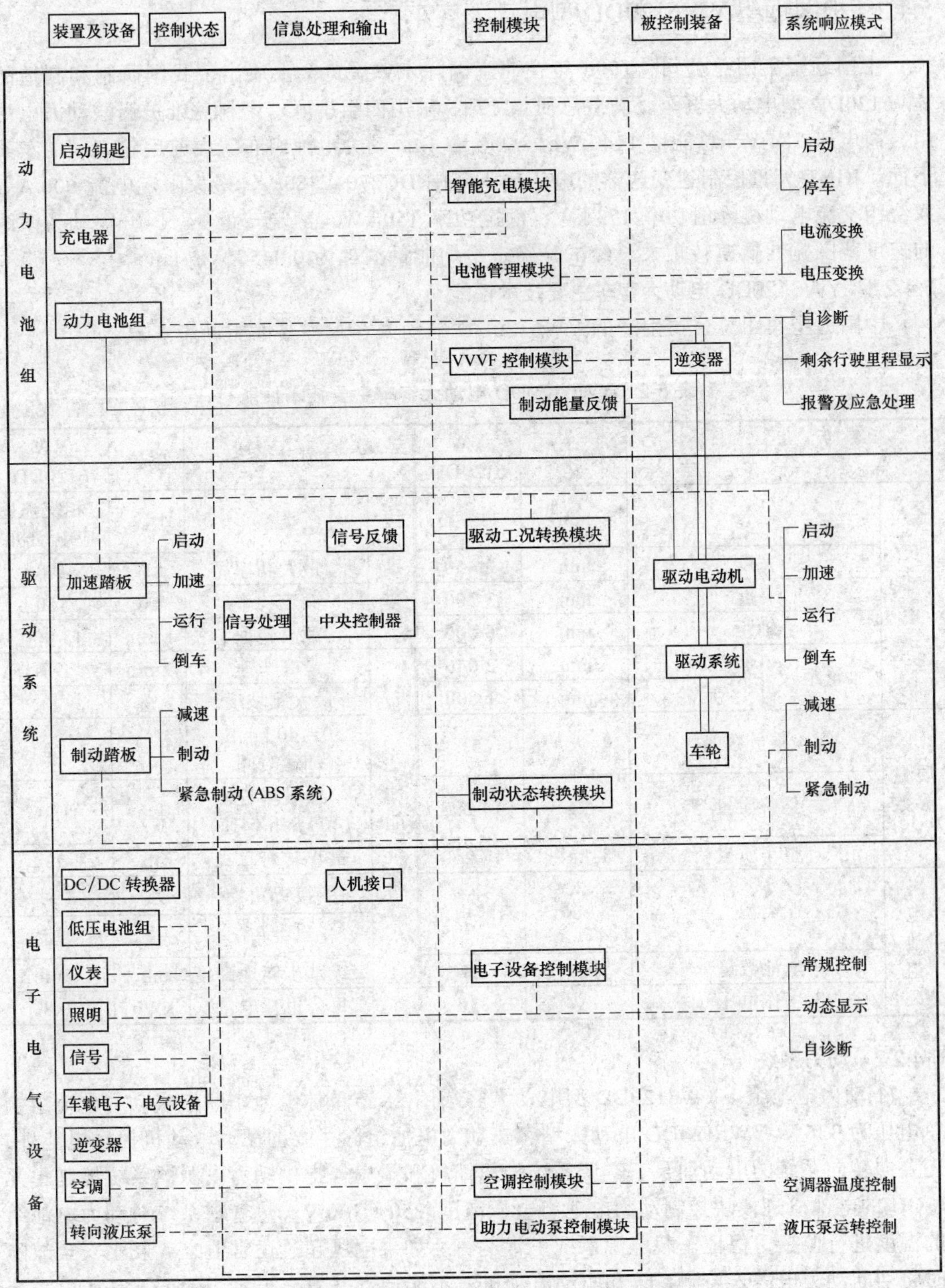

图 5-21　EV 的控制策略和控制系统

5.4.2 中国远望YW6120DD型电动大客车

中国远望集团总公司，1996年在北京国际EV展览会上展出了我国研制和制造的YW6120DD型电动大客车。满载总质量17 t，采用四组串联、密封免维护铅酸动力电池组，总电压384 V，总能量114 kWh，总质量4 t。动力电池组布置在前后轮之间的车架下面。IGBT矢量控制逆变速器的电压输入范围DC270 ~ 380 V，最大限定电流600 A。双绕组交流电动机峰值功率173 kW，额定功率150 kW，额定转距34 N · m。动力系统的速度范围宽，低速转矩大。经试验确定平均能量消耗为0.045 kWh/(km · t)。

5.4.2.1 YW6120DD电动大客车主要技术性能

中国远望集团总公司生产的YW6120DD电动大客车主要性能见表5-2。

表5-2 YW6120DD电动大客车主要技术性能

项目			单位	YW 6120DD
尺寸参数	总长		mm	11 940
	宽度		mm	2 450
	高度		mm	3 200
	轴距		mm	6 000
	轮距	前轮	mm	2 046
		后轮	mm	1 800
质量参数	乘员数		人	51
	整备质量		kg	14 200
	整车质量		kg	17 260
电池组	类型			铅酸电池
	电池数量		个	28
	工作电压		V	336

项目		单位	YW 6120DD
电动机	类型		三相交流感应电动机
	最大功率	kW	173
	额定功率	kW	150
	最高转速	r/min	13 000
性能参数	最高车速	km/h	90
	最大爬坡度	%	8
	0 ~ 40 km/h 加速时间	s	20
	续驶里程 (40 km/h 匀速)	km	150
	最小转弯直径	m	23
	接近角	度	9
	离去角	度	9.4
	一级踏步离地高度	mm	300
	每公里耗电量	kWh	0.8

5.4.2.2 动力系统

(1)动力电池组。YW6120DD型电动大客车用28节单体电池串联组成动力电池组，总电压为336 V。YW6120DD电动大型客车动力电池组除主要向驱动电动机提供电能外，还要向转向系统的电动油泵、空调系统的压缩机和风扇等提供动力电源。系统控制单元(SCU)的电池管理模块控制动力电池组电压范围250 ~ 400 V。热管理系统对动力电池组的温度进行监控，保证车载电源系统正常运行。如果电压超过正常值，或发生安全故障时将切断动力电进入控制系统和驱动电动机，不能启动并发出报警，保证了高压电系统的安全性。动力电池组安装在车架的两侧专用车架上，保证了动力电池组的稳定性。

(2)DC/DC转换器。在YW6120DD电动大车上，用DC/DC转换器将动力电池组336 V

高压直流电转换为 12 V 低压直流电，输入辅助电池组 APC(Auxiary Power Converter)中，输入电压范围 230 ~ 450 V，输出的电压为 15 V，电压的调整率为 ± 2%，转换效率为 90%，辅助电池组 APC 设有电流过载和过热保护装置。不论电动大客车处于哪种工况，控制系统依靠 12 V 低压辅助电池组为 SUC 提供控制电流，保证 SUC 正常工作。

5.4.2.3 驱动系统

(1)驱动电动机。YW6120DD 型电动大客车，采用美国 Northrop Grumman 公司的油冷却三相四级交流电动机(见图 5-22)，电动机额定功率为 150 kW，最大功率为 173 kW，最高转速可达到 13 000 r/min。电动机尺寸为直径 280 mm，长度 500 mm，质量 100 kg，体积小、质量轻、噪声低。电动机为独立双绕组，每个绕组都是用 IGBT 功率桥驱动。电动机的外壳用镁合金挤压成型，内部采用油冷却，用射流技术散发运转时产生的热量。所有的电器连接都是全天候的，能够适应驱动电动机周边和罩内严酷的环境条件，由系统控制单元(SCU)中的驱动电动机控制模块进行控制，保证了驱动电动机运转的可靠性。在车辆制动时，电动机能够再生制动，回收制动时的反馈的量。

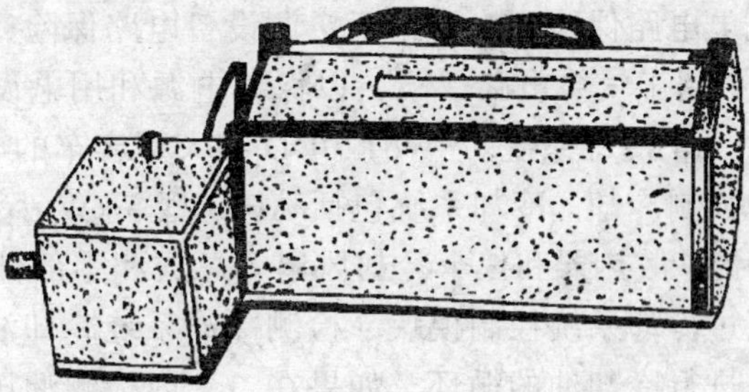

图 5-22 YW6120DD 的油冷却交流感应电动机

(2)驱动系统。YW6120DD 电动大客车采用美国 Northrop Grumman 公司的减速器。驱动电动机通过一个油冷却链条式减速器，链条式减速器的速比为 4.3 : 1，主要功能是减速、增矩，完全可以满足 YW6120DD 电动大客车的加速和爬坡性能的要求，传动系统控制模块控制减速器的工作状态和冷却油的温控系统，保证驱动系统的正常运行。

5.4.2.4 操纵装置

控制系统的操纵装置与内燃机的大客车相同，有加速踏板和制动踏板等操纵装置，加速踏板、制动踏板的机械位移量转换为电信号，输送到中央控制器中。

5.4.2.5 控制系统

YW6120DD 电动大客车采用的控制系统，包括系统控制单元 SCU、矢量控制的逆变器、人机接口(Rely Box)和故障诊断系统等，对电动大客车的驱动系统、能耗分配、制动反馈和故障检测等进行监控和处理。

(1)系统控制单元(SCU)。系统控制单元(SCU)装在行李箱中，采用美国 Northrop Grumman 公司的耐高、低温的系统控制单元(SCU)控制器。控制单元(SCU)主要是一个微处理器装置，在电动大客车运行过程中，不断地采集驾驶员对加速踏板、制动踏板的操作电信号，转变为转矩信号输入到控制单元(SCU)中。系统控制单元(SCU)电路用矢量控制和 PWM 技术，控制逆变速器使直流电转换为频率可变、电压可调的三相交流电，最大输出电流为 640 A，并能够随 IGBT 功率桥的温度升高自动调整输出电流和输出功率，控制电动机实现四象限的运行，回收再生制动时的能量。中央控制电路中设有电流过载、过电压、不足电压和过热保护装置，以及运行放电和反馈充电的管理模块。系统控制单元(SCU)还通过装在电动机上的旋转变压传感器，将电动机的转动方向、转速和转子与定子相对位置等变化参数，随机反馈到中央控制电路中，经微处理器矢量控制计算处理，通过驱动电路调整两个 IGBT 功率桥的输出电流，达到不同驱动模式的转换，实现启动、加速、倒车和制动等控制。

(2)人机接口。人机接口(Rely Box)是系统控制单元(SCU)与仪表板上显示屏幕的纽带，人机接口主要用于各种信号的驱动，包括动力电池接口、再生制动能量控制开关等，在仪表板显示屏幕上，驾驶员可以清晰地看到电流表、电压表、油温表、油压表等所显示的电流、电压、油温和油压等数值和曲线，以及出错信息和故障报警等信号。

(3)熔断丝盒。熔断丝盒(Fuse Box)内装有 7 个 30 A 的熔断丝，3 个用于动力电池组充电电路保险，2 个用于空调设备电路保险，1 个用于冷却油泵和动力转向电路保险，1 个用于气泵电路保险，以保证电源和用电设备的用电安全。

(4)冷却系统。YW6120DD 型大型客车的电动机、减速器和行李箱通过采用循环油进行强制冷却。冷却系统包括 AF93 型 5 kW 小型逆变速器、电动机、油泵、过滤器、冷却管路、散热器和 3 个冷却风扇等总成和零部件。当点火钥匙接通后，系统控制单元(SCU)通过冷却系统控制模块，检测冷却系统冷却油的压力，当压力正常时启动油泵和冷却风扇进行冷却油的循环，如果在 3 s 内检测油压不正常时，会立即停止电动机的运转，切断动力电源并报警。

5.4.2.6 车身和底盘

(1)车身。YW6120DD 型电动大客车采用了全新的车身制造，流线形车身外观美观、大方，采用电热预应力张拉蒙皮工艺，车身填料发泡工艺，车厢地板平整，车架采用整体承载式框架式车架，便于动力电池组的装卸与维修。在车厢内布置了舒适的航空座椅，座椅豪华舒适，靠背角可以调整，面料柔软手感良好。内饰豪华，装有空调、暖气、阅读灯、音响设备等。动力电池组布置在前后车轮之间的车架下面，采用电动机和传动系统驱动桥整体组合式的传动系统及电动机后置—后轮驱动的驱动模式。整车质心较低，行驶时稳定平顺。

(2)制动系统。YW6120DD 型电动大客车制动系统由两部分组成，即在制动踏板上安装了一个位移传感器，前 1/3 的位移控制为电制动，后 2/3 的位移控制为气制动。当驾驶员开始轻踩制动踏板时，系统控制单元(SCU)根据踏板传感器输出的电信号，切断动力电池组输出电流，并将再生制动时的能量转换为电能，储存到动力电池组中。再生制动电流达 400 A，足以满足一般情况下的电动大客车制动时的要求，再生制动的能量可以提高电动大客车续驶里程约 20%。再生制动不需要利用制动片与制动鼓的摩擦力，没有摩擦制动时引起的热量消耗和制动材料磨损引起的污染。当紧急制动时，驾驶员用力踩制动踏板，系统控制单元(SCU)根据踏板输出的电信号，立即转换为机械式制动，使电动大客车紧急制动。即使在机械制动时，再生制动仍然起制动作用。机械制动包括 AF93 型 5 kW 小型逆变速器、电动机、压缩机、储气罐、制动总泵、制动管路、制动分泵、制动蹄片和制动鼓等总成和零部件，基本与内燃机的制动系统相同。由动力电源通过一个小型逆变速器转换为交流电，带动压缩机工作。当点火钥匙接通后，系统控制单元(SCU)根据检测储气罐压力，对空气压缩机的电动机进行控制，当空气压力低于 4.5 kPa 时，即启动压缩机工作。当空气压力高于 8.0 kPa 时，即停止压缩机工作，保证有足够压力。

再生制动和机械 ABS 制动控制，全部由系统控制单元(SCU)控制制动系统控制模块来实现。

(3)制冷系统。YW6120DD 型电动大客车装有美国 Thermo King 公司的电动汽车节能空调，空调系统包括 FRENIC5000–2UX/10 交—交逆变器、空调压缩机、膨胀阀、蒸发器、管理系统和冷凝器等总成和零部件，交—交逆变器同时供给蒸发器和冷凝器的风扇电能。系统控制单元(SCU)控制制冷系统控制模块，能够在汽车启动时自动关闭空调系统。并根据气温变化和检测到的动力电池组的剩余电量，来控制空调系统的工作，当动力电池组剩余电量较少时，会自动停止空调系统的工作。

5.4.3 美国通用汽车公司 EV–1 电动轿车

美国通用汽车公司 EV–1 电动轿车总质量 1 328 kg，最高车速 128 km/h，续驶里程 128 km。由于车身的造型为流线形，采用轻金属和碳纤维增强树脂等复合材料制造车身覆盖件和底盘零部件，使车辆的空气阻力系数为 0.19，车轮滚动阻力系数为 0.004 8。EV–1 电动汽车可以说是当前技术最先进的 EV。

5.4.3.1 EV–1 型电动轿车的技术性能

EV–1 型电动轿车的整备质量为 13 280 kg，动力电池组的质量为 533 kg，最高车速为 128 km/h，0 ~ 96 km/h 加速时间为 9 s，使用 85%的电池组电量时，EV–1 城市循环行驶里程为 112 km，高速公路行驶可达 144 km。可以回收再生制动能量，是效率高、动力性良好的“零污染”电动轿车。在行驶过程中，驱动系统对加速踏板产生响应，自动调节 EV–1 行驶速度，不需要换挡，速度变化过程平稳。

5.4.3.2 动力系统

(1)动力电池组。EV–1 采用 Delco 公司免维护调压阀式密封铅酸电池组(见图 5-23)。该电池组用气体再化合技术保证免维护功能；用吸附玻璃垫层吸附溢出的电解液，从而保证电解液不会溢出到电池壳外面；带火焰消除器的单向压力阀允许气体逸出等技术，实现了电池的免维护。另外，EV–1 还可以采用“通用—噢旺尼克”公司的镍—氢动力电池，比能量 70 Wh/kg，能量密度 160 Wh/L。在 50%放电深度时比功率为 220 W/kg，80%放电深度时比功率为 200 W/kg，一次充电后续驶里程达到 265 km。镍—氢电池能比其他电池更好地保存能量，寿命可达到 600 次循环。在发生错误的过充或过放电时有良好的“错容”能力，并且可以与不同型号的电池兼容。快速充电性能良好，能够控制在最理想的条件下进行充电。镍—氢电池报废后可被安全回收，动力电池组用丁字形支架稳固地安装在车架上，保证动力电池组的稳定性。丁字形支架可以从车辆后部抽出，便于动力电池组的安装和维修。在 EV–1 中，110 型动力电子系统中采用动力电池组管理模块对动力电池组进行管理，动力电池组除主要向驱动系统提供电能外，还要向转向系统的电动油泵、空调系统的压缩机和电扇等

图 5-23 EV–1 用 Delco 公司免维护调压阀式密封铅酸电池组

提供动力电源。动力电池组管理系统能够检测到动力电缆的松动和逆变速器盖的松动，在 25 ms 内作出反应，用自动和手动断路器装置立即切断各个关键系统的电源，保证整车高压系统的安全性。动力电池组管理模块的分流器模块检测动力电池组的电流，控制动力电池组的充电、放电的全过程，动力电池组热管理系统和冷却通风系统模块，对动力电池组进行热管理，对电线保护套松动、动力电池组的电压和温度进行测量和控制，保证车载电源系统能够正常运行，以优化动力电池组的性能和延长寿命。自我检测和自我保护系统模块，将动力电池组的技术状况的信息，随时反馈到中央控制器中，并由中央控制器作出相应的处理。

(2)充电器。Delco 的感应式充电器按照美国 SAE 推荐的 DAE J1773 电动车辆感应式充电耦合的标准进行设计，每单元充电系数有不同的级别，最高为 120 kW，整体效率达到 90%。没有直接连接的电路，并与地面绝缘，只有充电板正确地插入车载充电口时，才有电能输入。具有全天候的充电功能，能够耐水、雪、冰、脏物或灰尘，保证安全可靠地进行充电。产品经过 UL 和 FCC 验证。用智能控制模块控制随车感应式耦合充电系统，采用可分式绝缘变压器产生磁场，因此能够在全天候的条件下对 EV–1 动力电池组进行充电，目前所采用的磁感应式(Magne–Charge)6.6 kW 充电系数，充电时间 2 ~ 3 h。新开发的 50 kW 快速充电系统，充电时间缩短到 10 ~ 15 min，就可以达到 80%的电量，电量可供 EV–1 行驶 90 ~ 100 km，EV–1 制动时，回收再生制动能量向动力电池组充电，全部过程都是由中央控制器管理。

5.4.3.3 驱动系统

在 EV–1 中，驱动电动机控制模块控制 Delco 推进系统公司供应的驱动电动机。驱动电动机为液体冷却式交流感应电动机，有宽广的调速范围和优异的转速特性，最大功率为 100 kW，最高转速 1 600 r/min，并具有优越的转速范围和转矩特性。Delco 的驱动电动机采用机电一体化设计，将驱动机、主减速器驱动桥的轻质铝合金差速器和半轴等组合成整体，一体化驱动系统结构十分紧凑，通用性好。轻质铝合金制造的差速器，既轻巧又坚固，车桥的驻车锁止器能够保证 EV–1 在驻车时可靠锁止。Delco 的驱动电动机的液体冷却系统和润滑油循环系统，提高了传动性能和传动效率，性能更好，寿命更长。Delco 的驱动电动机可以实现四象限运转，有效地回收再生制动时的能量。

所有电气连接都是全天候的，能够适应驱动机周边和罩内严酷的环境条件。一体化 Delco 驱动单元装有由 Delco 的 110 型“动力电子系统”控制的轴端编码器、啮合模式开关、油压开关、温度传感器等监控系统，保证了驱动单元的平稳性和可靠性。

5.4.3.4 操纵装置

EV–1 电动轿车控制系统的操纵装置有加速踏板、制动踏板等操纵装置，加速踏板、制动踏板的机械位移量，转换为电信号后输入 Delco 公司制造的混合动力模块中。驱动系统即产生“油门响应”，不需要换挡，运转平稳，符合驾驶员的操作习惯。

5.4.3.5 控制系统

EV–1 采用 Delco 混合动力模块，750A 单元和 Delco 动力电子系统作为控制装置。

(1)750A 混合动力模块。EV–1 采用 Delco 的 750A 混合动力模块作为控制单元技术装备，由于具有 750 A 强大的额定电流，在大功率的条件下不需要再并联功率模块。

Delco750A 混合动力模块的控制器中采用整体式集流环 Kelvin 连接，可以实现简单保护电路的连接。在最小化的回路中采用快速恢复二极管，提高了系统的 EM1 性能。先进的导体材料，具有优异的高温性能和功率循环容量，优化电流分配和多维大电流硅耦合，使系统的热性能更高，可靠性更优越，使用寿命更长。大功率端子有利于低电感汇流排的实现，混合动力模块的电感系数非常小，尖峰电压非常低，漏电电流很小，开关损失更低，可以提高开关的频率，而且不需要配置缓冲吸收电路。750A 混合动力控制模块的微处理器采用可再编程存储器，具有转矩控制、巡航控制、电子限速、加速踏板标定、过电压/不足电压限值、诊断和自我检测等多种功能。驱动系统统一装置在驱动系统箱体内，采用冷却系统冷却以保证工作的可靠性。

(2)110 型动力电子系统模块。EV–1 采用 Delco 的 110 型“动力电子系统”(逆变速器可供 110 kW 的功率)(见图 5-24)，对整个车辆的动力进行控制。110 系统可以在动力电池的额定直流电压为 270 ~ 350 V 之间正常工作，推荐在充电时的最高电压不超过 430 V，在再生制动能量回收时电压不超过 405 V。在 110 型“动力电子系统”中，逆变速器是采用专门设计的、装于 EV–1 的行李箱内、特殊环境条件下的绝缘栅双极 750 A 的 IGBT 大功率管，可提供 110 kW、输出电流为 400 A 的电流。逆变速器以正弦波输出，能在 0 ~ 600 Hz 范围内进行精确的控制，控制交流感应电动机的转速达到 16 000 r/min。实现即时加速踏板响应并实现无级变速，使 EV–1 的最高车速达到 128 km/h，并且启动平稳，有优良的加速性能和爬坡性能。驱动电动机还能够实现四象限运行，在制动时能够转换为发电机发电，回收再生制动能量，增加续驶里程。不论在驱动模式还是再生制动模式的工况下，都能实现对电机的高效率的控制。由于再生制动能量的回收，可以增加 EV–1 的续驶里程接近总续驶里程的 1/5 ~ 1/4。110 型动力电子系统带有可再编程存储器和微机控制系统，可以根据驾驶员通过对操纵装置的输入量，进入 110 型动力电子系统，经过微机控制系统处理，并通过输出接口输送到各个控制模块中去，对整车进行综合控制。通过不同的控制模块来控制加速踏板的标定、电子限速、巡航控制、力矩控制、力矩指令滤波、过电压和不足电压的限值、诊断和自我检测等多种功能。

图 5-24　美国通用公司 EV–1 的 110 型动力电子系统

(3)DC/DC 转换器和低压电池组。在 EV–1 中，110 型动力电子系统中的辅助功率控制模块的功率为 4.2 kW，控制 DC/DC 转换器和低压辅助电池组，承担从动力电池组向低压辅助电池组充电和管理，然后由低压辅助电池组向各个用电装置提供电能的任务。在 4.2 kW 的辅助功率模块中，其中 1.5 kW 的功率经过 DC/DC 为辅助电池组充电，供各种低压电器用电，0.8 kW 用于挡风玻璃除霜加热，1.9 kW 用于暖风和空调系统压缩机和风扇用电。用各种监控装置，包括编码器、传感器、油压开关和啮合模式开关等组成了整个控制系统。全部过程都是在中央控制器控制的指令和低压电池组控制模块的监控下进行的。12 V 的电池组提供整车低压电气系统和控制系统用电。在 EV–1 上，照明系统、信号系统、仪表板、刮水器、喷淋器、电动车门、电动车窗、音响、电视、多媒体、安全气囊、防撞系统、导航系统、车载电话等，都采用低压电源。

复习思考题

1．EV 有哪些基本组成部分？

2．动力电池组的一般布置形式有哪些？

3．动力电池组管理系统由哪几部分组成？

4．电池管理系统主要包括哪几个方面？

5．电动机—传动系统在结构上有几种形式？

6．EV 的车身造型和车身结构的目标是什么？

第 6 章　燃料电池电动汽车

燃料电池以其特有的燃料效率高、质量能量大、功率大、供电时间长、使用寿命长、可靠性高、噪声低及不产生有害排放物 NO_2 等优点正引起世界各国的注意。与内燃机汽车相比，氢燃料电池电动汽车有害气体的排放量减少 99%，CO_2 的生成量减少 75%，电池能量转换效率约为内燃机效率的 2.5 倍。这种电池将有可能成为继内燃机之后的汽车最佳动力源之一。

近年来，一些厂家如戴姆勒—克莱斯勒、丰田、通用、本田、日产、福特等公司都开发了自己的燃料电池电动汽车(FCEV)。汽车界人士认为 FCEV 是汽车工业的一大革命，是 21 世纪真正的纯绿色环保车，是最具实际意义的环保车种。

6.1　燃料电池电动汽车的发展概况

20 世纪 60 年代和 70 年代，美国首先将燃料电池用于航天，作为航天飞机的主要电源。此后，美国等西方各国将燃料电池的研究转向民用发电和作为汽车、潜艇等的动力源。世界各著名汽车公司相继投入较多的人力和物力，开展燃料电池电动汽车的开发研究。在北美，各大汽车公司加入了美国政府支持的国际燃料电池联盟，各公司分别承担相应的任务，生产以新的燃料电池作动力的汽车。美国通用汽车公司在美国能源部的资助下，推出了以质子交换膜燃料电池(PEMFC，也称为离子交换膜燃料电池或固体高聚合物电解质燃料电池)和蓄电池并用提供动力的轿车。美国福特汽车公司现已研制出从汽油中提取氢的新型燃料电池，其燃料效率比内燃机提高 1 倍，而产生的污染则只有内燃机的 5%。

加拿大巴拉德(Ballard)汽车公司是 PEMFC 燃料电池技术领域中的世界先驱公司，自 1983 年以来，Ballard 公司一直从事开发和制造燃料电池。1992 年巴拉德公司在政府的支持下，为运输车研制了 88 kW 的 PEMFC 动力系统，以 PEMFC 为动力做试验车进行演示。1993 年巴拉德公司推出了世界上第一辆运用燃料电池的电动公共汽车样车，装备 105 kW 级 PEMFC 燃料电池组，能载客 20 人，对于一般城市公共汽车，采用碳吸附系统储备气态 H_2 即可连续运行 480 km。目前，Ballard 燃料电池的体积功率已达到 1 kW/L 的目标。

在日本燃料电池系统的发展中，丰田公司处于领先地位。丰田的目标是开发能量转换效率达到传统汽油机 2.5 倍的燃料电池，且能和现用的汽(柴)油汽车一样方便地添加燃料。日本还在 1981 年开发了熔融碳酸盐燃料电池(MCFC)，随后又研制了磷酸燃料电池(PAFC)，1992 年又开发了比功率高、工作温度低、结构紧凑和安全可靠的 PEMFC。

在欧洲燃料电池的开发中，德国的西门子和意大利的 De No 公司处于领先水平。德国奔驰公司和西门子公司合作于 1996 年推出了装有 PEMFC 的 NECARll 小客车。

法国也开发出使用“运程”燃料电池的电动汽车“Fever”，它以低温储存的氢和空气作燃料，发电功率达 20 kW，电压为 90 V，且采用先进的电子控制系统对电力系统进行控制，并把制动时产生的能量储存在蓄电池里，以备汽车启动或加速时使用。

英国能源部也于 1992 年成立了国家燃料电池开发中心。英国燃料电池技术的开发重点在燃料供应、重整炉、气体净化和空气压缩等方面。PEMFC 的研究重点是改善催化材料的性能并探索铂(Pt)催化剂的涂覆方法，降低铂(Pt)含量，提高铂(Pt)利用率和耐受 CO 的允许值。

我国在燃料电池电动车领域的研究水平与发达国家相差无几，由清华大学和北京富源新技术开发总公司联合研制的我国第一辆质子交换膜燃料电池电动旅游观光车，展示了国内研制电动车的最新技术。有关专家指出，我国完全有能力在这一领域赶超世界先进水平。

目前，所有领先的汽车制造厂都在积极开发燃料电池发动机技术，并且许多国家在燃料电池的研究方面取得了可喜的成绩。如今，燃料电池的功率密度已超过 1.1 kW/L。同时，燃料电池还可用于固定式、便携式和船用动力等非运输车应用环境。这些开发项目所生成的协同作用将加快燃料电池在所有应用领域中的开发进程，并将大幅度降低燃料电池的生产成本。

燃料电池技术虽已取得快速发展，但要使其装载使用达到规模，仍有一些难题需要解决，例如氢的制取、储存及携带成本高、基础设施建设投资大等。当前研究和开发工作的重点是降低成本和开发大规模制造工艺。随着燃料电池的体积功率和质量功率的逐步提高，生产成本的不断降低，制造材料和工艺的进一步改进和完善，以燃料电池作动力的汽车将会得到广泛使用。

6.2 燃料电池电动汽车的结构

燃料电池电动汽车实质上是电动汽车的一种，在车身、动力传动系统、控制系统等方面，燃料电池电动汽车与普通电动汽车基本相同，主要区别在于动力电池的工作原理不同。

6.2.1 燃料电池电动汽车的结构

燃料电池电动汽车的外形和内部空间与普通的内燃机汽车几乎没有什么差别，所以单凭外形是难以区别燃料电池电动汽车与普通内燃机汽车的。

燃料电池电动汽车的基本结构多种多样，按照驱动形式可分为纯燃料电池驱动和混合驱动两种；按照能量来源可分为车载纯氢和燃料重整两种方式。由于燃料电池电动汽车正处在研究的初级阶段，所以各种技术竞相使用，各有优缺点。

纯燃料电池汽车只有燃料电池一个动力源，汽车的所有功率负荷都由燃料电池承担。其主要缺点有：①燃料电池的功率大，成本昂贵；②对燃料电池系统的动态性能和可靠性提出了很高的要求；③不能进行制动能量回收。

基于这些不利因素，目前的燃料电池汽车主要采用的是混合驱动形式，即在燃料电池的基础上，增加了一组电池和超级电容作为另一个动力源。

图 6-1 是采用“燃料电池+电池”(FC+B)混合动力驱动形式的燃料电池汽车的动力系统结构图。考虑到目前燃料电池系统自身的一些特殊要求，例如，在启动空压机或鼓风机时需要供电，电堆需要加热，氢气和空气需要加湿等，同时也为了能够回收制动能量，因而将电池和燃料电池系统组合起来，形成混合动力系统。该系统降低了对燃料电池的功率和动态性的要求，同时也降低了燃料电池系统的成本，但却增加了驱动系统的重量、体积和复杂性，从而增加了电池的维护、更换费用。

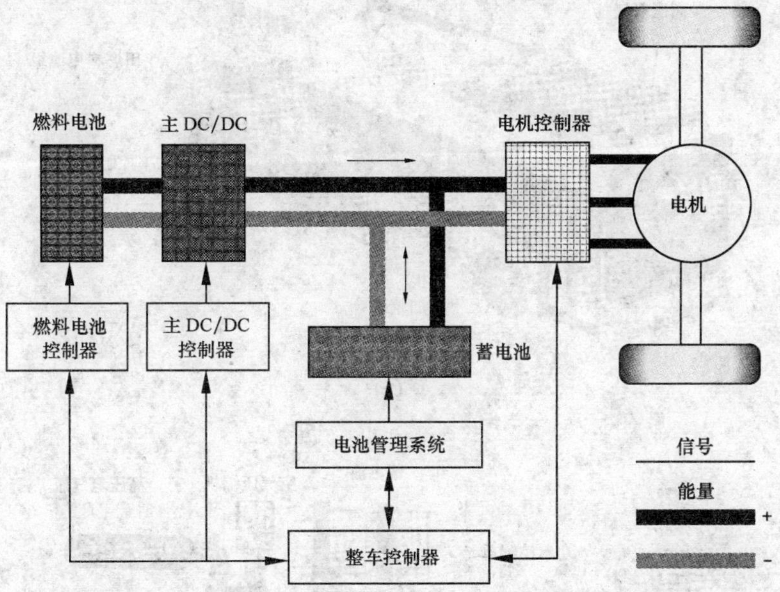

图 6-1　“FC+B”燃料电池汽车混合动力系统结构图

燃料电池混合动力汽车的动力系统主要由动力控制单元、电动机、电池组、燃料箱、储能装置(蓄电池等)及燃料加入口等组成。如图 6-2 所示为丰田 FCHV-K-2 型燃料电池电动汽车动力系统布置示意图。

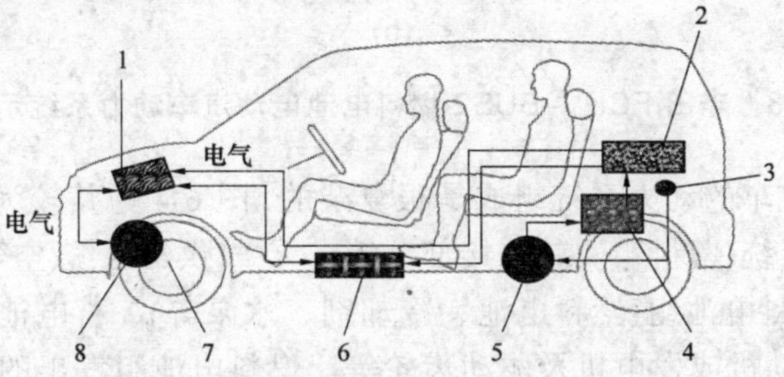

1．驱动用逆变器；2．变换器；3．加气口；4．电池组；5．高压氢气瓶；6．蓄电池；
7．连续可变变速器；8．电动机

图 6-2　丰田 FCHV-K-2 型燃料电池电动汽车动力系统布置示意图

该车的动力系统主要由动力控制单元、电动机/发电机、电池组、高压氢气瓶、蓄电池和加气口等组成。动力控制单元按照驾驶员的操作指令决定动力系统应提供的动力大小或回收制动、减速的能量。燃料电池组向动力系统提供能量驱动电动机使汽车行驶或向蓄电池充电，以备加速和大负荷之用。

图 6-3 为丰田 FCHV–BUS2 型燃料电池巴士的组成，由于其空间较大，动力系统容易布置，故其结构与燃料电池电动轿车有较大的差别，如高压氢气瓶可以布置在车顶上。

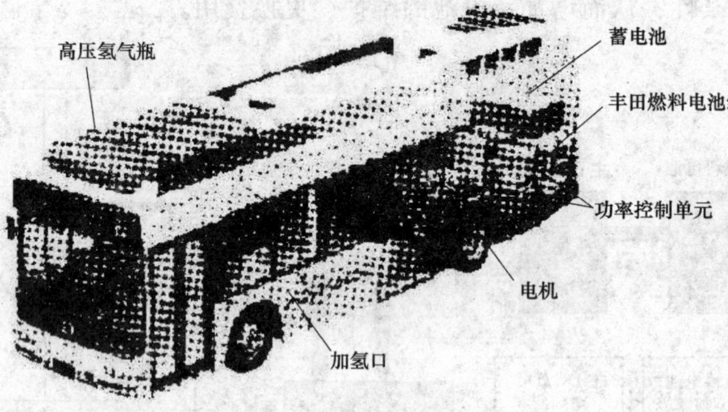

(a)

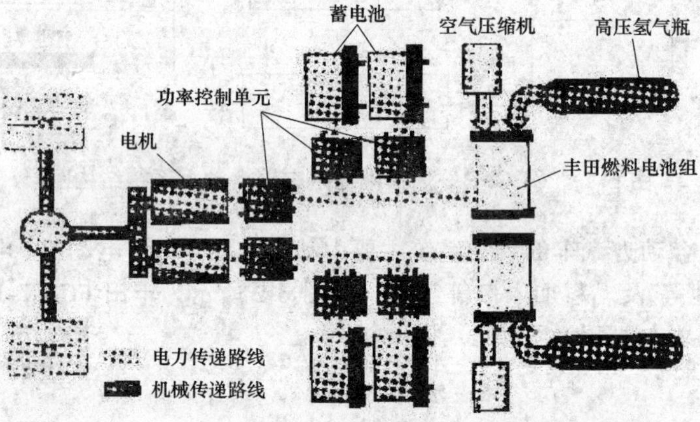

(b)

图 6-3 丰田 FCHV–BUS2 燃料电池电动汽车动力系统示意图

燃料电池电动汽车的动力系统组成是很复杂的，图 6-4 为其较为详细的结构示意图，其主要组成为燃料系统(燃料箱及其连接部分等)、空气供给系统(空气压缩机及其连接部分等)、控制器、燃料电池组(燃料电池、冷却剂、水泵等)、蓄电池、DC/DC 转换器、DC/AC 逆变器、电动机或发电机及驱动齿轮等。燃料电池组发出的电流经 DC/AC 逆变器后进入电动机驱动汽车行驶或经 DC/DC 转换器向蓄电池充电，当汽车行驶时需要的动力超过电池的发电能力时，蓄电池也参加工作，其电流经 DC/DC 转换器进入电动机驱动汽车行驶。

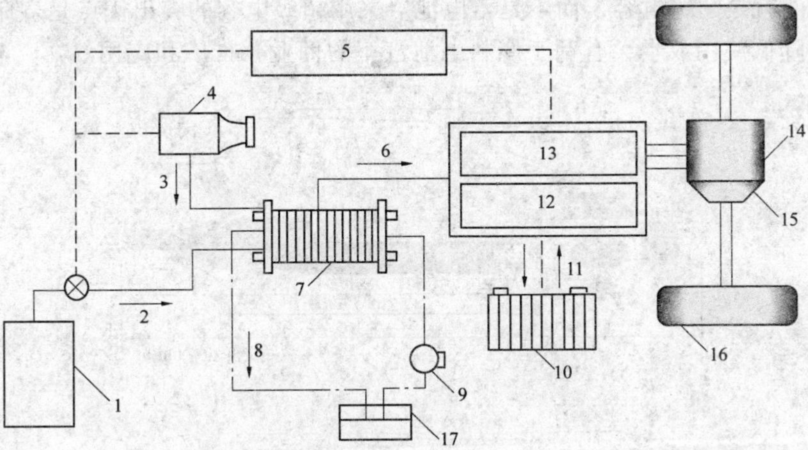

1．燃料箱；2．氢；3．空气；4．空气压缩机；5．控制器；6．电流；7．燃料电池；8．冷却剂；
9．水泵；10．蓄电池；11．电流；12．DC/DC 转换器；13．DC/AC 逆变器；14．电动机或发电机；
15．齿轮；16．轮胎；17．水箱

图 6-4　燃料电池电动汽车动力系统示意图

根据燃料电池所提供的功率占整车总需求功率的比例不同，燃料电池混合动力汽车可分为能量混合型和功率混合型两大类。

在燃料电池汽车开发的早期，由于技术水平的限制，燃料电池的功率较小，还难以满足车辆功率的需求。在车辆行驶过程中燃料电池只能提供整车功率需求较小的一部分，不足的部分还需要其他的动力源，如电池来提供，采用这种混合驱动形式的汽车即为能量混合型燃料电池汽车。能量混合型燃料电池汽车为了满足一定的性能指标，往往需要配备容量较大的电池组，从而导致整车的自重增加、动力性变差、空间布置紧张。能量混合动力型燃料电池汽车的燃料电池可以经常在系统效率较高的额定功率区域内工作。但每次运行结束后，除了要加注氢燃料外，还需要用地面电源为电池充电。

随着燃料电池技术的不断成熟、燃料电池性能的逐渐提高，燃料电池所提供的功率越来越大，这样就可以减少电池的容量，从而减轻车重、提高动力性。但为了回收制动能量，还需要一定数量的电池，但电池只提供整车所需功率中很小的一部分。燃料电池作为主动力源，电池作为辅助动力源，车辆需要的功率主要由燃料电池提供，电池只是在燃料电池启动、汽车爬坡和加速时提供功率，在汽车制动时回收制动能量。采用这种混合动力驱动形式的汽车即为功率混合型燃料电池汽车。

由于氢–镍电池或锂离子电池的比能量和比功率较高，从而可以减少电池组的体积和重量，现在越来越多地被用做燃料电池混合动力汽车的电池。但是，由于目前这些电池的价格仍非常昂贵，同时使用过程中电池的工作电压、电流、温度等的变化与其安全有很密切的关系，所以往往需要配备专门的电池管理系统。

目前，燃料电池混合动力汽车的驱动形式多种多样，除了前面介绍的“FC+B”外，近年来，功率混合型燃料电池汽车开始出现“FC+C”的驱动形式，即蓄电池也被其他储能装置(如超级电容、飞轮储能器等)所代替，而采用燃料电池与超级电容组合，完全摒弃了寿命短、成本高、使用要求复杂的电池。如图 6-5 所示为本田 FCX 燃料电池电动汽车，其使用的就是超级电容，而不是蓄电池。采用超级电容的突出优点是寿命长和效率高，可大大降低使用成本，有利于燃料电池汽车的商业化推广和应用。

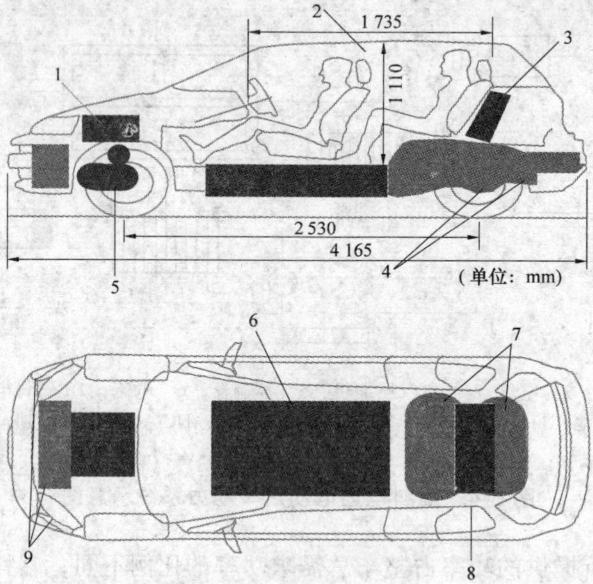

1．动力控制单元；2．车内空间；3．超级电容器总成；4．后车架；5．电动机驱动总成；6．燃料电池总成；7．高压氢罐；8．后悬架；9．散热器

图 6-5　本田 FCX 型燃料电池电动汽车的动力系统布置图

图 6-6 所示为采用“燃料电池+电池+超级电容”(FC+B+C)驱动形式的燃料电池汽车的系统结构图，该形式是在电压总线上再并联一组超级电容，用于提供(吸收)加速(紧急制动)的尖峰电流，从而减轻电池的负担，延长其使用寿命。

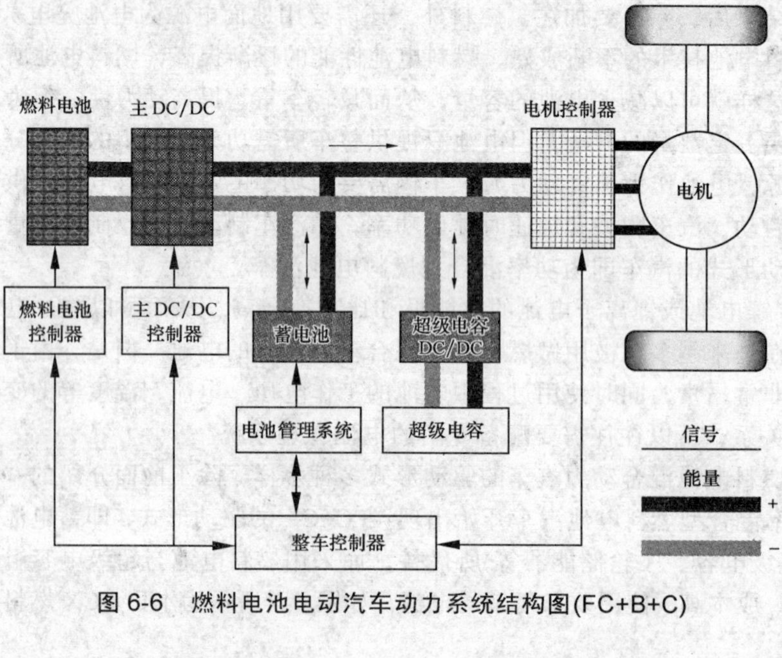

图 6-6　燃料电池电动汽车动力系统结构图(FC+B+C)

6.2.2　燃料电池系统的基本结构

单独的燃料电池堆是不能发电并应用于汽车的，它必须和燃料供给与循环系统、氧化剂供给系统、水/热管理系统和一个能使上述各系统协调工作的控制系统组成燃料电池发电系统，简称燃料电池系统(fuel cell system)，才能对外输出功率。

如图 6-7 所示，燃料电池燃料供给系统与循环系统在提供燃料的同时循环回收阳极排气中未反应的燃料。目前，最成熟的技术还是以纯氢为燃料，而且系统结构相对简单，仅由氢源、稳压阀和循环回路组成。

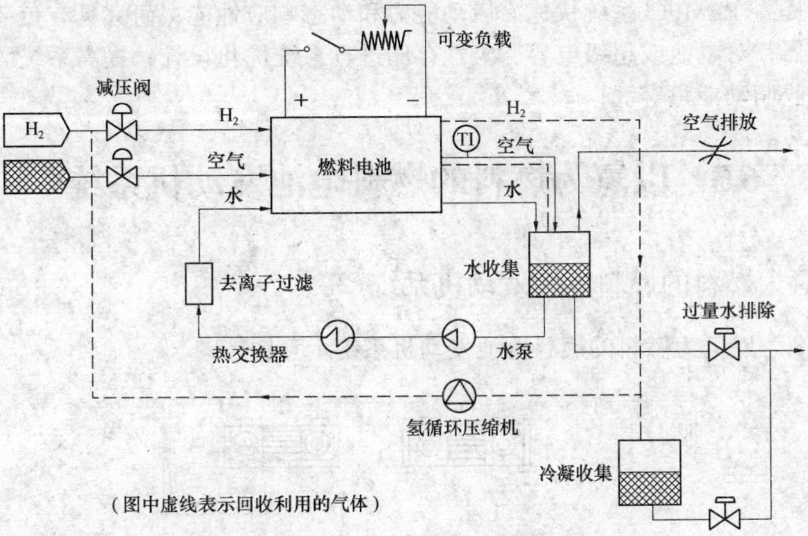

图 6-7　典型的质子交换膜燃料电池系统示意图

燃料电池的功率密度随反应物——氢和氧压力的升高而增大。所以，目前有些燃料电池采用提高空气供给压力(一般是 2 ~ 3 atm)的方法来提高燃料电池系统的功率密度，但是空气在被加湿的情况下，由于水蒸气的存在，将减小氧气的分压，而且空气中大量的非反应物——氮气同时被加压，如果没有从燃料电池排出的空气当中回收能量的良好措施，则会大大降低 PEMFC 的净输出功率和系统效率，因此其作用受到了限制。这种空气加压系统的另一个问题是不可能提供较大的过量空气供给，因为过量空气供给系统效率较低，而大量的过量空气有助于改善燃料电池的性能。如果采用环境压力(常压)空气作为氧化剂，通过对膜加湿(取消对空气加湿、加压)、加大过量空气供给以及采用先进的冷却方法等一系列措施，则简化了结构，提高了效率，可以克服加压燃料的一些不足。还有一类燃料电池采用变压系统，即根据燃料电池的负荷来调节系统中空气和氢气的压力，虽然也表现出不错的性能，但结构比较复杂。

电池内部的水/热管理是燃料电池的难点和重点，也是电池性能好坏的关键。如图 6-7 所示，产物水首先通过燃料电池堆的反应区冷却电池堆本身，在冷却过程中水蒸气被加热至燃料电池的工作温度，被加热的水再与反应气体接触，起到增湿的效果。除了在增湿过程中部分热量被反应气体带走外，还需一个水/空气热交换器，将多余的热量带走，防止系统热量积累，造成电池温度过高。控制系统则根据负载对燃料电池功率的要求，或随燃料电池工作条件(压力、温度、电压等)的变化，对反应气体的流量、压力、水/热循环系统的水流速等进行综合控制，保证电池正常有效地运行。

该控制系统由功能不同的传感器、阀件、泵、调节控制装置、管路、控制单元等组成。随着电堆技术的日趋成熟，控制系统成为决定燃料电池系统性能和制造成本的瓶颈，因此必须对这些零部件进行系统的耐久性和安全性研究，并且制定适合车辆应用的统一标准。

燃料电池系统的主要研究热点包括：使用轻质材料，优化设计，提高燃料电池系统的比功率；提高 PEMFC 系统快速冷启动能力和动态响应性能；研究具有负荷跟随能力的燃料处理器；对电池或超级电容、氢气存储进行系统优化设计，提高系统的效率和调峰能力，回收制动能量等。

6.3 以氢为燃料的燃料电池发动机系统

6.3.1 以氢为燃料的燃料电池发动机系统

如图 6-8 为以氢为燃料的燃料电池发动机系统示意图。

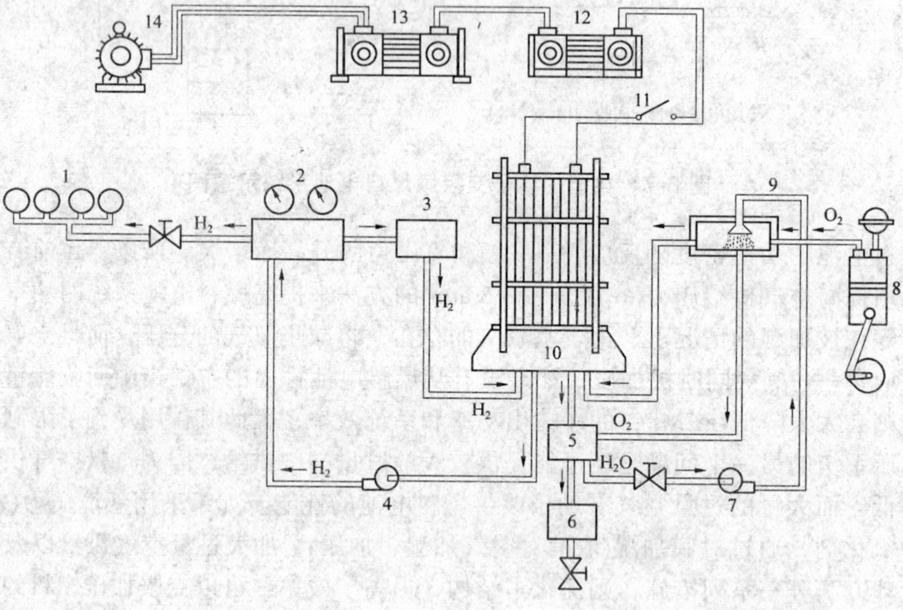

燃料供应系统：1．氢气储存罐；2．氢气压力调节装置；3．热交换器；4．氢气循环泵

水循环系统：5．冷凝器、气水分离器；6．水箱；7．水泵

空气(氧化剂)供应系统：8．空气压缩机；9．空气加湿、去离子过滤装置

电气系统：10．燃料电池组；11．电源开关；12．DC/DC 转换器；13．逆变器；14．驱动电动机

图 6-8　以氢为燃料的燃料电池发动机系统示意图

(1)氢气的储存方式有低温、高温液化氢，高压气态氢气和储氢合金储存的氢气。氢气的装载容器要求能够保持低温、承受高压、可靠的密封和高效的安全防护。氢气供应系统的泵、管道、阀门和控制装置必须严密密封，在承受气体压力作用下是不允许有任何泄漏和锈蚀的。氢气是无色、无臭的气体，混合在空气中，很难察觉，在有条件的情况下，应在氢气中添加某种气味，以提高对氢气泄漏的警觉。管理模块还要能够对氢气系统和氧气系统中的压力、温度、流量和泄漏进行有效的监控，并在发生泄漏事故时能及时报警和自动关闭，以保证系统的安全。氢气供应系统应能实现自动控制。

(2)氧气供应系统的泵、管道、阀门和控制装置等，也需要与氢气储存装置具有相同的密封性能。氧气供应系统应能实现自动控制。

(3)产出物管理系统中主要是对水、热量的管理，水采用循环系统管理，热量用于预热和暖气。

(4)电气系统包括动力 DC/DC 转换器、逆变器和各种控制开关等。

6.3.2 以氢气为燃料的 FCEV 的控制策略

(1)在 FCEV 的驾驶方法上继承或沿用内燃机汽车主要的操纵方法，适应驾驶员的操作习惯，使操作简单化和规范化。在 FCEV 上驾驶员还必须对燃料电池发电机的燃料电池组和辅助设备进行控制，在燃料电池发动机控制系统中，采用全自动或半自动的机电一体化控制系统，达到安全、可靠、节能、环保和灵活的目的。

(2)采用高效率的电流转换系统和高效率的驱动电动机，提高驱动系统的传动效率，提高电动机和驱动系统的高效化。

(3)需要装备辅助电池组，缩短 FCEV 启动时间。回收再生制动反馈能量，延长 FCEV 的行驶里程，实现 FCEV 的节能化。

(4)采用流线形车身，降低车辆的迎风面积和空气阻力系数。采用轻金属材料，高强度复合材料的专用的车身和底盘，低滚动阻力的轮胎，实现车身的流线化和整车的轻量化，尽量减轻整车的整备质量和行驶阻力。

(5)降低空调系统的能量消耗，实现空调器的节能化。

6.3.3 以氢气为燃料的 FCEV 的控制策略和控制系统

图 6-9 为以氢气为燃料的 FCEV 的控制策略和控制系统。

6.4 以甲醇为燃料的燃料电池发动机系统

6.4.1 以甲醇为燃料的燃料电池发动机系统

图 6-10 为以甲醇为燃料的燃料电池系统。包括甲醇储存装置，甲醇供应系统的泵、管道、阀门、加热器及控制装置等。以甲醇为燃料的电池组中，对于甲醇储存和使用的管理比以氢为燃料的燃料电池对氢管理的要求要简单得多。

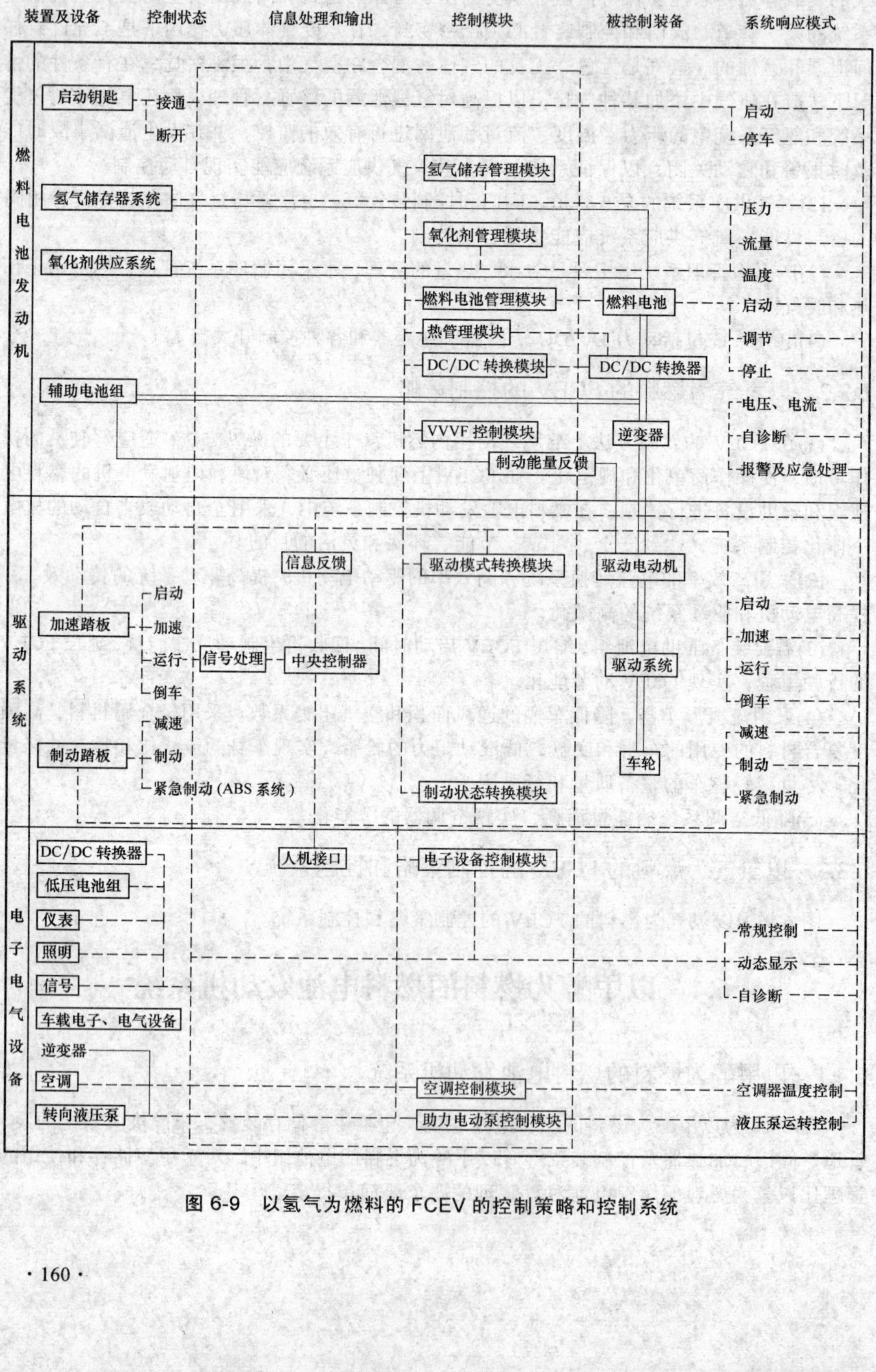

图 6-9　以氢气为燃料的 FCEV 的控制策略和控制系统

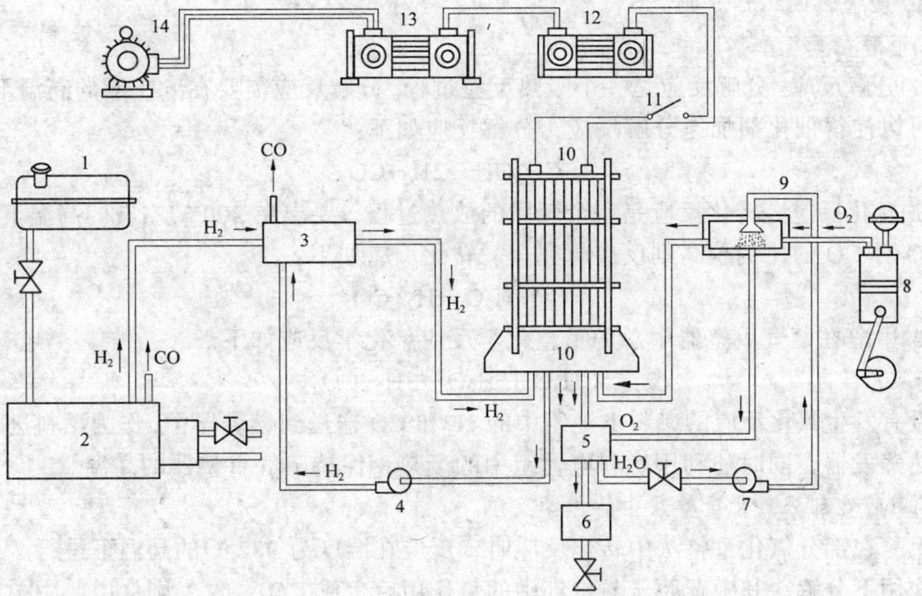

燃料供应系统：1．甲醇储存罐；2．重整器带燃烧气；3．H 净化器；4．氢气循环泵

水循环系统：5．冷凝气、气水分离器；6．水箱；7．水泵

空气(氧化剂)供应系统：8．空气压缩机；9．空气加湿、去离子过滤装置

电气系统：10．燃料电池组；11．电源开关；12．DC/DC 转换器；13．逆变器；14．驱动电动机

图 6-10　以甲醇为燃料的燃料电池发动机系统

但在以甲醇为燃料的燃料电池系统中，增加了甲醇的重整器和在甲醇经过重整为氢气过程中需要的加热器、H_2 的净化器(除 CO)、气—水分离器及较复杂的泵、阀和管道系统等附属装置。因此，也必须采用全自动、机电一体化的控制体系，对各种技术装备进行控制和管理，才能达到安全、可靠运转的要求。

6.4.1.1　燃烧器、加热器和蒸发器

在应用蒸气重整法对甲醇进行重整时，用燃烧器和加热器加热甲醇和纯水的混合物，使甲醇和纯水的混合物一起在蒸发器中，受燃烧气体高温(621 ℃)热量的作用，蒸发成甲醇和纯水的混合气，然后进入重整器中转化反应成为 H_2、CO_2 和少量的 CO。因此，在重整系统需要装备燃烧器、加热器和蒸发器。燃烧器一般采用气体燃料，加热器和蒸发器装在重整器中，用对流与传导方式进行热交换，加热甲醇和纯水的混合物使之汽化。燃烧器和加热器采用专用模块对燃烧过程和温度等进行管理。

6.4.1.2　重整器

重整器是将甲醇等碳氢化合物用重整技术转化为氢气的关键设备。不同的碳氢化合物采用不同的重整技术，在重整过程中的温度、压力会有所不同，例如：甲醇用水蒸气重整法的温度为 621 ℃，用部分氧化重整法的温度为 982 ℃，用废气重整法的第一阶段温度为 982 ℃，第二阶段温度为 250 ℃。在 FCEV 用甲醇做燃料时，就需要对各种因素

进行分析，选择最佳方式和与之配套的重整器。

1. 重整器的工作原理

1)甲醇在蒸气重整器中的化学反应

(1)分解反应。分解反应是一个吸热反应过程，分解反应需要在 621 ℃的高温下进行，高温可以使得催化剂加速分解反应，分解反应如下：

$$CH_3OH \rightarrow 2H_2+CO$$

(2)转化反应。转化反应是一个轻微的放热过程，要求在 200 ℃左右的高温下进行，若 H_2O 对 CO 的比例越高则反应越完全。转化反应如下：

$$CO+H_2O \rightarrow H_2+CO_2$$

(3)甲醇在蒸气重整器中总的重整化学反应。化学反应如下:

$$CH_3OH+H_2O \rightarrow 3H_2+CO_2$$

没有发生氧化反应的燃料电池组中的 H_2 和 CO 输送到燃烧器中，作为燃料进行燃烧来加热蒸发器，同时还利用燃料电池组中的废热，保持蒸气重整器的高温。

2)甲醇在部分氧化重整法中的化学反应

甲醇在部分氧化重整法中转化反应时，反应在温度为 982 ℃的高温下进行。甲醇在高温作用下分解，其中碳原子与空气中的氧作用后生成 CO_2，氢气则从甲醇中单独分离出来。甲醇在部分氧化重整法中的化学反应为：

$$CH_{1.86}+0.5(O_2+79/21N_2) \rightarrow 0.93H_2+CO+79/42N_2$$

其中 CO 输送到燃烧器中作为燃料用来对空气进行加热。

3)甲醇在废气重整法中的化学反应

甲醇在废气重整法中的分解和转化反应分三步完成。

甲醇在废气重整法的转化反应时，燃烧反应过程中的反应温度为 982 ℃的高温。在第二阶段反应过程中的反应温度为 250 ℃左右。所产生的废气燃烧后，保持废气重整器的高温。

(1)燃烧反应过程：

$$CH_4+1.5(O_2+3.76N_2) \rightarrow CO+2H_2O+5.64N_2$$

(2)重整反应过程：

$$CH_3OH+0.5(CO+2H_2O+5.64N_2) \rightarrow 1.5(CO_2+2H_2+1.88N_2)$$

(3)废气燃烧过程：

$$1.5(CO_2+2H_2+1.88N_2)+1.5(O_2+3.76N_2) \rightarrow 1.5(CO_2+2H_2O+5.64N_2)$$

当前主要采取了蒸气重整法对甲醇进行重整，在应用蒸气重整法对甲醇进行重整时，将甲醇和纯水的混合物，一起进入蒸发器中，蒸发成甲醇和纯水的混合气，然后进入气体重整器中，在重整器中使甲醇和纯水的混合气可以在相对较低的温度下，转化反应成 H_2、CO_2 和少量的 CO。甲醇中的碳原子形成 CO_2 和少量的 CO，它们不参加燃料电池的反应，仅参加重整器中的热反应并供应热能。在反应过程中，如果反应不完全，会余留很少的 CO。氢气作为燃料时，燃料电池的效率为 40%～42%。

2. 重整器的结构

图 6-11 为蒸气重整法的重整器，在重整器的中部为蒸发器总成，由燃烧器、加热器

和蒸发器三个部分组成，燃气气体与空气混合后，在燃烧器中燃烧，在加热器中加热甲醇和纯水的混合物，并在蒸发器中气化为甲醇和水的混合气，然后进入重整器的重整外腔，高温的甲醇和水的混合气在催化剂的催化作用下，转化为 H_2 和 CO_2 ，H_2 经过 CO 处理器输送到燃料电池中，CO_2 作为废气排出。

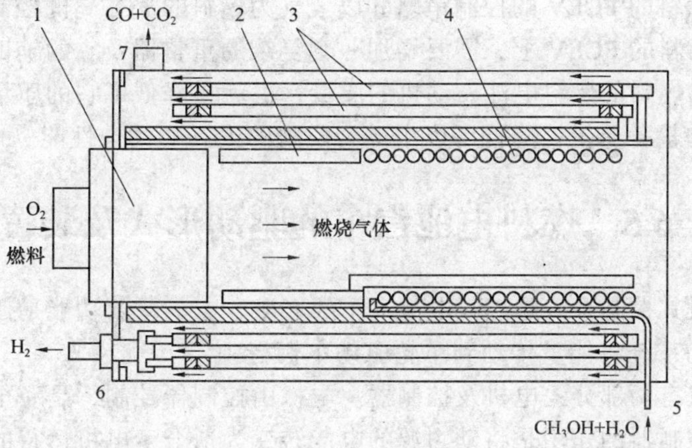

1. 燃烧器；2. 加热器；3. 蒸发器；4. 燃烧废气；5. 甲醇和纯水的混合物入口；
6. H_2 出口；7. CO_2 和 CO 废气出口

图 6-11　蒸气重整器

3. 重整器的特点

(1)加速重整器的动态响应，目前的重整器在室温下，将原料蒸发加热到 250 ℃需要 8 min，将重整器启动后的氢气中的 CO 的浓度降低到 0.001%需要 2 ~ 4 min，启动和动态响应慢，影响 FCEV 的启动性能。采用强制加热来缩短重整器的启动时间，或采用辅助电池组与燃料电池组共同组成混合动力驱动系统，都可以缩短启动时间和加速重整器的动态响应。

(2)Brain Bamett 公司研发的汽油重整器，热效率达到 85%，重整后的氢气含量约为 50%，含 CO 约为 0.5%，然后通过净化器将 CO 的浓度降低到 0.001% ~ 0.005%，可用于新型 PEMFC 中。

(3)在 PEMFC 中减少催化剂铂(Pt)的用量，提高催化剂的寿命，开发耐 CO 的新型催化剂材料，可以提高重整器的效率和寿命，以及降低重整器成本。丰田汽车公司在使用铂(Pt)—钌(Ru)催化剂的 PEMFC 中，可以提高其抗 CO 的能力，即使吸附 0.01%的 CO 也没有中毒的危险。可以使重整器更加紧凑，成本更加低廉。

6.4.1.3　氢气净化器

在重整反应过程中如果反应不完全，会余留很少量的一氧化碳(CO)，氢气中只要有几个百万分之一的一氧化碳(CO)吸附在催化剂铂(Pt)上面，就会使催化剂铂产生“中毒”现象，对燃料电池带来不利的影响。所以，重整器产生的 H_2 和 CO_2 必须经过对 CO 的降低处理后，使得 H_2 和 CO_2 中 50%以上的 CO 被氧化成 CO_2。因此，在重整装置的系统中，必须设置氢气的净化器(CO 的处理装置)，净化器控制模块应根据不同的催化剂来控制参加反应的气体中的 CO 的含量不超过规定值。采用甲醇经过重整后所获得的氢气作为燃料时，燃料电池的效率为 40%～42%。

6.4.2 以甲醇为燃料的 FCEV 的控制策略和控制系统

以甲醇为燃料的 FCEV 的控制策略和以氢气为燃料的 FCEV 的控制策略基本相似，但在以甲醇为燃料的 FCEV 上，需要增加一套复杂的重整器及它的辅助设备系统，因此增加了以甲醇为燃料的燃料电池发动机的质量，也就是降低了它的质量比能量，同时也增加了 FCEV 的整备质量，降低了以甲醇为燃料的 FCEV 动力性能。

6.5 燃料电池汽车的驱动形式及装置

驱动电机及其控制系统是燃料电池汽车的心脏，它的主要功能是使电能转变为机械能，并通过传动系统将能量传动到车轮驱动车辆行驶。

其基本构成有两部分：电机及控制器。电机由控制器控制，是一个将电能转变为机械能的装置。控制器的作用是将动力源的电能转变为适合于电机运行的另一种形式的电能，所以控制器本质上是一个电能变换控制装置。

目前，燃料电池可以采用的电机驱动系统有直流电机驱动系统、异步电机驱动系统、同步电机驱动系统和开关磁阻电机驱动系统等。

6.5.1 电机及其控制器

对于电动汽车用的电机，其要求是：电机的过载能力强、启动转矩大、功率密度高、转矩响应快。此外，还要求电机具有一定的防尘、防水能力。

目前，电动汽车常用的电机有直流有刷电机、感应电机、稀土永磁无刷直流电机及开关磁阻电机等。

6.5.1.1 直流电机

直流电机具有控制简单、调速性能好、控制器成本低等一系列优点，经常在中、小功率驱动电机中得到应用。最常使用的直流电机是串励电机(启动转矩大)及稀土永磁直流电机(效率较高)。但是，由于直流电机含有换向器及电刷等部件，因此其最高转速较低，体积大，功率密度低，成本高，需要定期维护，在大功率驱动电机中应用较少。另外，直流电机在运行时，还易产生火花，这对于以氢气为燃料的燃料电池汽车来说，存在一定的安全隐患。

近年来，一些研究人员对有刷直流电机的换向问题进行了深入研究，提出了一些新型的有刷直流电机设计。如果这些研究工作能够取得突破，结合电机控制器的低成本优势，新型的有刷直流电机驱动系统也会在大功率应用场合中得到更多的应用。目前，直流电机主要应用在低成本、性能要求不高的中小型电动汽车中。

直流电机的控制通常采用 PWM 控制方式，其控制器又称为斩波器。控制系统主要由功率开关模块和中央控制器构成。

6.5.1.2　感应电机

感应电机具有结构简单、成本低、效率较高、免维护等一系列优点，在工业上得到广泛的应用。由于感应电机没有独立的励磁绕组，其电枢绕组(定子绕组)既是励磁绕组，又是转矩绕组，因此感应电机属于多变量强耦合的非线性系统，其励磁绕组与转矩之间的耦合，使得感应电机的控制比较困难。

随着电力电子及微电子技术的进步和运动控制理论的发展及新的控制技术的不断采用，感应电机的控制技术得到了质的飞跃。目前，感应电机主要应用在中、大功率的驱动系统中。

6.5.1.3　稀土永磁电机

稀土永磁同步电机采用稀土永磁材料，具有效率高、功率密度大等特点，在中、小功率的系统中有优势。但是，稀土永磁同步电机的成本很高，而且目前使用最多的铷铁硼稀土永磁体的工作温度比较低，电机运行时温升不能太高。稀土永磁同步电机分为正弦波稀土永磁同步电机(通常称为稀土永磁同步电机)和方波型稀土永磁同步电机(通常称为稀土永磁无刷直流电机)。

正弦波稀土永磁同步电机的特点是，永磁体在气隙中产生的磁场空间上按照正弦分布，定子三相绕组为正弦分布绕组，电机的反电动势及电机定子电流均为正弦波。高性能的正弦波稀土永磁同步电机系统通常采用矢量控制策略,其定子电流的直轴分量为零，其交轴电流在磁场的作用下产生电磁转矩。

稀土永磁无刷直流电机的特点是，永磁体在气隙中产生的磁场空间按照矩形分布，定子三相绕组为集中整距绕组，电机定子电流为方波电流，电机的反电动势为梯形波。

正弦稀土永磁同步电机及稀土永磁无刷直流电机均需要变频器供电。但是，前者需要正弦波型逆变器供电。因此，稀土永磁无刷直流电机的控制器比较简单，更容易实现，成本也较低。正弦波稀土永磁同步电机产生的转矩比较平稳，目前多用在伺服系统中。稀土永磁无刷直流电机因为控制相对容易，而且对于相同容量的电机，可以产生比正弦波稀土永磁同步电机更大的转矩，因此更适合于牵引系统。但是，受绕组电感的影响，稀土永磁无刷直流电机的电流不可能是理想的方法，在换向时会发生相电流的重叠，从而引起电机转矩产生一些脉动。

6.5.1.4　开关磁阻电机

开关磁阻电机具有更简单的结构：定子采用集中绕组结构，转子无任何绕组。开关磁阻电机与感应式步进电机的结构及原理有些相似，均是利用在磁场作用下不同介质之间的磁拉力产生电磁转矩。开关磁阻电机与感应电机工作原理不同，后者是利用转子电流在旋转磁场的作用下产生的电磁力来产生电磁转矩。直流电机、同步电机等均是利用电磁力产生电磁转矩。

开关磁阻电机的定子和转子具有不同的极数。常采用的结构是定子、转子的极数分别为 8/6 及 6/4。

近年来，开关磁阻电机驱动系统在电动车中也得到了一些应用。开关磁阻电机主要的问题是噪声和转矩脉动。如何减小电机在低速运行时转矩的脉动、降低电机的噪声是开关磁阻电机能够实用的关键。

6.6 电动汽车制动能量回馈系统

6.6.1 制动能量回馈系统的组成

电动汽车在切断电源之后，不可能立即完全停止旋转，总是在其本身及所带负载的惯性作用下旋转一段时间之后才停止。因而在能源供应紧张的今天，利用电动机制动过程中的剩余能源自然就成了研究开发的一个热点。

电动制动的方法可以分为机械制动和电气制动两大类。电气制动中又可分为反接制动、能耗制动和回馈发电制动三种形式。电动汽车的制动方式应考虑机械制动和电气制动两种类型的结合，尽可能多地利用回馈发电方式取代机械式制动。在电动汽车刹车和下坡滑行时，通过控制系统将电动机的状态改变为发电状态，将发电机发出的电能存储于电池之中，这样既可减小机械刹车系统的损耗，又能提高整车能量的使用效率，达到节约能源和提高电动汽车续驶里程的目的，可得到一举多得的效果。

一般而言，回馈发电制动只能起到限制电动机转子速度过高的作用，即不让转子的速度比同步速度高出很多，但无法使其小于同步转速。也就是说，回馈发电制动仅仅能起到稳定运行的作用。因此，回馈制动发电系统工作时应根据汽车运行状况改变，如在刹车制动、下坡滑行、高速运行和减速运行时等不同场合应采用不同的对策。

电动汽车制动能量回馈发电系统的组成原理框图见图 6-12。装备该能量回馈系统的电动汽车能充分发挥电动汽车的优点，将汽车刹车制动、滑行、高速运行及减速运行等状态下的部分能量转化为电能反冲给蓄电池，有效地利用能源，提高电动汽车续驶里程。

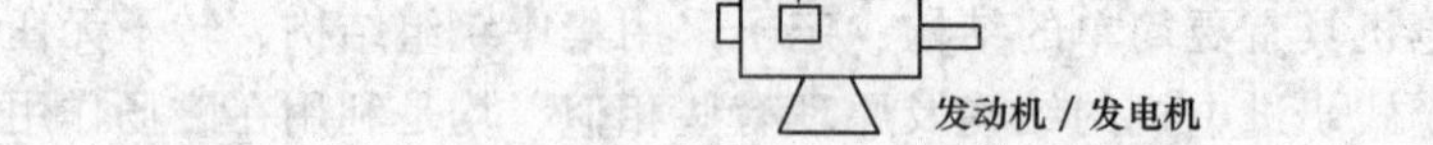

图 6-12 电动汽车制动能量回馈发电系统原理框图

6.6.2 制动能量回馈发电系统的基本原理

一般而言，制动能量回馈发电系统发电电压总是低于蓄电池电压，因此为了使制动能量回馈发电系统发出的电能充入蓄电池，必须采用专门的控制系统，使电动机工作于再生制动模式。制动能量回馈再生制动原理如图 6-13 所示。图中 R_c 为电阻，R_b 为制动限流电阻，U 为蓄电池的电压，E 为电动机的感应电势，L 为电动机电枢的电感。工作时，将电动机电枢驱动电流断开，电枢两端接入一个开关电路。由于电动机属感性器件，感应电势 E 与感应电流 i 随时间 t 的变化率 $\mathrm{d}i/\mathrm{d}t$ 有如下关系：

$$E=-L\mathrm{d}i/\mathrm{d}t$$

当开关闭合时，电动机感应电势引起的感应电流经开关 K 形成回路，感应电流 i_1 为制动电流，其大小为

$$i_1=-E/(R_c+R_d)$$

当开关 K 断开时，$\mathrm{d}i/\mathrm{d}t$ 的绝对值迅速增大，导致感应电势 E 迅速上升，直到 $E>U$ 时，实现能量反馈。假定电流回馈电路的等效电阻为 R_d，则回馈电流为制动电流 i_2 即

$$i_2=(E-U)/(R_c+R_d)$$

于是，电极再生制动过程的电能便充入蓄电池储存起来。

对于实际的电动汽车而言，其制动能量回馈系统的电路十分复杂。图 6-14 为电动汽车的制动能量回馈系统的电路示意图。电路由两个 IGBT 元件 T_1 和 T_2、电动机 M、电感 L、电阻 R 等组成。图 6-13 中的 K 的功能由 IGBT 元件执行，IGBT 的开启和关断由控制单元控制。电动汽车正常行驶时，T_1 管工作，而 T_2 管关断，工作回路如图中 $ABCDEA$ 所示。当司机松开油门踏板需要刹车减速时，T_1、T_2 均关断，电流通过 D_2 续流，此时电流通过如图 6-15(a)所示的 DFG 回路转化为热能消耗，由于汽车的惯性，此时电动机工作于发电状态，回路电流反向。T_1 关断，T_2 导通时，电流通过 T_2 构成如图 6-15(b)所示的回路。经过了 T_{on} 时间后，T_2 管关断，形成如图 6-15(c)所示回路 $EDCBAE$，电能反充回蓄电池。

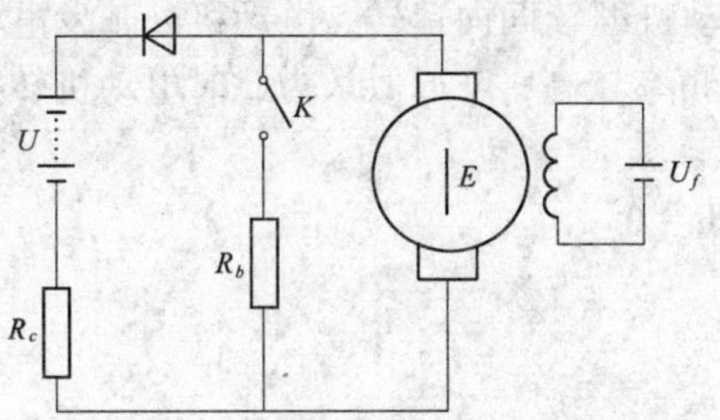

图 6-13　再生制动原理图

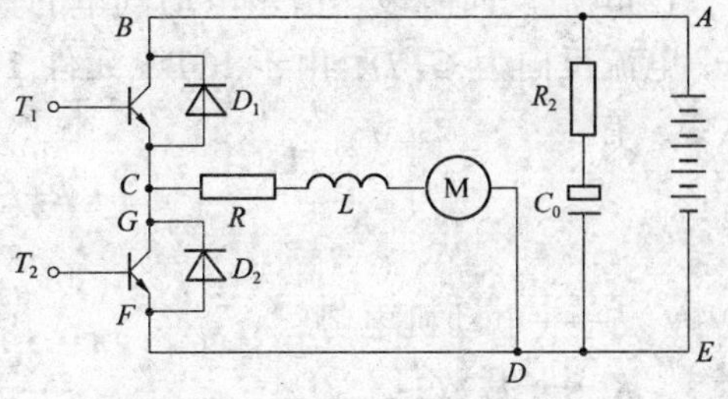

图 6-14　能量回馈系统原理

制动能量回馈的具体过程可分为三个阶段：

(1)续流阶段。此时电动汽车开始减速，控制 T_1、T_2 关断，电动机电感中的电能经 L—D_2—R 消耗一部分，如图 6-15(a)所示。

根据克希荷夫定律，电路满足下列方程：

$$i\cdot R+E+L\mathrm{d}i/\mathrm{d}t=0$$

式中　E——电动机电势，且 $E=K_e\cdot n_0$；

K_e——常数；

n_0——电动机转速。

若 I_0 为开始反馈制动时回路的电流，则有：$i=-E/R+(I_0+E/R)\mathrm{e}^{-(R/L)t}$

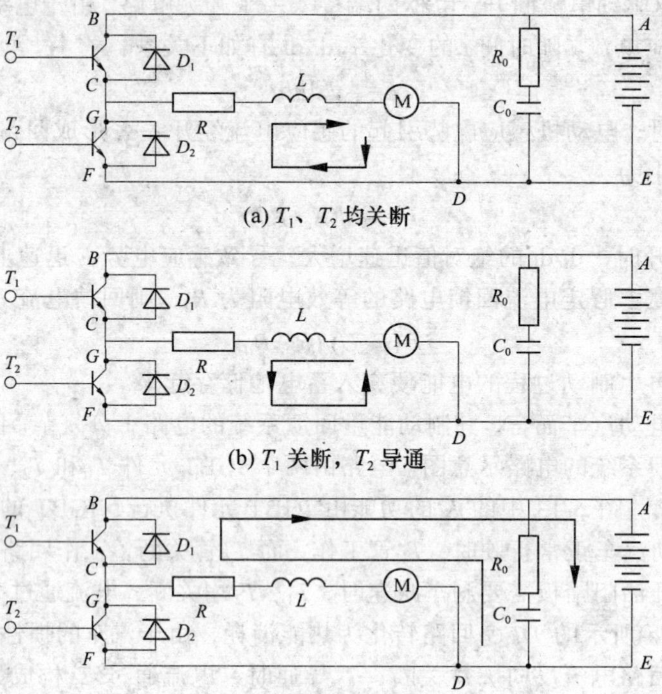

(a) T_1、T_2 均关断

(b) T_1 关断，T_2 导通

(c) T_1 导通，T_2 关断

图 6-15　电动汽车的制动能量回馈过程

(2)电流反向阶段。由于电动汽车的惯性，电动机继续同向运转，电动机处于发电状态，电流反向为 *GFD*，由于 IGBT 元件 T_2 的开关频率较高，可近似认为此时电动机转速不变，有：

$$i \cdot R+E+L \cdot \mathrm{d}i/\mathrm{d}t = 0$$

$$E=K_e \cdot n_1$$

式中　E——电动机电势；

K_e——常数；

n_1——电动机转速。

若 I_1 为第二阶段开始时回路中的电流，则有：$i = -E/R + (I_1 + E/R)\mathrm{e}^{-(R/L)t}$。

设 T_2 导通时间为 T_{on}，则结束时回路中电流 i_{on} 为：

$$i_{on} = -E/R + (I_1 + E/R)\mathrm{e}^{-(R/L)T_{on}}$$

(3)回馈馈能阶段。此时，控制开关 T_2 关断，由于 L 的续流作用，电流通过 D_1 向电池充电，回路变成 *EDCBAE*，此时电路的微分方程为：

$$-U_L + E + i \cdot R + L \cdot \mathrm{d}i/\mathrm{d}t=0$$

由方程可得充电电流 i 的计算式：

$$i = (U_L - E)/R + [I_{on} - (U_L - E)/R]\mathrm{e}^{-(R/L)t}$$

设 T_2 的关断时间为 T_{off}，则此阶段向电池的充电电能为：

$$W=\int_{T_{\text{off}}}^{0}E\cdot i\cdot \mathrm{d}t$$

此后，电动机反复工作于第二、三阶段，直至驾驶员踩下加速踏板或电动汽车停止行走为止。

6.6.3 电动汽车制动能量回(收)馈系统

在保证安全的前提下，将减速制动(刹车或者下坡)时车辆的部分动能转化为电能，并储存于储能器(如各种蓄电池、超级电容器、超高速飞轮和液压蓄能器等)的系统叫做制动能量回收系统。制动能量回收是电动汽车所独有的，它可增加电动汽车的续驶里程，降低汽车的运行成本。由于制动能量回收系统是和液压制动系统一起工作的，因此常把此二者合称为制动能量回收—液压制动系统。当储能器被完全充满时，制动能量回收就不能起到回收作用，制动力就只能由常规的液压制动系统来提供。制动能量回收—液压制动系统的功用是节约制动能量、回收部分制动动能。

当汽车减速、在公路上放松加速踏板行驶或踩下制动踏板停车时，制动能量回收系统就会启动。正常减速时，制动能量回收的最大力矩通常保持在最大负荷状态。电动汽车高速行驶时，其驱动电机一般是在恒功率状态下运行，驱动力矩与驱动电动机的转速或者车辆速度成反比。因此，恒功率下驱动电动机的转速越高，制动能量回收的能量就越低。电动汽车低速时，电动汽车的动能不足以为驱动电动机提供能量来产生最大的制动力矩，因而制动能量回收能力也就会随着车速降低而减小。电动汽车的制动能量回收力矩通常不能像传统燃油车中的制动系统一样提供足够的制动减速度，所以在电动汽车中，制动能量回收系统和液压制动系统通常共同存在。不过应该注意，只有当制动能量回收已经达到了最大制动能力而且还不能满足制动要求时，液压才使制动系统起作用。

制动能量回收—液压制动系统一般应满足四个方面的要求：第一，为了使驾驶员在制动时有一种平顺感，液压制动力矩应该可以根据制动能量回收力矩的变化进行控制，最终使驾驶员获得所希望的总力矩。同时，液压制动的控制不应引起制动踏板的冲击，以免引起驾驶员产生不正常的感觉。第二，为了使车辆能够稳定地制动，前后车轮上的制动力必须很好地分配。第三，由于在电动汽车上没有发动机驱动的液压泵，所以需要一个电动泵来提高液压。液压制动力矩是电控的，将产生的液压传到制动轮缸上。制动能量回收—液压制动系统需要防止制动失效的机构，为了提高系统的可靠性，满足安全标准，系统一般采用双管路制动。当其中一条管路失效时，另一条管路必须能提供足够的制动力。第四，为了防止汽车发生滑移，加在前后轮的最大制动力应该低于允许的最大值(主要由滚动阻力系数决定)。

制动能量回收—液压制动系统的组成如图 6-16 所示。图 6-16(a)和图 6-16(b)分别为单轴和双轴驱动的电动汽车的组成图。当驾驶员踩下制动踏板后，制动 ECU 即得到制动信号，电动泵使制动液增压产生所需的制动力，同时，汽车 CEU 也得到回收制动能量信号。制动控制与电动机控制协同工作，确定电动汽车上的制动能量回收力矩和前后轮上的液压制动力。回收制动能量时，制动能量由受控制系统回收，并且反充到蓄电池中。电动汽车上的 ABS 及其控制阀与传统燃油车上的相同，其作用是产生最大的制动力。通常，双轴驱动的电动汽车的制动能量回收—液压制动系统回收的能量一般多于单轴驱动的电动汽车。

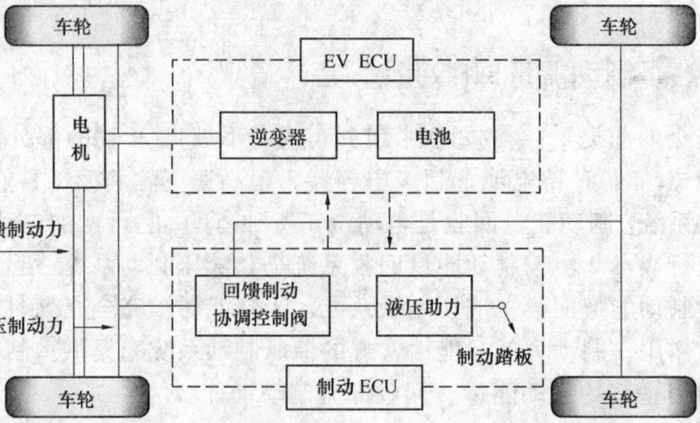

(a) 单轴驱动电动汽车制动能量回收—液压制动协调组成

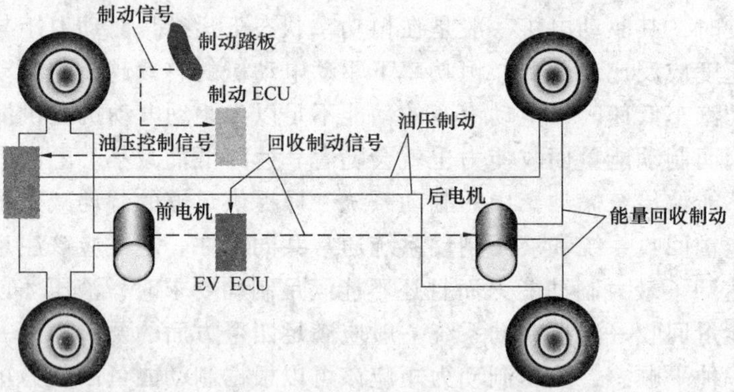

(b) 双轴驱动电动汽车制动能量回收—液压制动协调组成

图 6-16　制动能量回收—液压制动系统的组成

电动汽车的总制动力矩是制动能量回收力矩和液压制动力矩之和。单轴驱动电动汽车的制动力矩之间的分配关系如图 6-17 所示。为了在保持最大制动能量回收力矩的同时，又为驾驶员提供燃油车相同的制动感，在制动踏板力较小时，只有制动能量回收力矩施加在驱动轮上，并且与制动踏板力成正比；非驱动轮上的制动力则仅由液压制动提供，液压制动力也与制动踏板力成正比。当制动踏板力超过一定值时，最大制动能量回收力矩全部加在驱动轮上,同时液压制动力矩也作用在驱动轮上以获得所需的制动力矩。因而最大制动能量回收力矩可以保持不变，以便能完全回收车辆的动能。

在整个制动能量回收过程中，车辆的动能不可能完全转换为储能器的充电电能。制动能量回收时所损失的能量包括行驶阻力损失(空气阻力损失、滚动阻力损失等)、机械损失(电动机损失、摩擦阻力、转换损失及充电损失等)及制动系统损失等(参见图 6-17(b))。电动汽车采用制动能量回收后实际能回收的能量与汽车的行驶状态和制动能量

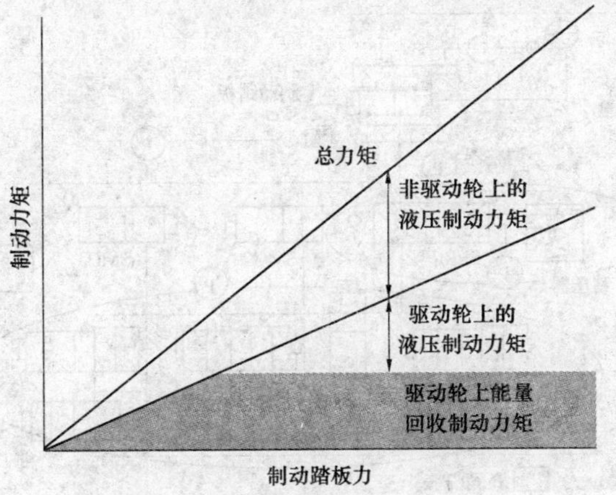

(a)单轴驱动电动汽车制动力矩的分配比例

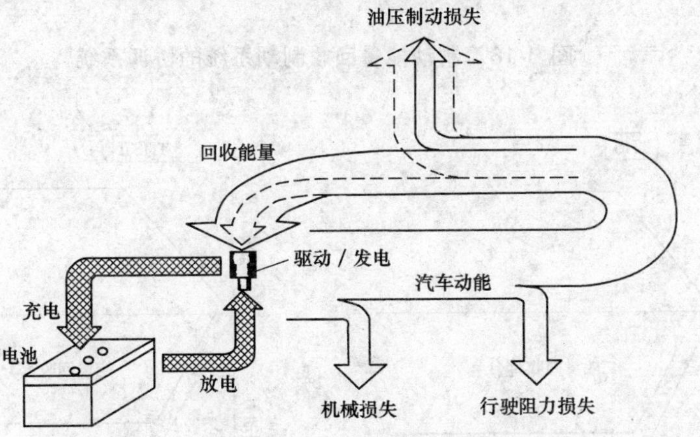

(b)制动能量回收时所损失的能量

图 6-17　制动能量回收力矩与液压制动力矩之间的分配及回收能量的比例

回收—液压制动系统的结构特点等有关。安装了此类系统的电动汽车的续驶里程可提高 10%～15%以上。

制动能量回收系统一般都需要一个回馈能量制动力和汽车制动系统控制力的协调系统。图 6-18 所示为常见的协调系统之一，在回路中安装有线性控制阀，为了使回馈系统发挥最大的作用，使回馈制动的转矩控制在最佳值，控制系统应根据车速和蓄电池充电状态连续地控制制动油压。

应该指出的是采用电子制动控制系统 ECB(Electronically Controlled Brake System)和轿车间电子控制力分配 EBD(Electronic Brake Distribution)等技术，可提高制动能量的回收比例。图 6-19 为采用了各种新技术的 THS 系统与 THS-Ⅱ系统的制动能量回收比例的比较，由于 ECB 可以不考虑提供与燃油车相同的制动感，因此在制动踏板力较小时，就可回收制动能量，使制动能量的回收范围扩大。可见，制动能量的回收比例随系统不同而呈现出较大差别。

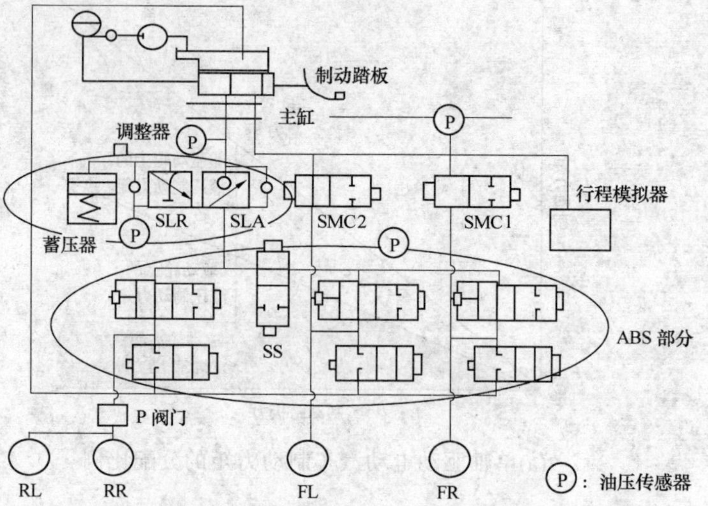

图 6-18 制动能量回收制动系统的协调系统

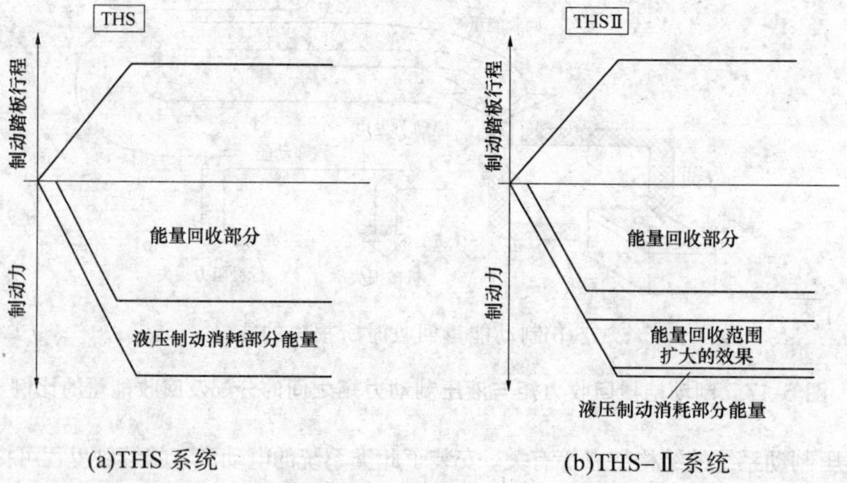

图 6-19 THS 与 THS-Ⅱ系统的制动能量回收的比例比较

6.7 能量管理策略与优化

虽然燃料电池混合动力驱动系统的多个源增加了系统的复杂性，但是这也为系统的优化设计提供了更大的灵活性和自由度。在系统设计过程中，可以选择合适的能量管理策略，使系统的能量效率驱动最优。能量管理策略是燃料电池混合驱动系统设计初期所要考虑的主要内容。

能量管理策略的任务就是控制汽车动力系统的能量转换和传输过程，从而达到期望的系统响应。具体地讲，就是在不损害车辆性能和部件寿命的前提下，均衡各部件的工作负荷，从而降低能量损失，提高燃料经济性。

能量管理策略有系统层次和部件层次之分。例如蓄电池的管理系统、燃料电池发动机及其控制系统都属于部件层次的能量管理策略。

对于具有多个能量源的燃料电池混合动力汽车来讲，能量管理策略主要包括分配策略、速比控制和制动能量回馈策略三个有机组成部分。核心问题是功率分配。三者的紧密结合，才能够降低燃料消耗，并且延长燃料电池和蓄电池的使用寿命。

6.7.1 燃料电池汽车能量管理策略

根据混合驱动结构和混合程度的不同，其能量管理策略的机构也不尽相同。混联式驱动结构的速比控制和功率分配是耦合在一起的，所以能量管理策略也比较复杂。而对于燃料电池混合动力汽车来说，基本上属于串联式混合驱动结构，速比控制和功率分配是解耦的，如图 6-20 所示，可分开来讨论。

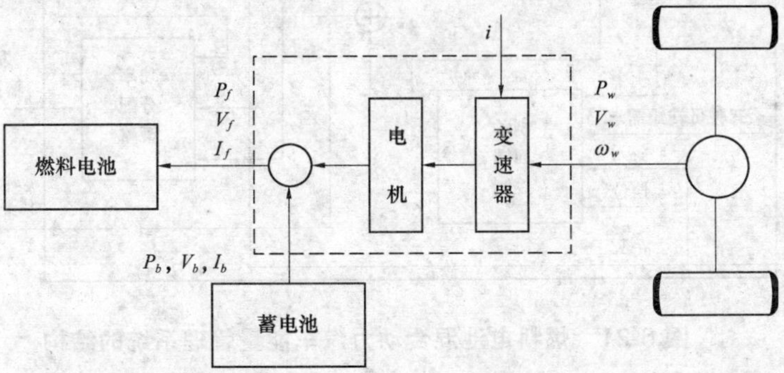

图 6-20 燃料电池混合驱动系统的后向仿真结构

速比控制和制动回馈的主要目的就是降低驱动电机输入端的功率要求；而功率分配是研究在给定功率需求的情况下，如何协调两个或两个以上动力源的功率输出比例，从而增加能量利用率和整体的燃料经济性。

6.7.1.1 能量管理策略的任务

对于采用蓄电池作为功率缓冲器的混合动力汽车而言，通过以上分析可以把能量管理策略的主要任务归结为以下几点。

(1)在不损害蓄电池，即保护蓄电池处于合理的工作状态的情况下，满足汽车动力性的设计要求，保证可接受的驾驶性。

(2)根据驾驶员转矩需求和子系统的限制条件来确定车轮转矩命令。

(3)确定燃料电池系统的运行状态(包括其开启和关闭)，从而获得最大的燃料经济性。

(4)确定动力系统的驱动模式和各模式之间的转换机制，确定传动系统的速比。

其中，蓄电池工作状态的控制是能量管理策略所要解决的基本问题。主要考虑以下几个因素。

(1)蓄电池效率与其内阻紧密相关，且是 SOC 的函数。必须选择一个蓄电池的最佳工作区域，从而降低充放电损失，同时要保留额外的吸收峰值功率的空间。

(2)电池所存储的能量在整个循环工况下要达到平衡。

(3)控制蓄电池的充放电深度，放电深度和频率影响电池的循环寿命。

6.7.1.2 能量管理系统的结构与内容

如图 6-21 所示，能量管理系统根据当前状态(包括车速、电池 SOC 等)及驾驶员的转矩需求信号，决定当前汽车的最佳挡位。如果转矩需求为负值(制动状态)，负载的功率需求后(包括空调等其他附件)，就可以根据预先制定的制动能量回馈策略计算出对燃料电池系统的需求功率，以保证在满足当前动力需求的前提下获得较好的整车能量效率。

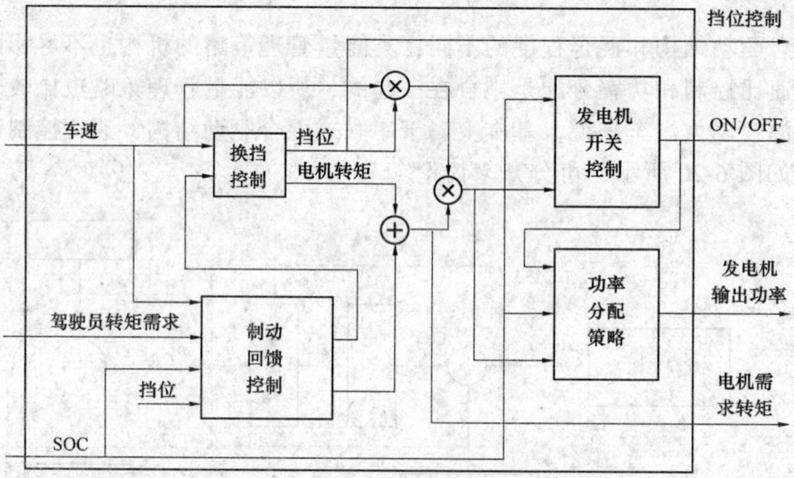

图 6-21 燃料电池混合动力汽车能量管理系统的结构

6.7.2 传统的功率分配策略

功率分配策略是以保证各个动力模块的效率最高为目标。最简单的一种就是开/关(ON/OFF)控制，它始终使燃料电池系统工作在最佳效率点。当电池 SOC 超过一定值时，关掉燃料电池系统；反之，当 SOC 低于某个值时，重新开启燃料电池系统。这种控制策略简单易行，但难以实现系统最优化，而且频繁的开关燃料电池系统将会导致能耗的增加和系统的不稳定。

对于以纯氢作为燃料的燃料电池系统，可以选择燃料电池系统效率最高的点；而对于以汽油和甲醇重整作燃料的燃料电池系统，可以考虑用 NO_x 或 HC 排放最低的点作为运行点。由于排放最低与效率最高的点往往不是重合的，所以也可以在二者之间进行优化和折中。

为了进一步改善整车的经济性，最容易想到的就是使燃料电池系统在多个点进行工作，比如最佳运行线、最佳运行区域等。

6.7.3 功率分配的模糊控制

功率分配策略的设计目标包括多个方面，如能量消耗最低，排放最小，保证足够的车辆动力性，降低驱动系统成本等。这些目标之间有时相互矛盾，需要进行统一考虑。

燃料电池和蓄电池的混合驱动系统与传统内燃机和蓄电池的串联式混合驱动系统非常相似，功率分配控制模式的基本思路是一致的，只是用燃料电池系统代替了内燃机和发电机组成的辅助动力单元(APU)。鉴于人们对串联式混合动力系统的研究已经进行了相当一段时间，并取得了许多经验和成果，我们在研究燃料电池混合动力系统时，可以借鉴其中的方法和结论。

在确定燃料电池系统(或 APU)应该输出的功率时，影响整车能量效率的因素很多，而其中需要认真考虑并予以满足的因素主要有以下几个方面。

(1)电池电压和 SOC。不管采取何种控制策略，都必须保证电池电压在限定的安全范围内运行，否则电池会损坏，甚至会导致严重的安全事故。电池的 SOC 不能太低，以保证有足够的能量用于车辆加速或爬坡。为了获得尽可能多的回收制动能量，电池也不能完全充满。当电池的 SOC 值达到最高限制值时，就应该关断燃料电池系统或使其空载运行；相反，当电池 SOC 值低于某个规定值时，燃料电池系统就应该输出较大功率，除提供驱动功率外，还应为辅助电池充电。

(2)车速。车速激射速的变化决定了车辆需求功率的大小，为了使燃料电池高效运行，可以对燃料电池的工作点进行相应的调整，以适应运行工况的需求。

另外，由于串联式混合动力系统的数学模型十分复杂，各个部件都有强烈的非线性和时变性，而且汽车的能量策略要适应多种不同的道路情况和驾驶员意图。在这种情况下，常规的控制方法就难以取得满意的效果，为此，很多学者引进模糊控制的思想。

有些采用基于规则的功率分配策略，对发动机与能量存储装置的能量流进行分配。该功率分配器根据整车功率需求、驾驶员加速踏板开度和电池的 SOC 来确定功率在发动机和电池之间的分配比例，从而保证了发动机和电池都尽可能在高效率点上工作。这些工作点的选择是基于这些工作点的效率图进行的。除了功率模糊分配器之外，还包括一个用来控制车辆纵向加速度的 PI 控制器，用其输出来估计车辆的功率要求。该加速度控制器与功率模糊分配器相结合，就构成了整个能量控制策略，此能量控制策略在功率需求为负值时还能够激活制动能量回收系统。

此外，也有些应用模糊控制对混合动力系统两个动力源的功率分配进行研究，并且用仿真的方法加以验证。

这种能量控制策略有一定的合理性，而且由于采用模糊规则的形式，增强了控制系统的鲁棒性和适应性。但是，众所周知，控制规则的确定主观性较强，手工调节模糊控制器费时费力，而且难以做到最优。

6.7.4 功率分配策略的优化

上述的发动机最佳运行线的方法只是使得发动机(或燃料电池系统)的燃料消耗最优，并没有考虑电池、电机对系统的整体影响。有人根据各个部件在不同工作点的效率图，对当前工作点进行顺时优化，即始终保持当前工作点的系统整体效率最高。对于当前工作点变化时的动态响应过程不予考虑，这主要是基于混合动力系统中的发动机工作点变化较慢且不频繁的假设。该种控制策略基于系统的瞬时最优工作点，对各个状态变量进行动态再分配，而且要求将电机的能量损耗转换为等效的发动机油耗，得到一张类似于发动机万有特性图的电机损耗图。

与以上方法不同，有人认为瞬时的优化并不等于全局的优化，因为在每一个瞬时作出的控制决策都会影响以后时刻的决策，基于此提出了串联式混合动力系统中发电装置与电能储存装置能量分配的全局优化问题。为此，应用了动态规划的方法来优化发动机和蓄电池这两个能量源之间的功率分配问题。

功率分配还必须考虑一些限制条件，如电池容量的限制、各个部件的额定值等。这些优化方法需要进行大量的离线优化计算，而且只能针对特定的工况进行优化，但实际行车过程中的工况是难以预先知道的，所以这种功率分配策略在实际应用中有很大的局限性。

因为采用传统的数值法寻找最优的解，其缺点是优化的变量个数较少；对于非线性较强的问题或者对系统做过多的简化，很难达到全局最优；而且要求目标函数是连续光滑的且可求导数等诸多限制，这些缺点使得数值解析法寻优的鲁棒性差。

近年来，随机的非数值寻优算法备受青睐，比较典型的是模拟退火算法和遗传算法，把诸如环境影响、成本和燃料消耗等多方面因素作为选择混合动力汽车类型与参数的评价指标，建立了范围更广泛的框架仿真模型，在此基础上应用遗传算法进行大范围寻优，选择优化的混合驱动结构及其参数。

6.7.5 工况自适应的功率分配策略

功率分配策略的好坏受工况的影响很大，前述的全局优化方法只能针对特定的工况进行优化，但实际行车过程中的工况是难以预先知道的，所以这种功率分配策略在实际应用中有很大的局限性。因此，又有人提出基于工况自适应的功率分配策略。他们以一辆并联混合动力汽车为研究对象，提出了一种运用神经网络技术对行驶工况进行在线识别的方法，整车的能量管理系统会根据当前车辆所处的行驶工况进行在线的调整。

这种工况识别主要是根据坡度、平均车速、车速的方差等将汽车行驶状态的多个统计信息进行聚类，从而得出车辆目前所处的工况模式，这些模式是若干个离散的状态。而实际的工况变化是非常复杂的，通常难以用几种确定的模式来区分，而且从本质上讲，工况代表的应该是车辆在行驶变化过程中总的功率需求变化状况，如车载附件功率的变化(如空调)等都没有考虑进去，但这些确实会改变总的功率需求。

这种方法另外一个不足之处就是即使在每个行车模式下，相应的功率分配策略也可能不是最优的。所以，虽然意识到了根据工况变化对功率分配策略进行自适应调解的重要性，但并没有给出最优的控制结构，仅仅作为一种控制方法进行研究，目前还没有达到实际应用的目标。

复习思考题

1．燃料电池混合动力汽车的动力系统主要由哪些部分组成?

2．燃料电池电动汽车动力系统的作用是什么?

3．燃料电池混合动力汽车的驱动形式有哪几种?

4. 以氢气为燃料的 FCEV 具有哪些控制策略?
5. 燃料电池可以采用的电机驱动系统有哪些?
6. 制动能量回馈的具体过程可分为哪几个阶段?
7. 简述重整器的工作原理。
8. 燃料电池汽车制动能量回收—液压制动系统应满足哪几方面的要求?
9. 燃料电池汽车能量管理策略的任务有哪些?

第 7 章　混合动力汽车(HEV)

7.1　HEV 的组成、分类、特点

7.1.1　定义

本书所介绍的混合动力电动汽车是指一种将发动机和电动机组合起来作为汽车动力系统的汽车。英文名为 Hybrid Electric Vehicle，简称 HEV。

HEV 采用了两种模式的驱动系统，发动机驱动系统和电动机驱动系统。主要由发动机和电动机共同组成了混合动力系统来驱动车辆行驶。

7.1.2　HEV 的组成

HEV 一般由发动机、发电机、储能装置、电动机、功率转换装置和控制装置等组成。

(1)发动机。可采用四冲程内燃机(汽油/柴油)、二冲程(汽油/柴油)内燃机，转子发动机和斯特林发动机等。转子式发动机燃烧效率比较高，排放比较洁净。一般车用时，采用四冲程内燃机比较普遍。采用不同的发动机可组成不同的 HEV。

(2)电动机。可采用直流电动机、交流感应电动机、永磁电动机和开关磁阻电动机等。随着 HEV 的发展，直流电动机已经很少采用，多数采用感应电动机和永磁电动机，开关磁阻电动机也得到重视，作为 HEV 的驱动电机。采用不同的电动机可组成不同的 HEV。

(3)电池。储能装置是 HEV 的辅助能源，只有在 HEV 用电动机启动发动机或电动机辅助驱动时使用，HEV 可选用不同的蓄电池、燃料电池储能器等。

7.1.3　特点

HEV 采用了发动机与电动机共同组成动力系统来驱动车辆行驶，不仅使车辆的燃油消耗量有所降低，并且也有助于降低有害气体的大量排放。目前，混合动力轿车(相当于普通型轿车和中级型轿车)的燃油消耗率在 3 L/100 km 左右，废气中所排放的有害气体达到“超低污染”的排放要求。

在 HEV 上保持了发动机和发动机电子系统，但发动机的额定功率一般要比同级别的内燃机汽车小。除了采取各种现代最新技术使发动机经常处于效率最高状态下运转外，还应充分发挥发动机的低速大转矩的特点，将发动机在驱动、怠速、加速和爬坡时储存的电能加入驱动系统，增加驱动功率，减少燃油消耗量和废气排放量，所以说 HEV 是一种低污染(超低污染)、高效率、经济性能好的车。

7.1.4 HEV 发动机和电动机的组合分类

7.1.4.1 串联式混合动力汽车(Series Hybrid Electric Vehicle,SHEV)

SHEV 是由发动机、发电机和驱动电机以串联的方式组成的。SHEV 由发动机—发电机组均衡发电，电能供应驱动电机或动力电池组，使 SHEV 续驶里程得到延长，其发动机不直接参与 SHEV 的驱动。

SHEV 驱动系统的结构比较简单，动力电池组、发动机—发电机和驱动电机在底盘上的布置有较大的自由度(见图 7-1)。因为 SHEV 的发动机、发电机和驱动电机的功率都要求等于或接近于 SHEV 的最大功率，在热能→电能→机械能之间的转换过程中，总效率低于内燃机汽车。因为三大动力总成体积较大、质量较重，所以在中小型车上受到限制，一般适合大型客车采用。

7.1.4.2 并联式混合动力汽车(Parallel Hybrid Electric Vehicle，PHEV)

PHEV 是由发动机、电动/发电机或驱动电机两大总成以并联的方式组成的。PHEV 的动力系统的组成，可大致分为发动机—驱动电机系统(变速器和驱动桥)—驱动轮等。电动机的动力要与车辆驱动系统相结合，具体结合部位有：

(1)在发动机处进行组合。

(2)在驱动轮处进行组合。

(3)在变速器(包括驱动桥)处进行组合。

1. 发动机轴动力组合式 PHEV

发动机轴动力组合式 PHEV 只有发动机和电动/发电机两大动力设备，发动机和电动/发电机的动力在发动机输出轴上进行结合，然后经过传统的驱动系统将动力传递到驱动轮上称为发动机轴动力组合式 PHEV，如图 7-2 所示。

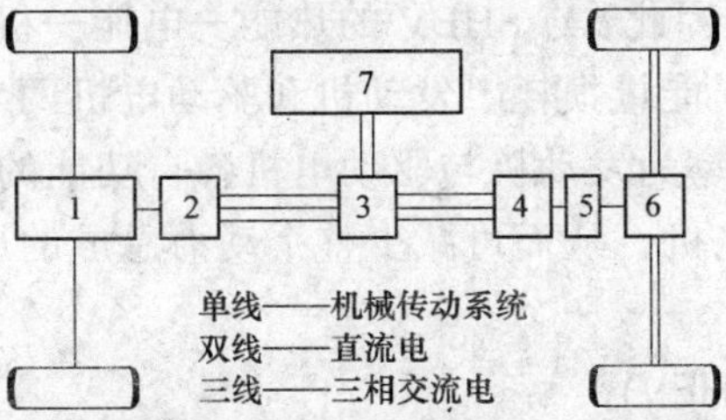

1．发动机；2．发电机；3．功率转换器；4．驱动电动机
5．变速器或减速器；6．驱动桥；7．蓄电池组

图 7-1 SHEV 驱动系统底盘布置图

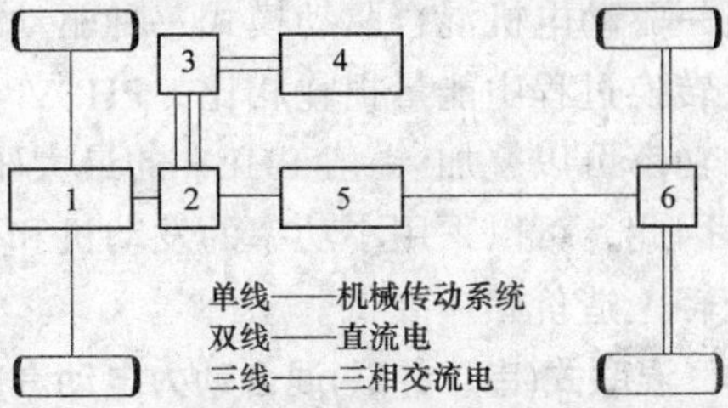

1．发动机；2．电动/发电机；3．功率转换器；
4．蓄电池组；5．变速器或减速器；6．驱动桥

图 7-2 发动机轴动力组合式 PHEV

驱动模式：

(1)以发动机驱动。

(2)电动/发电机为辅助动力。

(3)电动/发电机只在发动机启动、车辆加速、爬坡时起辅助作用，与发动机组成混合驱动模式。

2. 动力组合器动力组合式 PHEV

与发动机轴动力组合式 PHEV 相比较，动力组合器动力组合式 PHEV 的两大动力设

备是由发动机和驱动电机组成，如图 7-3 所示，发动机和驱动电动机的动力在动力组合器上进行组合，经过传递，带动车轮运动。

驱动模式：

(1)以发动机驱动为基本模式。

(2)驱动电机可以独立驱动 PHEV。

(3)在驱动模式时，发动机与驱动电机的动力通过“动力组合器”组合。

3. 驱动轮动力组合式 PHEV

如图 7-4 所示为驱动轮动力组合式 PHEV。

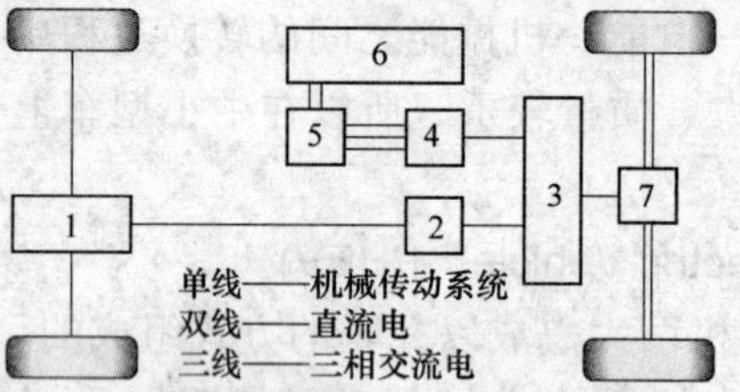

1. 发动机；2. 变速器或减速器；3. 动力组合器；4. 驱动电动机；5. 功率转换器；6. 蓄电池组；7. 驱动桥

图 7-3 动力组合器动力组合式 PHEV

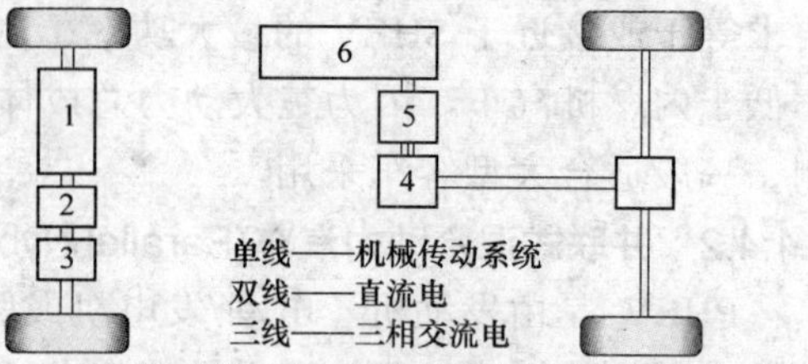

1. 发动机；2. 电动/发电机；3. 驱动桥；4. 驱动电动机；5. 功率转换器；6. 蓄电池组

图 7-4 驱动轮动力组合式 PHEV

驱动模式：

(1)以发动机驱动为基本驱动模式，独立驱动后驱动轮(前轮)。

(2)以驱动电机为辅助驱动模式，能独立驱动前驱动轮(后轮)。

(3)在混合驱动时，前后轮的动力进行组合，成为混合 4 轮驱动模式。

综上所述，虽然 PHEV 有不同的结构模式，但都是以发动机为主要驱动模式，驱动电动机为辅助驱动模式。在 PHEV 上可以实现发动机驱动模式、驱动电动机驱动模式、发动机—驱动电机混合驱动模式三种驱动模式。因此，与 SHEV 的热能→电能→机械能，从能量转换过程中能量损耗相比，PHEV 减少了能量损耗。发动机和驱动电机两大动力总成的功率可以叠加。一般 PHEV 的最大驱动功率为发动机与驱动电机各自功能的 1.5 ~ 2 倍。因此，可以采用小功率的发动机和驱动电机，从而可减少整个动力总成的尺寸，质量变轻，造价相应变低。

7.1.4.3 混联式(串、并联)混合动力电动汽车(PSHEV)

混联式混合动力电动汽车由发动机/发电机、驱动电动机和发动机三大动力总成组成。由于电动/发电机必然是装在发动机的输出轴上，才能起到发动机飞轮和启动机的作用，以保持电动机稳定运转并进行发电。因此，电动机的动力与车辆驱动系统相结合应满足：①在变速器(包括驱动桥)处进行组合。②在驱动轮处进行组合。因此，可有以下两种驱动组合模式。

1. 动力组合器动力组合式 PSHEV

动力组合器动力组合式 PSHEV 如图 7-5 所示。

驱动模式：

(1)以发动机驱动为基本模式带动电动/发电机，通过动力组合器驱动车辆行驶。

(2)驱动电机能够以电动机驱动模式通过动力组合器驱动车辆行驶。

(3)在加速、爬坡时，驱动电动机与发动机组成混合驱动模式，发动机与驱动电动机的动力通过动力组合器组合。

2. 驱动轮动力组合式 PSHEV

驱动轮动力组合式 PSHEV 如图 7-6 所示。

驱动模式：

(1)以发动机驱动为基本模式带动电动/发电机，并独立驱动后驱动轮。

(2)驱动电机为辅助驱动模式，能独立驱动前驱动轮

(3)在混合驱动时，发动机驱动后轮动力与驱动电动机驱动前轮的动力进行组合，成为混合 4 轮驱动模式。

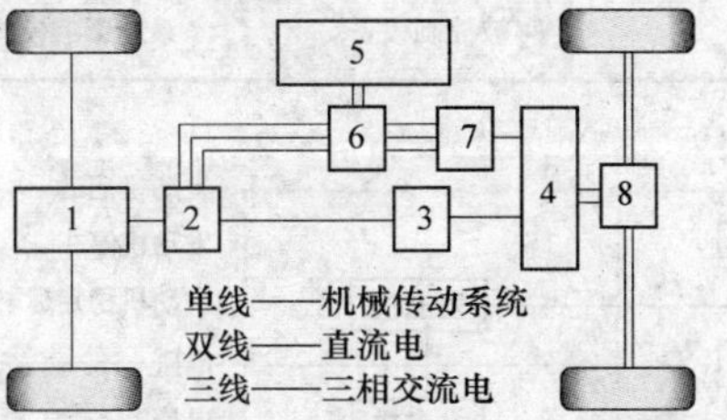

1．发动机；2．发电机；3．变速器或减速器；4．动力组合器；5．蓄电池组；6．功率转换器；7．驱动电动机；8．驱动桥

图 7-5　动力组合器动力组合式 PSHEV

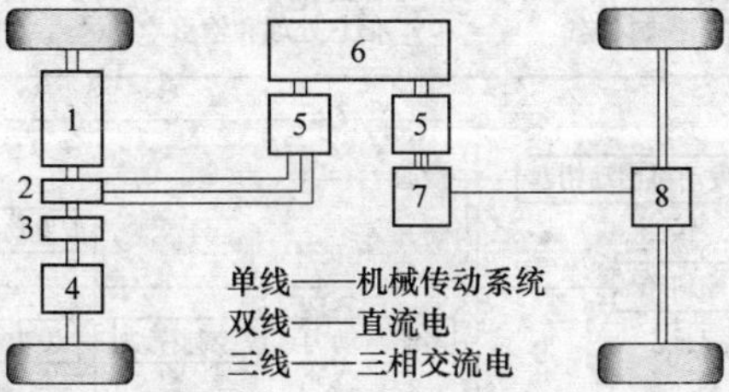

1．发动机；2．发电机；3．变速器或减速器；4．驱动桥；5．功率转换器；6．蓄电池组；7．驱动电动机；8．驱动桥

图 7-6　驱动轮动力组合式 PSHEV

7.2　各种 HEV 动力系统及其控制

7.2.1　串联式混合动力汽车动力系统

7.2.1.1　定义

串联式混合动力汽车的动力系统是以发动机→发电机→(电池组)→电机→车轮为顺序依次传递动力所构成的系统。

7.2.1.2　动力系统

1. 动力电池组

动力电池组是 SHEV 的基本动力源，用于储存充电器所充入的电能或发电机发出的电能，其电能经过功率变换器输入电动机，驱动车辆行驶。

中央控制器中的计算机根据 SHEV 的行驶工况，对动力电池组的放电进行模拟或仿真，随机检测动力电池组的储电状态，用动力电池组管理模块对动力电池组的放电和电量减少的情况进行模拟，并根据动力电池组和驱动电动机反馈的信息计算动力电池组的剩余电量，确定发动机→发电机组启动发电的实际和发电运行时间。控制系统能够在仪表板上显示剩余电能和剩余电量所能行驶的里程，并对动力电池组的安全管理和紧急事故进行处理等。

2. 发动机—发电机组

发动机—发电机组是 SHEV 的辅助动力系统，发动机带动发电机发电，所发出的电

能输入动力电池组并储存在动力电池组中或直接通过功率变换器供给驱动电动机。发动机始终保持稳定运转和在一定范围内的功率输出。中央控制器根据动力电池组所储存的电能和电量消耗情况反馈的信息,用多能源动力总成控制模块控制发动机的启动或关闭。发动机—发电机组所提供的电能能够有效地延长 SHVE 的行驶里程。

3. 驱动电动机

SHVE 动力电池组输出的电能和发动机—发电机组输出的电能都是提供给同一个驱动电动机来驱动 SHEV 行驶。

7.2.1.3 SHEV 的控制系统和控制策略

SHEV 的控制系统和控制策略见图 7-7。

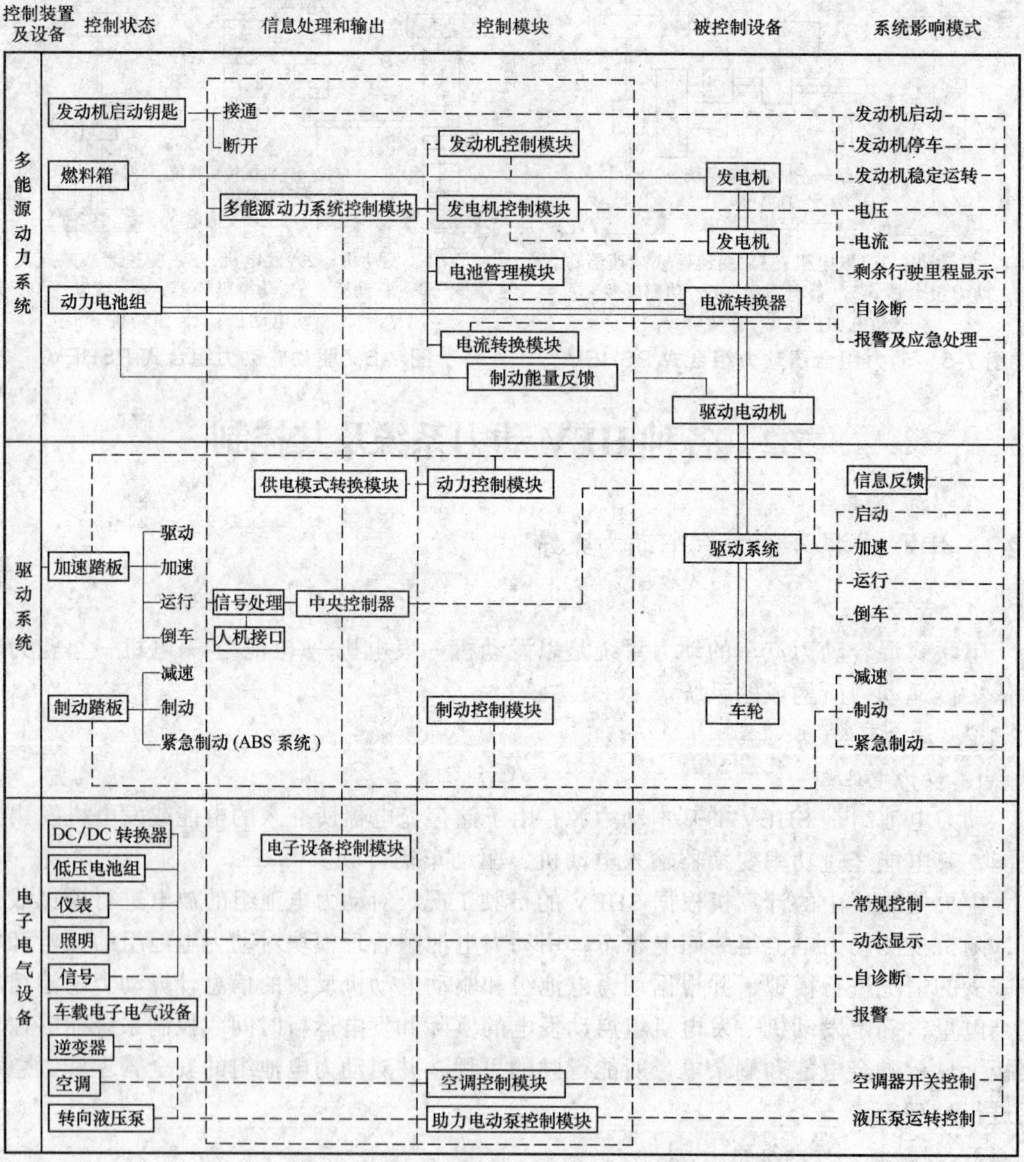

图 7-7 SHEV 的控制系统和控制策略

7.2.1.4 能源回收系统

SHEV 在制动、下滑时，电动机能够部分回收制动时的能量，将其转换为电能，储存在动力电池组中，从而可减少能源损失。

如图 7-8 所示，车轮反拖驱动电动机发电，可将制动能量回收。动力可按路线 5→4→3→6 进行传递，回收的电能储存在电池组中，从而可达到节能的效果，提高汽车的续驶里程。

7.2.2 并联式混合动力汽车动力系统

发动机的驱动力和电池、压力储能装置等的驱动力一起并联向车轮传递的动力系统所构成的汽车叫并联式混合动力汽车。

作为并联式混合动力汽车，可根据动力总成的不同配合和传输路线的不同将其分为发动机轴动力组合式 PHEV、动力组合器动力组合式 PHEV 和驱动轮动力组合式 PHEV。

7.2.2.1 发动机轴动力组合式 PHEV

1. 发动机轴动力组合式 PHEV 的动力总成

发动机轴动力组合式 PHEV 的动力总成如图 7-9 所示。

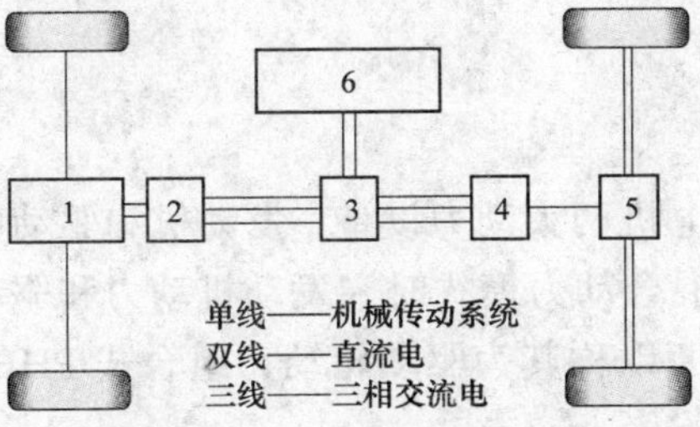

1. 发动机；2. 发电机；3. 电流转换器；4. 驱动电动机；5. 驱动桥；6. 蓄电池组

图 7-8 能量回收示意图

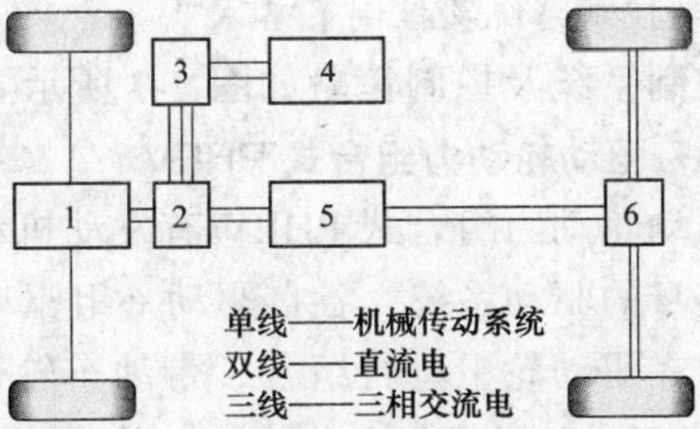

1. 发动机；2. 发电机；3. 蓄电池组；4. 驱动电动机；5. 变速器或减速器；6. 驱动桥

图 7-9 发动机轴动力组合式 PHEV 的动力总成

发动机轴动力组合式 PHEV 有发动机和电动/发电机两大动力设备，发动机和电动/发电机的动力在发动机输出轴上进行组合，然后通过传统的底盘动力传动机构传递到驱动系统，带动车轮行驶，所以将此称为发动机轴动力组合式 PHEV。动力总成为发动机、电动/发电机、动力电池组。发动机轴动力组合式 PHEV 的主要动力源是发动机，在发动机轴上装置电动/发电机，在电动/发电机后面装有离合器、变速器、驱动桥和半轴所组成的传统的传动系统，带动车轮行驶。所以说电动/发电机为辅助动力，电动/发电机只在发动机启动、车辆加速、爬坡时起辅助作用，与发动机组成混合驱动模式。在混合驱动模式下发动机与电动/发电机的动力在发动机上进行组合。动力电池组只用于储存电动/发电机所发出的电能。可见发动机轴动力组合式 PHEV 的发动机的功率要小于同等级别的内燃机汽车。因此，其发动机的优点是降低发动机油耗，提高发动机经济性同时可提高发动机的环境性能，达到节能环保的目的。

2. 控制系统及控制策略

控制系统及控制策略如图 7-7 所示。

3. 能量回收

发动机轴动力组合式 PHEV，电动/发电机能量在汽车制动、下滑、滑行时回收，将其储存在蓄电池组中，也可以在不需要动力输出时，电动/发电机发出部分电能储存起来。

7.2.2.2 动力组合器动力组合式 PHEV

动力组合器动力组合式 PHEV 是由发动机和驱动电机两大动力设备所组成。发动机动力和驱动电机的动力在动力组合器上进行组合后将动力经过传统的底盘传动机构传递到驱动轮上使汽车行驶，所以称其为动力组合式 PHEV，简称动力组合器组合式 PHEV。

1. 动力组合器动力组合式 PHEV 的动力总成

动力组合器动力组合式 PHEV 是以发动机为主要动力源，发动机通过离合器、变速器再经过动力组合器驱动车辆行驶。驱动电机为辅助动力，驱动电机通过专门的减速齿轮(或减速器)，再经过动力组合器驱动车辆行驶。因此，动力组合器动力组合式 PHEV 的驱动电机要独立驱动车辆行驶，其动力电力组的容量就要求大一些，与此同时，质量也会变大。

2. 控制系统及控制策略

控制系统及控制策略如图 7-7 所示。

7.2.2.3 驱动轮动力组合式 PHEV

驱动轮动力组合式 PHEV 有发动机和驱动电机两大动力设备，发动机和驱动电机又各有本身的驱动系统，各自驱动一组驱动轮。混合动力模式时，发动机动力和驱动电机的动力在驱动轮上进行组合，带动车轮行驶，所以称其为驱动轮动力组合式 PHEV。

1. 驱动轮动力组合式 PHEV 动力总成

驱动轮动力组合式 PHEV 是以发动机为主要动力源，发动机通过传统的驱动系统带动 PHEV 的后驱动轮(或前驱动轮)行驶。驱动电动机是驱动轮动力组合式 PHEV 的辅助动力系统，驱动电动机的功率与发动机接近，驱动电动机与发动机能够独立地驱动车辆前轮(或后轮)行驶，有一定的独立行驶能力，可以增加车辆的机动性和灵活性。因为驱动轮动力组合式 PHEV 的驱动电机要独立地发出功率驱动车辆行驶，所以驱动轮动力组合式 PHEV 的动力电池组的容量要求大。

2. 驱动轮动力组合式 PHEV 控制系统及控制策略

驱动轮动力组合式 PHEV 仍然采用加速踏板、制动踏板等操纵装置，加速踏板的机械行程转换为电信号输入多能源动力总成管理模块进行转换。当发动机独立驱动前轮(或后轮)时，通过调节发动机节气门来调节其输入和输出功率。输出功率还是采用机械式变速器或自动变速器进行调节，改变车辆行驶速度，如图 7-7 所示。

在转换为驱动电机驱动模式时，可调节驱动电动机的转速变换，从而改变车辆前轮(或后轮)的行驶速度。

当车辆采用混合驱动模式时，用同时控制节气门开度和驱动电机的转速来调节，使前后轮的驱动力组合并在运动上相互协助，实现 4 轮驱动模式。

3. 能量回收

制动踏板在驱动轮动力组合式 PHEV 滑行时控制再生制动能量回收,制动或滑行时，驱动电动机转换为发电机发电，将能量储存到动力电池组中。

7.2.3 混联式混合动力电动汽车动力系统

串联式和并联式混合而成的复合式混合动力汽车，叫作混联式混合动力电动汽车或者叫作串并联混合动力汽车。

7.2.3.1 动力组合器动力组合式 PSHEV

动力组合器动力组合式 PSHEV 有发动机、电动发动机和驱动电动机三大动力设备。与动力组合器动力组合式 PHEV 的不同之处是在发动机输出轴上增加了电动发电机，相同之处是与动力组合器动力组合式 PHEV 一样，保证两种驱动不发生干扰并能高效地进行混合。

动力组合器动力组合式 PSHEV 与动力组合器动力组合式 PHEV 的动力组合器在原理与结构上基本相同，可以通用。

1.动力组合器动力组合式 PSHEV 的动力总成

动力组合器动力组合式 PSHEV 与动力组合器动力组合式 PHEV 相似，动力组合器动力组合式 PSHEV 的动力分别汇聚到动力组合器上，一部分来自于发动机的输出功率，为主要动力源，另一部分来自于驱动电动机的功率，为辅助动力系统，两部分动力叠加后共同来驱动车辆行驶。电动/发电机所发出的电能可提供给动力电池组，动力电池组可独立驱动车辆，其电能一般能够满足驱动电动机动力的需求。电动/发电机装在发电机输出轴上，通过对电动/发电机发电量的调控，可平衡和调节发动机输出功率，使发动机更有效地在最佳效率范围内平稳运转。

2. 动力组合器动力组合式 PSHEV 控制系统及控制策略

动力组合器动力组合式 PSHEV 用加速踏板、制动踏板、变速器操纵装置等进行操纵。加速踏板与内燃机汽车的加速踏板作用相同，通过改变节气门开度调节发动机的转速及输出功率，加速踏板还可控制驱动电动机的转速和输出功率。制动踏板既可控制能量回收，又可控制 ABS 系统进行制动。控制策略和控制系统见图 7-7。

3. 能量回收。

当车辆滑行、下坡时，驱动电动机转换为电动机发电，将能量储存在蓄电池组中，制动时，回收再生制动时产生的能量。发动机启动时，可带动电动/发电机发电向电池组充电。

7.2.4 不同形式的 HEV 特点比较

7.2.4.1 串联式混合动力电动汽车(SHEV)的特点

1. 优点

(1)SHEV 以动力电池组为基本能源来驱动，SHEV 在城市行驶时，关闭发动机，只用电池组电力驱动汽车，实现“零污染”状态的行驶。发动机—发电机组所发出的电能向动力电池组充电，用于补充动力电池组的电能或直接供给驱动电动机，大大地延长 SHEV 续驶里程。

(2)SHEV 的发动机—发电机组的发动机能够保持在稳定、高效、低污染的状态下运转，将有害排放气体控制在最低范围。还可采用燃气轮机转发动机等其他类型的发动机作为发动机，可进一步降低燃料消耗和排放废气中的有害气体。

(3)SHEV 可采用电动机集中驱动系统或轮毂驱动系统，还可以采用前轮驱动、后轮驱动或四轮驱动等多种驱动形式。

(4)SHEV 只有驱动电动机的电力驱动系统，其特点更加趋近于 EV。从总体结构上来看，比较简单，易于控制，三大动力总成之间没有机械联系，在电动汽车上布置起来有较大的自由度，可以独立地布置。

2. 缺点

(1)在 SHEV 上，驱动电动机的功率必须是能够克服 SHEV 在行驶中的最大阻力，驱动电动机的功率要求较大，外形尺寸较大，质量也比较重，由于不是经常在满负荷状态下运转，因此效率较低。要求动力电池组的容量要大，同时还需要装置一个较大功率的发动机—发电机组，一般发动机—发电机的功率接近和等于驱动电动机的功率。加上庞大的动力电池组，外形尺寸较大，质量也较重，在中小型 SHEV 布置有一定的困难，SHEV 驱动系统较适合在大型客车上采用。

(2)在发动机—发电机驱动电动机系统中的热能→电能→机械能转换过程中，能量损失较大，在动力电池组的充、放电的过程中也存在能量损耗，能量转换总的综合效率要比内燃机汽车低。

(3)发动机—发电机组与动力电池组之间的搭配要求较严格，要根据动力电池 SDC 的变化，自动启动或关闭发动机—发电机组，以避免动力电池组放电，这就需要更大的电池容量。

7.2.4.2 并联式混合动力电动汽车(PHEV)的特点

1. 优点

(1)PHEV 只有发电机和电动/发动机(或驱动电动机)两个动力组成，PHEV 的两大动力总成(发动机和电动/发电机或发动机和驱动电动机)本身的功率可以等于 50%～100% 的车辆驱动功率，比 SHEV 的三个动力总成的功率、质量和体积要小很多。

(2)发动机驱动模式是 PHEV 的基本驱动模式，从发动机到车轮之间的动力传递过程中，除摩擦损耗外，没有机械能→电能→机械能的转换过程，能量转换总的综合效率要比 SHEV 高。由于在车辆需要最大的输出功率时，电动/发电机(或驱动电动机)可给发动机提供额外的辅助动力，因此 PHEV 的发动机可以选择功率较小的发动机，燃料经济性比 SHEV 要高。

(3)电动/发动机是 PHEV 的辅助动力，电动/发动机(或驱动电动机)的功率根据多能源动力总成匹配的要求，可以选择较小功率的发动机，与此相应的电动/发动机(或驱动电动机)的质量和体积较小，与它们配套的动力电池组的容量也较小，使整车整备质量大大降低。

(4)发动机用电动/发电机作为启动机、飞轮的辅助动力装置。电动/发电机可以带动发电机启动，在发动机运转时起平衡作用，消除发动机的振动，调节发动机输出功率，使发动机基本稳定在高效率、低污染的状态下运转。发动机带动电动/发电机发电，所发出的电能向动力电池组充电，用于补充动力电池组的电能，延长续驶里程。

2. 缺点

(1)发动机驱动模式是 PHEV 的基本驱动模式，需要配备与内燃机汽车相同的传动系统，在总布置上基本与内燃机汽车相同，动力性能接近于内燃机汽车，发动机的工况会受到 PHEV 行驶工况的影响，发动机有害气体排放高于 SHEV。

(2)发动机驱动模式需要装置离合器、变速器、传动轴和驱动器等传动总成，另外还有电动/发电机(驱动电动机)、动力电池组，以及动力组合器等装置，因此 PHEV 的多能源动力系统结构复杂，布置和控制困难。

7.2.4.3 混联式(串并联式)混合动力电动汽车(PSHEV)的特点

1. 优点：

(1)PSHEV 是在 PHEV 的基础上，再增加电动/发电机或驱动电动机，因此 PSHEV 是由三个动力总成组成，三个动力总成以 50%～100%的功率驱动车辆，但比 SHEV 的三个动力总成的功率、质量和体积要小的很多，PSHEV 可以有多种多样的驱动模式和混合驱动模式供选择，可以使 PSHEV 的节能最佳，有害气体排放达到“超低污染”。

(2)发动机驱动模式是 PSHEV 的基本驱动模式之一，从发动机到车轮之间动力传递过程中，除摩擦损耗外，没有机械能→电能→机械能的转换过程，能量转换的综合效率要比内燃机汽车高。驱动电动机驱动模式也是 PSHEV 的基本驱动模式之一，可以独立驱动车辆行驶，在车辆起步时，发挥电动机低速大转矩的特征，带动车辆起步，在城市实现“零污染”的行驶。

2. 缺点

(1)发动机驱动模式是 PSHEV 的基本驱动模式，驱动电动机驱动模式是 PSHEV 的辅助驱动模式，PSHEV 的动力性能更接近内燃机汽车。发动机的工况会受到 SHEV 行驶工况的影响，发动机的有害气体的排放高于 SHEV。

(2)在 SHEV 需要配备两套驱动系统，发动机传动系统需要装置离合器、变速器、转动轴和驱动桥等传动总成。另外，还有电动/发动机、驱动电动机、减速器、动力电池组，以及多能源的动力组合或协调发动机驱动与驱动电动机驱动力的专用装置，因此 PSHEV 的多能源动力系统结构复杂，总布置也更加困难。

(3)多能源动力的匹配和组合有不同的组合形式，需要装配一个复杂的多能源动力总成控制系统，才能达到高的经济性和“超低污染”的控制目标。

串联式、并联式、串并联式混合动力系统的基本特征如表 7-1 所示。

表 7-1 串联式、并联式、串并联式混合动力系统的基本特征

串联式	并联式	串并联式
①发动机可以工作在最大效率点上； ②尾气排放容易处理，燃油经济性高； ③不能选择发电用的内燃机； ④在车上的配置自由，BUS 可以容易实现低地板	①无需较大改动车辆构造； ②系统效率较好； ③由于结构简单，所以可靠性高； ④如果某一系统出现故障，另一系统还可以驱动车辆行驶到安全地带	①可以灵活有效地利用能源； ②燃油经济性大大提高； ③系统效率高； ④作为系统，其发展空间较大

7.3 HEV 发展车型

7.3.1 各种类型 HEV 的实例

7.3.1.1 串联式 HEV 实例：丰田汽车公司 Coaster 牌 SHEV

串联式混合动力系统的丰田 Coaster 在 1997 年 8 月上市，主要用于有关福利事业幼儿园、儿童接送以及城市内微型巴士。Coaster 牌 SHEV 分为 21 座或 25 座。一次加油的续驶里程达到 400 ~ 500 km，排放污染物比汽油机或柴油机都低。

发动机为 1.5 L 直喷式汽油机，将其运行在燃油经济性和尾气排放都较好的最大油门区域附近，来驱动 25 kW 的三相交流发电机发电，使车载交流感应电机驱动车辆后轮运行，同时还用来给两个 288 V、50 Ah 的铅蓄电池充电，如图 7-10 所示。

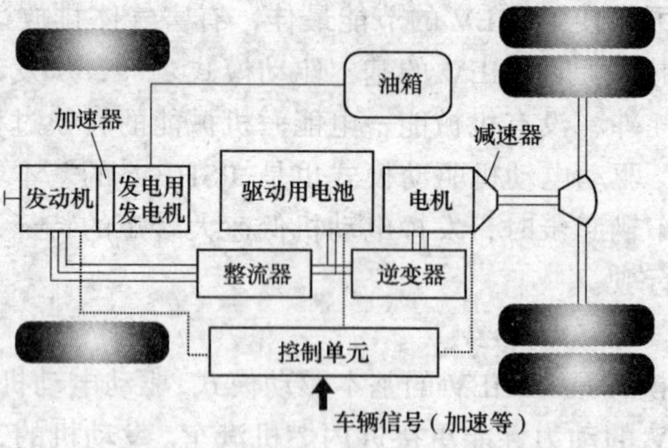

图 7-10 Coaster 混合动力汽车和其系统构造

Coaster 牌 SHEV 车辆的总质量分别为 5 105 kg(21 座)、5 350 kg(25 座)，最高车速为 80 km/h，燃油消耗考虑到制动能量回收时，和相应的柴油汽车比较，减小了 31%，比相应的汽油汽车减小 63%，加速时的噪音降低数分贝，CO、HC 及 NO_x 的排放也大幅减少(见图 7-11)。

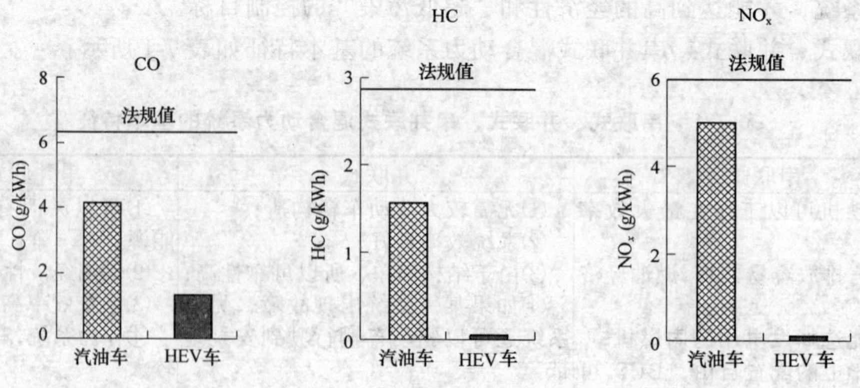

图 7-11 尾气排放的测试结果

7.3.1.2 并联式 PHEV 实例

1. 福特公司“奇迹(Prodigy)”牌低储能(LSR)发电机轴动力混合式 PHEV

福特汽车公司与美国能源部签订的技术开发合同中的目标是开发两种 PHEV。Prodigy LSR 发动机轴组合式 PHEV 是其中一种。Prodigy LSR 是一种“低储能”型发动机中组合式 PHEV。“低储能”LSR 的意义是该车仅用一个 4 Ah、体积较小、质量较轻的镍—氢电池来储存电能，使得整车质量大大降低，见表 7-2。

表 7-2 Prodigy LSR 发动机轴动力组合式 PHEV 的技术性能

项目		Prodigy	项目		Prodigy
质量	人数	5 人	发动机	形式	DIATA
				排量	1.2 L
				功率	55 kW
	整备质量	1 083 kg		最高转速	4 100 r/min
				转矩	153 N · m
性能	油耗	3.3 L/100 km	电动/发电机	类型	感应电动机
				功率	8 kW
	续驶里程	1 115.4 km	电池组	类型	镍—氢电池
				功率	22 kW
				能量	1.0 kWh

Prodigy LSR 发动机轴动力组合式 PHEV 主要是以发动机驱动模式来驱动前轮行驶，发动机的启动是依靠电动/发电机来带动，发动机不需要启动电动机。当车辆加速或爬坡时，发动机的节气门开度最大，形成发动机和电动/发电机共同驱动模式，混合动力在发动机输出轴上组合后，带动车轮行驶。制动时，电动/发电机能够回收再生制动时的能量，转换为电能储存到动力电池组中，Prodigy LSR 发动机轴动力组合式 PHEV 采用自动离合器，制动时离合器会自动分离，其采用 MTX–75 型 5 挡变速器(见图 7-12)。

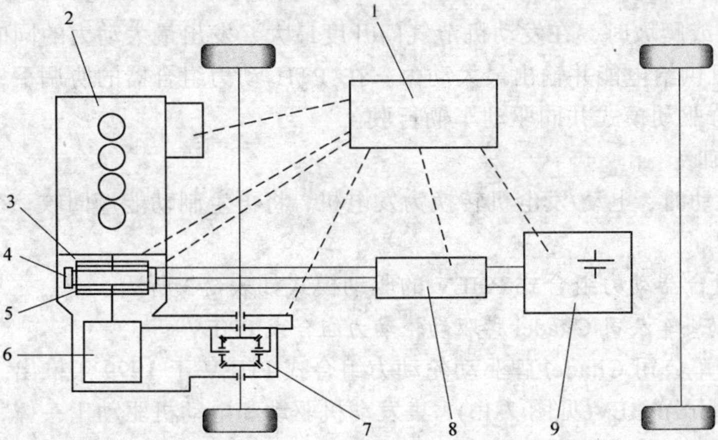

1．中央控制器；2．发动机；3．自动离合器；4．电动/发电机(S/A)；5．离合器；
6．变速器；7．驱动桥(主减齿轮和差速器组成驱动桥)；8．电流转换器；9．驱动电池组

图 7-12 福特汽车公司“奇迹 (Prodigy)”牌 LSR–PHEV 的结构模型

2. 福特汽车公司的 PTH(Paralle Transfer Hybird)动力组合器动力组合式 PHEV

福特公司研发的 PTH 动力组合器动力组合式 PHEV 是以 MondenCDW–27 为原型车来设计的，在 PTH 动力组合器动力组合式 PHEV 装有发动机和驱动电机两大动力总成，其总质量为 2 000 kg。

PTH 动力组合器动力组合式 PHEV 是以一台排量为 1.8 L、最大功率为 85 kW、转距为 158 N · m 的四气门汽油机为发动机的。发动机输出轴上装置了自动离合器和 MTX–75 型自动 5 挡变速器再经过主减速齿轮和差速器，驱动汽车的前轮行驶，电动/发电机经过动力组合器将动力传递到主减速齿轮和驱动桥来驱动车辆的前轮。采用福特公司的 UX–168 型感应电动机，功率为 56 kW，转距为 190 N · m。PTH 动力组合器动力组合式 PHEV 采用的 DAUB 镍–氢动力电池组由多个单位电池组成，动力电池组的功率为 45 kW，能量为 4 kWh。动力电池组和 DC/DC 转换器布置在电动/发电机左右两侧的座位下面，发动机与电动/发电机的功率可在“PTH 动力组合器”上组合，“PTH 动力组合器”是一个用星形齿轮和传动齿轮组合而成的传动机构，用以协调发动机与电动/发电机在不同驱动模式时的运动和动力输出不发生干扰，使发动机与电动/发电机输送到差速器上的转速相同。

1)驱动模式

(1)发动机驱动模式。发动机驱动模式是 PTH 动力组合器动力组合式 PHEV 的主要驱动模式，发动机的动力通过自动离合器、自动变速器、PTH 动力组合器和差速器，来带动车轮行驶。

(2)电动/发电机驱动模式。当 PTH 动力组合器动力组合式 PHEV 起步时，动力电池组向电动/发电机提供电能，充分发挥电动机在低转速—大转距的特性。在城市或低速行驶时，发动机关闭，由电动/发电机带动使车辆行驶。在换挡时，发动机的转距中断，由驱动电动机工作来保持车辆所需要的驱动力。

2)混合动力驱动模式

车辆在加速或爬坡时，在发动机节气门开度最大，发出最大动力的同时，动力电池组向电动/发电机供给电能并输出最大动力。在 PTH 动力组合器的协调下，发动机和电动/发电机以混合驱动模式共同驱动车辆行驶。

3)制动能量回收

当车辆在制动时，电动/发电机转换为发电机，将再生制动能量回收，在再生制动时自动离合器分离。

PTH 动力组合器动力组合式 PHEV 的驱动模式如表 7-3 所示。

3. 克莱斯勒汽车公司 Citadel 牌驱动轮动力组合式 PHEV

克莱斯勒汽车公司 Citadel 牌驱动轮动力组合式 PHEV 于 1999 年推出，这是一台双重性(Hybird–Hybird)PHEV(见图 7-13)，集发动机驱动和电动机驱动于一体，集豪华车与运动车于一体。Citadel 牌驱动轮动力组合式 PHEV 采用一台 V6 型、3.5 L、最大输出功率为 189 kW 的发动机，发动机通过离合器、4 挡变速器、传动轴和驱动器组成的传动系统，按发动机前置、后轮驱动的(F–R)的模式独立带动汽车行驶。

表 7-3　PTH 动力组合器动力组合式 PHEV 的驱动模式

汽车工况及驱动模式	汽车驱动模式示意图	动力系统运行情况
车辆从静止起步，驱动电动机驱动模式	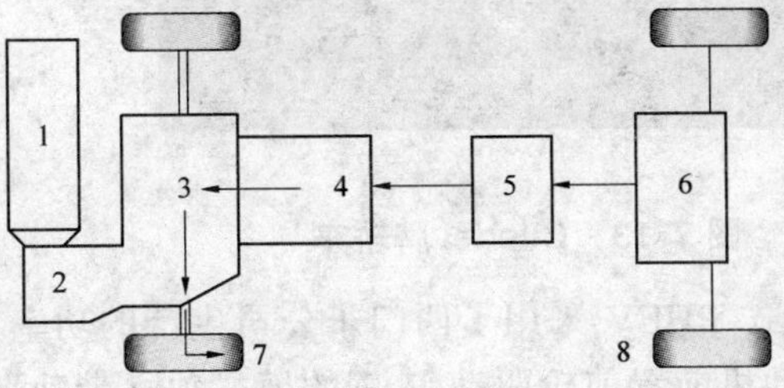	1. 动力电池组提供电能，驱动电动机带动车轮起步； 2. 当车辆速度低于一挡速度时，车辆以驱动电动机驱动模式行驶。 动力传递路线： 6→5→4→3→7→电动机驱动车轮
车辆一般工况行驶，发动机驱动模式	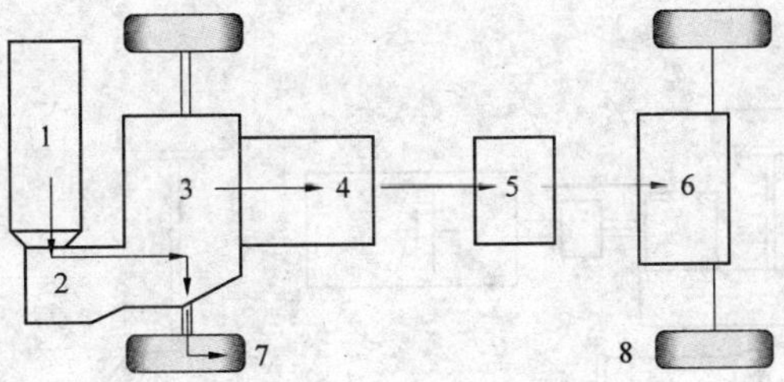	1. 当车辆速度低于一挡速度时，车辆以驱动电动机驱动模式行驶，避免发动机在低效率工况下运行； 2. 当车辆速度超过一挡速度时，车辆以发动机驱动模式行驶，保持发动机在高效率工况下运行。 动力传递路线： 1→2→3→7→发动机驱动车轮 1→2→3→4→5→6→发动机发电
车辆加速或爬坡时，发动机—驱动电机混合驱动模式	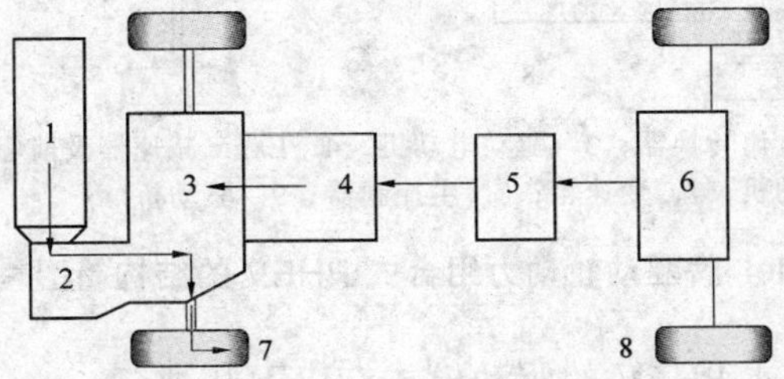	发动机节气门全开，达到允许的最高效率运转工况，带动后轮行驶，同时驱动电动机，也输出最大动力带动前轮行驶，形成混合动力驱动模式，实现四轮驱动。 动力传递路线： 1→2→3→7→发动机驱动车轮 6→5→4→3→7→电动机驱动车轮
车辆滑行减速或制动时，电动/发电机和驱动电机发电模式	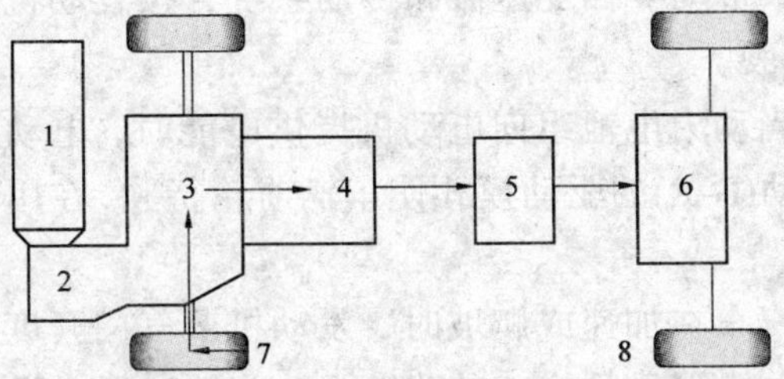	车轮反拖驱动电动机发电，更加有效地将自动能量回收。 动力传递路线： 7→3→4→5→6→制动能量回收

表中图注：1. 发动机；2. 变速器；3. 动力组合器；4. 电动/发电机；5. 电流转换器；6. 动力电池组；7. 前轮　8. 后轮。

图 7-13　Citadel 牌轿车

Citadel 牌驱动轮动力组合式 PHEV 采用了西门子公司生产的功率为 52 kW 的电动机，通过 Expic 减速器，按电动机前置前轮驱动(F–F)的模式独立带动汽车行驶。Citadel 牌驱动轮动力组合式 PHEV 采用了高能电池作为动力电池组，可为 52 kW 的电动机提供足够的电能，动力电池分别布置在左右两侧的座位下面见(见图 7-14)。

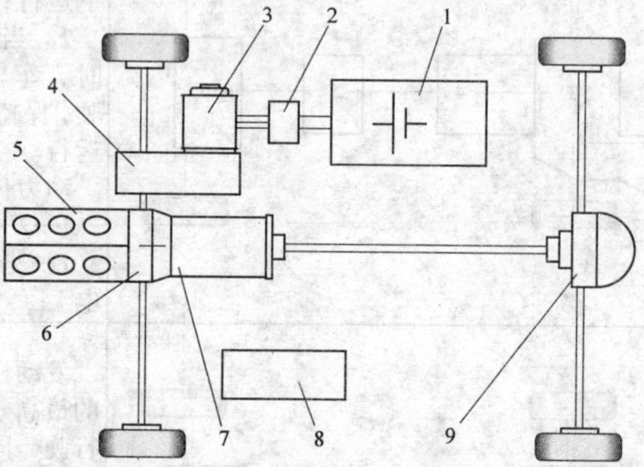

1. 动力电池组；2. 电流转换器；3. 驱动电动机；4. Expic 减速器及前驱动桥；
5. V6 发动机；7. 变速箱；8. 主控制器；9. 驱动桥

图 7-14　Citadel 牌驱动轮动力组合式 PHEV 的结构简图

Citadel 牌驱动轮动力组合式 PHEV 的驱动模式有以下几种。

(1)发动机驱动模式。发动机驱动模式是 Citadel 牌驱动轮动力组合式 PHEV 的主要驱动模式，发动机通过离合器来带动 4 挡变速器和传动系统，按发动机前置—后轮驱动(F–R)的驱动模式使汽车后轮行驶。

(2)驱动电动机驱动模式。当动力电池组向电动机提供电能时，电动机通过减速器带动前轮以电动机前置—前轮驱动(F–R)的驱动模式使车辆前轮行驶，在用驱动电机驱动模式行驶时，汽车发动机关闭。

(3)混合动力驱动模式。当汽车在加速或爬坡时，发动机节气门开度最大，电动机同时也输出最大动力，发动机独立地驱动后轮、电动机驱动前轮，形成发动机—电动机以 4 轮复合驱动模式驱动车辆行驶。

(4)再生能量制动回收。当汽车制动时，电动机被转换为发电机将再生制动时的能量回收。

4. 丰田汽车公司 Prius 牌动力组合器动力组合式 PSHEV

1997 年丰田公司开始销售 5 座混合动力轿车(见图 7-15)，Prius 牌动力组合器动力组合式 PSHEV 整车整备质量 1 240 kg，最高车速 160 km/h，油耗 3.61 L/100 km，1.5 L 汽油发动机的功率为 51.5 kW，驱动电动机为永磁无刷电动机，电动机工作电压为 288 V，功率为 33 kW。采用镍—氢动力电池组总电压为 300 V，质量仅为 75 kg。

图 7-15 Prius 牌轿车

Prius 牌动力组合器动力组合式 PSHEV 由发动机、电动/发电机和驱动电机三大动力总成组成，用丰田汽车公司自行开发的“THS(Toyota Hybird Systerm)混合动力系统”，组成多能源动力系统，THS 动力组合器的核心是用星形齿轮组组成的动力混合器，用于协调发动机和电动机的运动和动力传递。在市区工况下行驶的油耗为 4.5 L/100 km，公路工况下行驶的油耗为 5.4 L/100 km。与传统的内燃机汽车比较，CO_2 排放量下降 50%，CO、HC 和 NO_x 只有传统的内燃机汽车的 1/10。

发动机的输出轴带动一个分配器(见图 7-16)。一方面，动力分配器将发动机的动力通过 THS 系统的动力组合器左侧传动轴驱动车辆行驶，另一方面，通过动力分配器带动

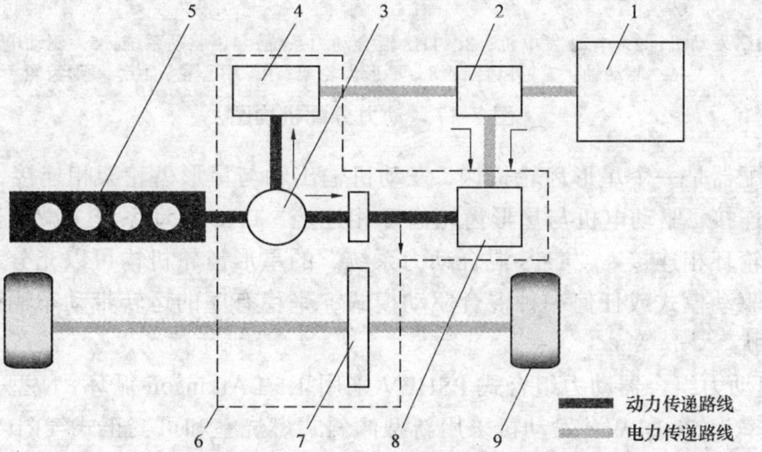

1. 动力电池组；2. 电流变流器；3. 动力分配器；4. 电动/发电机；5. 发动机；
6. THS 混合动力系统；7. 主减速齿轮；8. 驱动电动机；9. 车轮

图 7-16 丰田汽车公司的 Prius 牌动力组合器动力组合式 PSHEV 结构模型

电动/发电机发电，并将其发出的电能储存到动力电池组中，电动/发电机是一台小型的永磁交流同步电机。在汽车启动时，快速地带动发动机启动。发动机正常运转后，电动/发电机即转换为发电机，向动力电池组充电。电动/发电机的重要作用是起调节作用，保持发动机动力稳定、均衡地输出，减少发动机工作时的振动。

Prius 牌动力组合器动力组合式 PSHEV 采用先进的镍–氢电池，单体电池的电压为 1.2 V，由 250 个单体电池串联的动力电池组总电压为 300 V，其电池的比功率为铅酸电池的 3 倍。

Prius 牌动力组合器动力组合式 PSHEV 独特设计的“THS 混合动力系统”，是 Prius 牌动力组合器动力组合式 PSHEV 的核心控制装置，如图 7-17 所示。

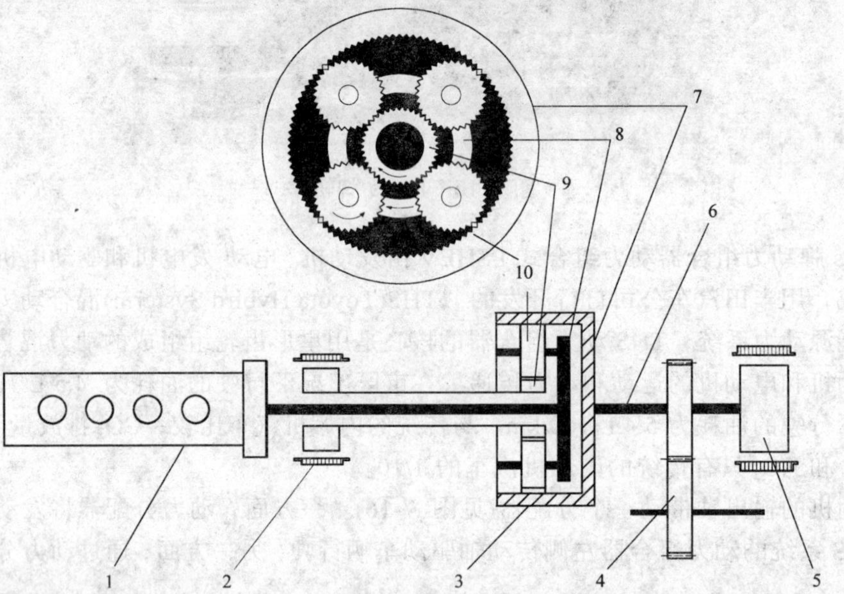

1．发动机；2．电动/发电机；3．THS 混合动力系统；4．驱动系统；5．驱动电动机；
6．驱动轴；7．外齿圈；8．星形齿轮架；9．中心轮；10．星形齿轮

图 7-17　动力分配机构图

动力分配器是一个星形齿轮机构，发动机输出轴与星形齿轮架相连接，电动/发电机与中心轮相连接，驱动电机与星形齿轮齿环相连接，THC 驱动系统主减速器的主动齿轮也与星形齿轮环相连接。“THS 混合动力系统”的星形齿轮机构可以充分满足车辆用任何一种独立驱动模式或任何一种混合驱动模式，平稳有序的运转带动车辆行驶，不发生任何运动干扰。

Prius 牌动力组合器动力组合式 PSHEV 采用 1.5 LAtkinson 循环、N 型直型四缸汽油发动机，功率为 51.1 kW，发动机采用新型倾斜式燃烧室和可变正式气门(VVT–1)系统，可以进一步提高燃烧效率，发动机有较好的经济性，发动机采用铝合金制造的缸体，在结构上得到进一步改进，尺寸和质量上都比传统的发动机有所减小和减轻。发动机最大转速限制在 4 000 r/min，燃料消耗率为 3.6 L/100 km，与同样排量为 1.5 L 带自动变速器的“花冠”牌内燃机汽车的燃料消耗率 7.15 L/100 km 相比，效率提高了近 1 倍。CO_2

的排放量为传统轿车的一半，而 CO、HC 和 NO_x 的排放量仅为传统轿车的 1/10。

1)驱动模式

Prius 牌动力组合器动力组合式 PSHEV 的控制策略和驱动模式如表 7-4 所示。

表 7-4 Prius 牌动力组合器动力组合式 PSHEV 的控制策略和驱动模式

车辆工况和驱动模式	控制策略和控制方法	THS 系统动力传递情况
车辆从静止启动 1. 电动/发电机带动发动机启动 2. 发动机启动后带动电动/发电机发电	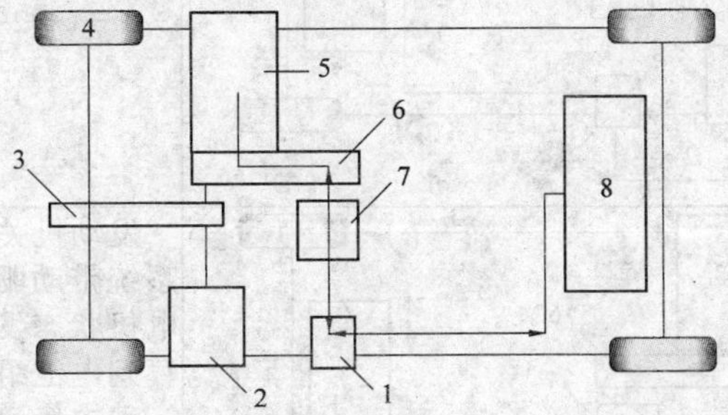	1. 动力电池组向电动/发电机提供电能，电动/发电机带动发动机启动。 动力传递路线： 8→1→7→6→5 2. 发动机启动，带动电动/发电机发电，向电池组充电。 动力传递路线： 5→6→7→1→8
车辆正常行驶 1. 发动机驱动模式 2. 发动机有富裕动力时带动电动/发电机发电	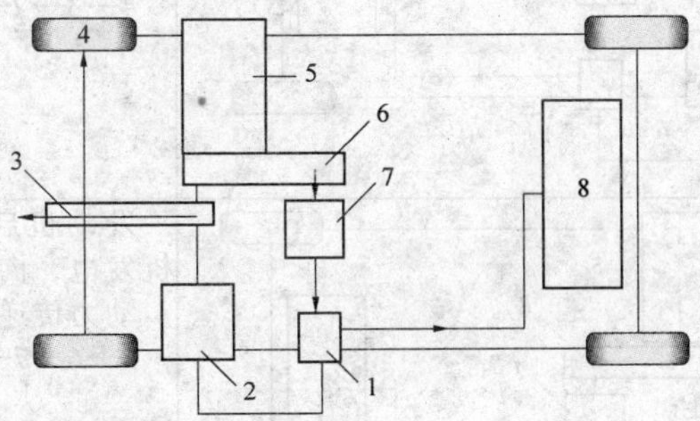	1. 以发动机驱动模式驱动车辆行驶，在等速行驶情况下，电动/发电机不发电。 动力传递路线：5→3→4 2. 在车辆行驶时，发动机带动电动/发电机发电，一部分向电池组充电。 动力传递路线： 5→3→4 6→7→1→8
车辆低速行驶 1. 驱动电动机驱动模式在发动机效率不高的工况下行驶 2. 驱动电动机驱动模式	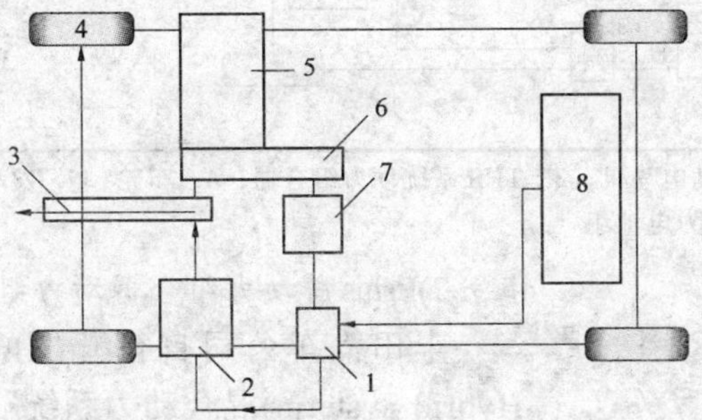	1. 发动机关闭，电池组向驱动电动机供电。 2. 动力传递路线： 8→1→2→3→4
车辆高速行驶 发动机—驱动电动机混合驱动模式	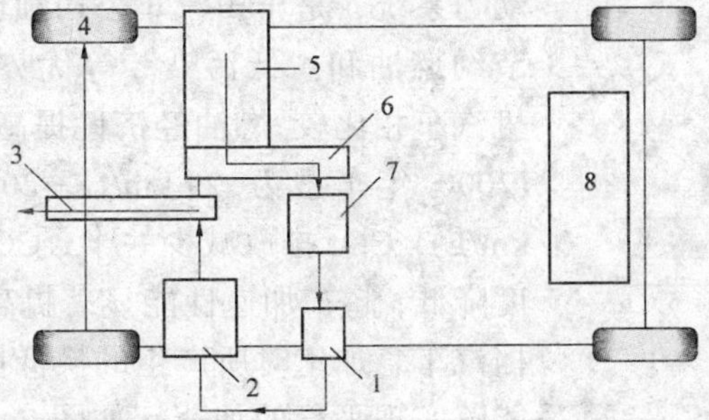	1. 发动机加速运转，一部分动力用于驱动车辆。 2. 发动机另一部分动力带动电动/发电机发电，向驱动电动机供电。 动力传递路线： 5→3→4 5→6→7→1→2

续表 7-4

车辆工况和驱动模式	控制策略和控制方法	THS 系统动力传递情况
车辆加速或爬坡时 发动机—驱动电动机混合驱动模式	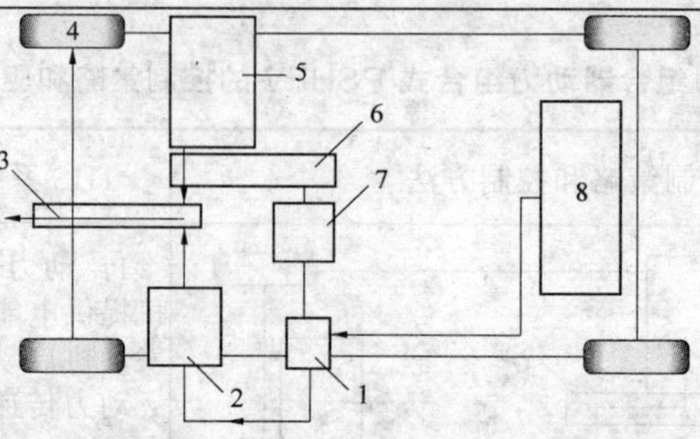	发动机节气门全开，电池组向驱动电动机供电，驱动电动机输出最大转矩或最大功率。 动力传递路线： 5→3→4 8→1→2
车辆减速时 驱动电动机转换为发电机—驱动电动机发电模式	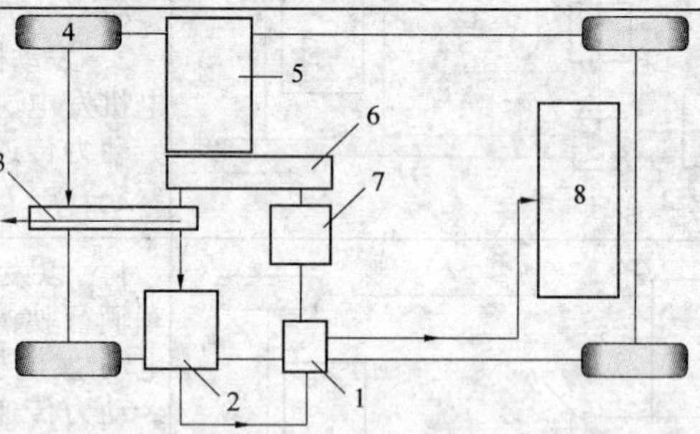	发动机关闭，车轮通过 THS 系统带动驱动电动机转换为发电机状态发电，回收的电能储存到电池组中。 动力传递路线： 4→3→2→1→8
车辆静止，电池组充电 发动机—电动/发电机发电模式	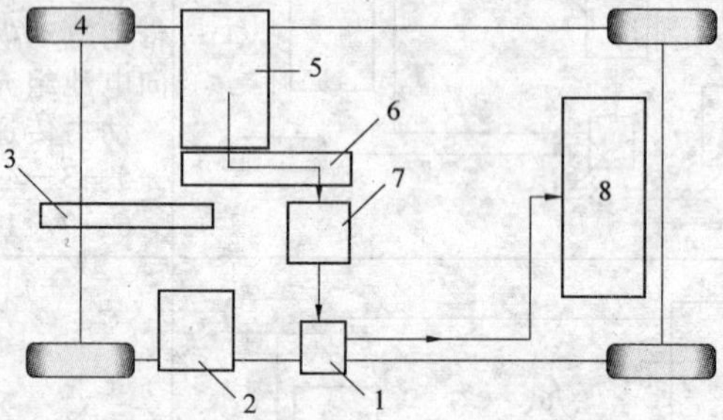	发动机启动带动电动/发电机发电，向电池组充电。 动力传递路线： 5→6→7→1→8

表中图注：1．电流转换器；2．驱动电动机；3．THS 系统动力组合器；4．车轮；5．发动机；6．动力分配器；7．电动/发电机；8．动力电池组

2)Prius 牌动力组合器动力组合式 PSHEV 特点

丰田汽车公司自行开发的“THS(Toyota Hybrid Systerm)混合动力系统”，组成的多能源动力系统，是丰田汽车公司独创。有结构紧凑、节约燃油和“低污染”等优势，和传统的发动机汽车相比较，燃油经济性提高 2 倍，为 48 km/L (2000 年车型为 29 km/L，2002 年车型为 31 km/L)，CO_2 排放减少一半，CO、HC、NO_x 大幅度降低，超车加速性能显著提高，同时没有自动挡汽车急加速时所产生的换低挡、振动等现象，能够实现平稳的加速，如图 7-18 所示。

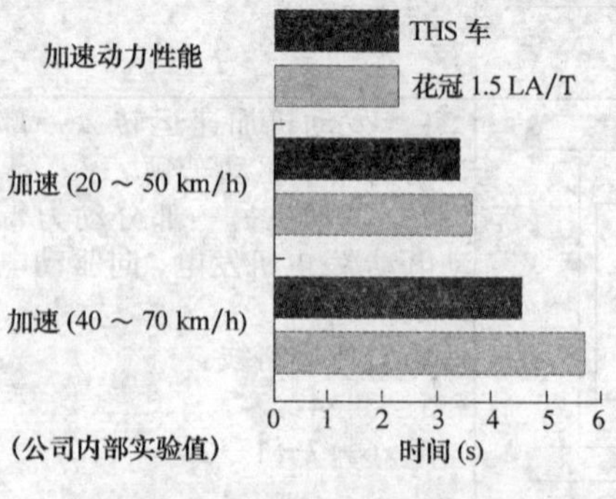

图 7-18　各种性能比较

7.3.1.3 CVT 动力复合机构在混合动力汽车上的应用

在介绍丰田 Prius 混合动力汽车动力分配装置的基础上，着重介绍了一种无级变速器和星形齿轮机构相结合的新型混合动力复合机构，并分析了该机构各种运行模式和变速原理。此动力复合机构中由无级变速器(CVT)、星形齿轮机构、五个离合器、两个锁止机构、怠速齿轮、控制齿轮和变速齿轮组成，见图 7-19。

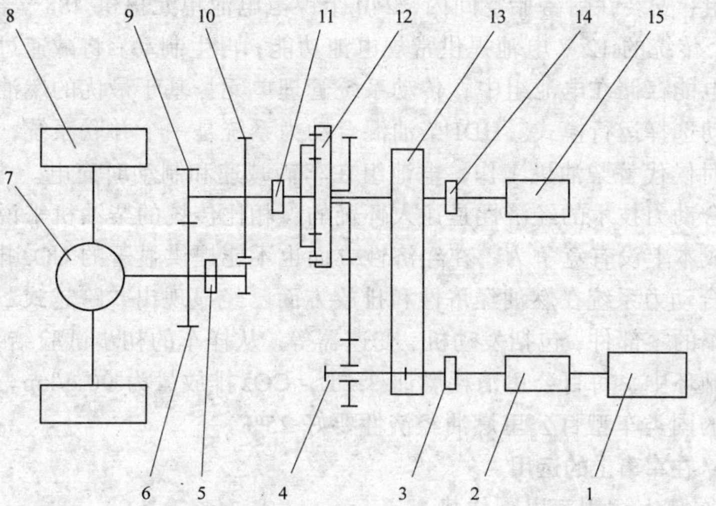

1. 电池；2. 电动/发电机；3. 离合器 B；4. 离合器 D；5. 同步器；6. 变速齿轮；7. 差速器；8. 车轮；9. 变速齿轮；10. 变速齿轮 1；11. 离合器 E；12. 锁止机构 2；13. 变矩器；14. 离合器 A；15. 发动机

图 7-19

其中发动机与 CVT 输入轴相连，通过无级变速器 V 形带进行动力分流。电机/发电机与 CVT 半轴相连，可进行动力输入或者输出，并通过电机运转，可减少 V 形带传动的摩擦损失。怠速齿轮的主要目的是保证半轴齿轮和控制齿轮的转向一致。

(1)纯电动模式。发动机停止运行，离合器 D 结合，即 $n_1=0$。此时该机构的传动比为：$n_{out}/n_{in}=a\gamma_1/(1+a)$。

(2)发动机/电机充电模式。离合器 D 分离，即 $n_2=0$。此时该机构的传动比为：$n_{out}/n_{in}=1/(1+a)$。

(3)发动机模式。在该模式下，离合器 D 结合，n_1、n_2 都不为 0。此时该机构的传动比为：$n_{out}/n_{in}=1+\gamma_1\gamma_2/(1+a)$。

这种新型的无级变速动力复合机构可实现的运行模式和变速原理具有一定的可行性，虽然结构较为复杂，但实现了混合动力驱动并具有无级变速的优点。

7.3.1.4 PSA 柴油混合动力的经济性取得突破

标致—雪铁龙公司(PSA)称其柴油机—电机混合动力系统的研发，在燃油经济性和减少 CO_2 排放方面取得了突破性进展。

PSA 的 HDi 柴油混合动力系统包括 1 台 1.6 L 柴油机、电机/发电机、高压电池组和电气元件、电控 AMT 变速器。发动机系统：带特殊过滤装置和最新一代起停装置的 1.6 L

柴油机、发动机控制系统由经过改造的能直接发布指令的动力系统管理单元电机；起停系统：基于雪铁龙 C2 和 C3 技术，在车速低于 60 km/h 的任何时候，发动机可以随时停机和启动；电机/电动机：永磁型电机，工作电压 210 ~ 380 V，水冷，单独的散热器和循环管路保证 60 °C 的工作水温，能够持续 16 kW 的功率和 80 N · m 的扭矩，峰值功率为 23 kW，峰值扭矩为 130 N · m，在电池组满电时，采用全电动模式，可以使车速达到 50 km/h；电池组：安装在后备胎空间内，240 个镍氢电池单元提供 288 V 额定电压、23 kW 的功率，一个传统的 12 V 电池提供常规电池功能；再生制动：将减速过程或制动过程的动能转化为电能存储在电池组中；传动系统管理单元：基于最优的燃油消耗，不需驾驶员干预，自动选择运行模式。HDI 柴油混合动力系统是一个并联系统，电机只在柴油机最低效率的时候代替柴油机工作，电池组在车辆减速和制动时充电。

汽油混合动力技术的经济性是让人怀疑的，相比传统的柴油机来说，汽油机的混合动力技术在成本上没有竞争力，在经济性方面也不能提供显著的 CO_2 排放性能。但是，PSA 柴油混合动力系统在燃油经济性和排放方面已经显现出“跨越式”的进步。该系统多采用普通车的零部件，包括发动机、变速器等。从样车的初步试验结果来看让人振奋，在混合工况循环中，每百公里消耗燃油 3.4 L，CO_2 排放量为 90 g/km。该结果比装备汽油混合动力的同类车型百公里燃油经济性要好 25%。

7.3.1.5 HEV 在军事上的运用

HEV 在军事上运用有以下优势。

(1)节油。可以保证汽车在一般加油情况下的行驶距离和时间。特别是紧急情况下，燃料供给中断或路上被敌人截获时。

(2)隐蔽。可以只借助蓄电池动力短距离运行，此时汽车的热、噪声特征几乎消失或大大减小，不易被敌人红外线侦查设备发现，保存有效的杀伤力。

(3)应急电源。在战争纵深发展中，未用发电装置及燃料供应不上时，HEV 可当做发电站供应指挥系统或其他重要设施的应急供电，以赢得战争的胜利。

RST 是一种用于侦察监视和目标指示的 4 轮 4 座越野车辆，其主要特点就是采用了混合传动驱动装置，这种装置叫做“影子”车。发动机是前置的，涡轮增压风冷直接喷射式柴油机，排量 2.5 L，额定功率 114 kW，每个车轮上都装嵌功率 50 kW 的电动机。柴油机可以驱动永磁发电机发电，功率 110 kW。电动机总功率超出发电机的功率的部分由锂离子电池组补充。单个电池容量 20 kW，输出峰值功率 80 kW，蓄电池以浮充形式随时可以充电。驱动轮上的电机是可逆的，在刹车或下坡时，电机处于发电状态，可以吸收汽车下坡或制动时的能量再储再用。该车油箱容积 95 L，续驶里程 758 km。“影子”车与其他的内燃机车相比，比如“悍马”越野车，外部轮廓与“悍马”车相比外部尺寸要小得多，传动系统简单，整车整备质量小，提高了车子的战场生存能力。影子车上四轮均装有空气弹簧，车身位置可在较宽大范围内变动，车身离地面的距离可缩至 10 cm，看上去像与地面接触似的，军用雷达很难发现目标，可以近距离接近目标。因为尺寸小，甚至可以直接开进运输飞机，如美国海军陆战队的 V–22 垂直起降战机的货舱内，军事机动灵活，作战面积大。

复习思考题

1．HEV 有哪些基本组成部分？

2．HEV 的一般布置形式有哪几种？

3．串联式混合动力电动汽车(SHEV)的驱动模式是什么？

4．并联式混合动力电动汽车(PHEV)的驱动模式是什么？

5．混联式混合动力电动汽车(PSHEV)的驱动模式是什么？

6．不同形式的 HEV 各自的特点有哪些？

参 考 文 献

[1] 李兴虎.电动汽车概论[M].北京：北京理工大学出版社，2005.
[2] 陈全世，仇斌，谢起成，等.燃料电池电动汽车[M].北京：清华大学出版社，2005.
[3] 汤蕴璆，史乃.电机学[M].北京：机械工业出版社，2005.
[4] 陈全世.电工高新技术丛书[M].北京：机械工业出版社，2005.
[5] 莫正康.半导体变流技术[M].北京：机械工业出版社，2005.
[6] 李兴虎. 汽车环境保护技术[M].北京：北京航空航天大学出版社，2004.
[7] 胡骅，宋慧.电动汽车[M].北京：人民交通出版社，2002.
[8] 陈清泉，孙逢春.现代电动汽车技术[M].北京：北京理工大学出版社，2002.
[9] 秦曾煌.电工学[M].北京：高等教育出版社，2002.
[10] 宋慧.电动汽车用燃料电池[S].世界汽车，2000.
[11] 陈景贵.化学与物理电源[M].北京：国防工业出版社，1999.
[12] 孙逢春.电动汽车[M].北京：北京理工大学出版社，1997.